U0150613

CCIEE 中国国际经济交流中心 | 智库丛书
China Center for International Economic Exchanges

CHINESE SOLUTIONS CHINESE WISDOM
THINK TANK SERIES

5G及相关产业发展研究

张晓强 李锋 著

中国经济出版社
CHINA ECONOMIC PUBLISHING HOUSE

·北京·

图书在版编目（CIP）数据

5G 及相关产业发展研究 / 张晓强，李锋著 . -- 北京：
中国经济出版社，2020.12
　（中国国际经济交流中心智库丛书）
　ISBN 978 - 7 - 5136 - 6155 - 3

Ⅰ. ①5… Ⅱ. ①张… ②李… Ⅲ. ①无线电通信 - 移
动通信 - 通信技术 Ⅳ. ①TN929.5

中国版本图书馆 CIP 数据核字（2020）第 073679 号

责任编辑　闫明明
责任印制　巢新强

出版发行　中国经济出版社
印 刷 者　北京科信印刷有限公司
经 销 者　各地新华书店
开　　本　710mm×1000mm　1/16
印　　张　22.5
字　　数　291 千字
版　　次　2020 年 12 月第 1 版
印　　次　2020 年 12 月第 1 次
定　　价　88.00 元
广告经营许可证　京西工商广字第 8179 号

中国经济出版社 网址 www.economyph.com **社址** 北京市东城区安定门外大街 58 号 **邮编** 100011
本版图书如存在印装质量问题，请与本社销售中心联系调换（联系电话：010 - 57512564）

课题组成员

课题负责人

张晓强　中国国际经济交流中心常务副理事长、执行局主任

课题组组长

李　锋　中国国际经济交流中心创新发展研究所副所长

课题组成员

张　瑾　中国国际经济交流中心产业规划部研究员

韩燕妮　中国国际经济交流中心创新发展研究所助理研究员

马晓玲　中国国际经济交流中心创新发展研究所助理研究员

李志鸿　中国国际经济交流中心创新发展研究所研究实习员

何欣如　中国国际经济交流中心创新发展研究所研究实习员

翟羽佳　中国国际经济交流中心创新发展研究所研究实习员

前　言

　　第五代移动通信（5G）不仅是移动通信领域的颠覆性技术，还是对相关领域具有重大影响的通用技术。5G是引发信息革命和引领万物互联的强力催化剂，将改变整个产业和国民经济，成为全球移动通信领域新一轮技术竞争的焦点，成为大国提升综合国力和争夺国际控制力的制高点。以5G为核心的新一代移动通信技术将催生经济增长的新动能，将对产业转型升级、拉动就业、消费升级发挥巨大作用，将有力地推动工业互联网、车联网、文化创意、智慧城市、智慧医疗、智能家居、智慧能源等相关产业发展。5G及其相关产业发展对我国高质量发展具有重大意义，是实现网络强国战略，构建高速、移动、安全、泛在的信息基础设施的重要基石，是促进产业升级和应用创新、推动"互联网＋"产业发展的重要动力。

　　我国移动通信在经历了"2G追赶、3G突破、4G并跑"之后，正成为5G网络技术、标准、产业、应用的引领者之一，位于全球5G产业第一梯队。我国重视对移动通信技术的发展：3G提出TD－SCDMA标准，4G主导主流的TD－LTE标准，5G在标准制定和相关专利方面掌握着重要的话语权，并全力加速5G商用进程，开始引领全球5G发展。

　　我国政府高度重视5G发展，较早进行了顶层设计，明确了5G发展的方向、目标和路线图。国家"十三五"规划明确提出，积极推进5G发展，布局未来网络架构，启动5G商用，把5G的研究、发展和实施上升为国家战略。《中国制造2025》提出，全面突破5G技术，突破"未来网络"核心技术和体系架构。2013年，工信部、国家发展改革委和科技部组织成立了"IMT（国际移动通信）–2020（5G）推进组"，负责协调推进5G技术研发试验工作，与欧、美、日、韩等国家建立5G交流与合作机制，推动全球5G的标准化及产业化，陆续发布了《5G愿景与需求白皮书》《5G概念白皮书》等研究成果，明确了5G的技术场景、潜在技术、关键性能指标等。2017年，中办、国办印发《推进互联网协议第六版（IPv6）规模部署行动计划》。同时，相关部门依托国家重大专项等方式，积极组织推动5G核心技术的突破。2008年，国家重大科技专项"新一代宽带无线移动通信网"正式启动，目标为2020年以前成为无线移动通信技术、标准、产业、服务与应用领先的国家之一，综合竞争实力和创新能力进入世界前列。2011年，国家"973"计划布局下一代移动通信系统。2014年，国家"863"计划启动了"实施5G移动通信系统先期研究"重大项目，围绕5G核心关键性技术，先后部署设立了11个子课题。2016年，我国启动5G技术研发试验，并完成第一阶段测试。2017年，国家科技重大专项中有3项与5G相关的研发项目。2018年9月，国务院办公厅印发的《完善促进消费体制机制实施方案（2018—2020年）》提出，加快推进第五代移动通信（5G）技术商用。2019年6月6日，工信部正式向中国电信、中国移动、中国联通、中国广电发放5G商用牌照，批准四家企业经营"第五代数字蜂窝移动通信业务"。

近来，在中美贸易摩擦背景下，美国对我国高技术产业频频进行打压，对我国5G企业进行精准打击。中兴和华为事件凸显了美国抢占5G未来发展制高点的意图，使5G成为中美博弈的焦点。美国借美、英、澳、新、加"五眼联盟"（Five Eyes）情报共享体系联合围剿我国企业。"五眼联盟"以"联盟信息安全和国家安全"为由，多次排挤、打压包括华为在内的中国高科技企业，其中包括阻挠华为参与联盟各国移动通信网络建设。尽管美国政府曾宣称要依靠市场竞争，但仍利用政府力量竭尽全力对我国5G及相关产业进行打压和围堵。

围绕5G及相关产业发展开展研究具有重大意义。从国家博弈角度看，本研究围绕5G发展的关键问题进行深入研究，全面掌握了美国、欧盟、韩国、日本在5G领域的发展战略和策略，为我国在5G竞争中提供咨询建议。从5G产业层面看，目前仍然有诸多因素制约着我国5G产业发展，本研究从高端芯片、组网、基站部署、产业应用等方面提出了具有针对性的建议。从国民经济发展角度看，本研究深入分析了5G相关产业的发展前景与存在的问题，对推动产业融合发展、提升经济发展质量等提出建议。

本研究在准确把握我国5G及相关产业战略部署的基础上，面对美国对我国技术打压的新形势，聚焦突破我国5G及相关产业发展的难点和短板，为我国5G及相关产业发展提出了针对性的政策建议。

目录
CONTENTS

上篇　主题报告

下篇　专题报告

5G
及相关产业发展研究

上篇

主题报告

第一章
5G 的战略意义和全球发展态势

以信息技术为代表的新一轮科技和产业革命正在爆发，5G 正成为当前最重要、最有代表性的颠覆性技术，是新一代信息技术中的重中之重，对通信产业、相关产业和经济社会发展都会产生重大影响。我国进入新时代，更加注重高质量发展，必然要求加快培育壮大新产业、新业态、新模式，必然要求发挥好 5G 的引领作用。

5G 使移动技术从一项对个人通信具有变革性影响的技术演进为真正的通用技术，将成为改变整个产业和世界经济的支点。当前，发展5G 具有特殊的重要意义，从 2018 年美国挑起贸易摩擦，制裁中兴通讯，到 2019 年对我国极限施压，打压华为，可以说美国把在 5G 领域的较量作为与我国高科技较量的重要抓手。

一、5G 产业链和生态系统

（一）5G 的内涵与特点

回顾移动通信的发展历程，每一代移动通信系统都可以通过标志性能力指标和核心关键技术来定义。1G 采用频分多址（FDMA），只能提供模拟语音业务；2G 采用时分多址（TDMA），可提供数字语音和低速数据业务；3G 以码分多址（CDMA）为技术特征，用户峰值速率达到 2Mbps 至数十 Mbps，可以支持多媒体数据业务；4G 以正交频分多址（OFDMA）技术为核心，用户峰值速率可达 100Mbps 至 1Gbps，能够支持各种移动宽带数据业务。

5G 概念可由"标志性能力指标"和"一组关键技术"来定义。其中，"标志性能力指标"为用户体验速率，与以往只强调峰值速率的情况不同，用户体验速率是 5G 最重要的性能指标，真正体现了用户可获得的真实数据速率。基于 5G 主要场景的技术需求，5G 用户体验速率应达到 Gbps 量级。5G 与 4G 相比，峰值速率提高 30 倍，用户体验数据速率提升 10 倍，频谱效率提升 3 倍，移动性做到了 500 千米/时，无线接口延时减少 90%，连接密度提高 10 倍，一平方千米 100 万个物联网模块联网，能量和密度各提高 100 倍。"一组关键技术"包括大规模天线阵列、超密集组网、新型多址、全频谱接入和新型网络架构。从技术特征、标准演进和产业发展的角度分析，5G 存在新空口和 4G 演进空口两条技术路线。新空口路线主要面向新场景和新频段进行全新的空口设计，不考虑与 4G 框架的兼容，通过新的技术方案设计和引入创新技术满足 4G 演进路线无法满足的业务需求及挑战，特别是各种物联网场景及高频段需求。4G 演进空口路线通过在现有 4G 框架基础上引入增强型新技术，在保证兼容性的同时实现现有系统性能的进一步提升，在一定程度上满足 5G 场景与业务需求。

5G 是一项类似于蒸汽机、电报和电力的通用技术。在孵化期之后，通用技术往往迎来引爆点，为各个行业和整个经济带来转型变革，且通常颇具颠覆性。通用技术具有一些共同属性，包括普遍适用于多个行业，带来长期且持续的改进并且能够催生大量创新。全球信息提供商（IHS Markit）预期，随着 5G 技术不断进步并嵌入于大量终端、机器和流程，无线通信将给各行业和地域带来变革性影响，并将引领创新与经济发展新时代。数字移动技术已从使人与人互联逐步演进到使人与数据互联。相应地，现今移动通信技术的很多进步也提供了更大的带宽，能够基本实现语音和数据无所不在的覆盖。IHS Markit 认为 5G 的发展将使移动通信技术稳步进入通用技术的范畴，逐渐在各行业和流程中不断扩散，将在广泛的行业领域和地域产生深远和持久的影响。5G 的技术含量显著优于 4G，不仅能提供更好的上网体验，还将加速物联网时代的到来，并与大数据、云计算、人工智能等一起促进数字经济大发展。

（二）5G 的产业链

5G 产业链包括从原材料到零部件再到使用设备，涉及电信主设备、传输设备、终端设备（芯片及终端配套），中间过程十分复杂，可以归纳为三个部分。第一部分是从原料到芯片，芯片又可以分为芯片设计和芯片制造（含封装）。第二部分是通信物理层构建。第三部分是通信系统实现。每一代移动通信技术都较上一代有显著改善，以应对移动宽带应用在语音体验、移动数据吞吐量、网络使用效率和容量方面的挑战。5G 不仅有利于改善移动宽带体验，而且将持续演进至满足海量物联网部署和关键业务型服务应用的要求。5G 技术将使移动技术超越消费和企业级服务拓展至行业领域，从而让人们以一种前所未有的方式与世界互动。5G 的技术规范和功能将完全不同于前几代网络技术。根据国际电信联盟（ITU）的定义，5G 主要有三大应用场景：增强型移动宽带（eMBB）、海量机器类通信（mMTC）及高可靠低时延通信（uRLLC），分别对应 5G "快、稳、密" 三个特点（见图 1 - 1 和表 1 - 1）。

增强型移动宽带场景。主要追求人与人之间极致的通信体验，对应的是 3D/超高清视频等大流量移动宽带业务，主要使用在 24GHz（毫米波）以上的高频段，用于以距离短、人口密度高和频率高为主要特征的场景，如应用于视频直播 4K、8K 超高清视频等大流量移动宽带业务。增强型移动宽带将蜂窝覆盖扩展到办公楼、工业园区、购物中心和大型场所等范围更广的建筑物中，尤其在局部地区提升容量以满足使用大量数据的更多终端的需求。这对移动网络运营商应对增强现实（AR）

和虚拟现实（VR）等全新的媒体与数据密集型应用至关重要。

海量机器类通信场景。主要体现物与物之间的通信需求，面向智慧城市、环境监测、智能农业、森林防火等以传感和数据采集为目标的应用场景。主要使用在 1GHz 以下的低频段，用于传播远、覆盖广和功耗低的物联网（IoT），如应用于车联网、智能制造等业务，支持规模经济的显著提升以促进其在行业的普及和应用。

高可靠低时延通信场景。主要使用在 1GHz ~ 6GHz 的中频段，应用于大规模物联网业务，如工厂、医用设备及智慧城市等。高可靠低时延通信场景代表着移动通信技术的全新市场机会，是 5G 重要的增长领域，将支持无线技术提供与有线难以区分的高可靠连接，支持零容错应用，如自动驾驶汽车和远程操作复杂的自动化设备。

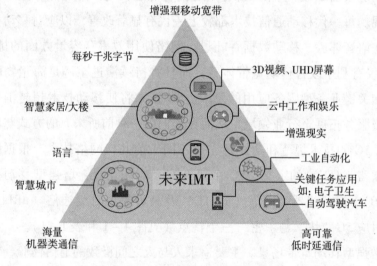

图 1-1 5G 三大应用场景

资料来源：ITU-R M.2083-0（2015）建议书。

表 1-1 5G 三大应用场景技术要求

应用场景	峰值数据速率	体验数据速率	频谱效率	移动性	时延	连接性	网络能源效率	流量密度
增强型移动宽带	高	高	高	高	中	中	高	高
海量机器类通信	低	低	低	低	低	高	中	低
高可靠低时延通信	低	低	低	高	高	低	低	低

资料来源：国际电信联盟（ITU）。

（三）5G 的生态系统

5G 生态系统包含四个层次：5G 内生能力、5G 外延能力、5G 应用通用平台、5G 赋能相关产业（见图 1-2）。

5G 内生能力。5G 技术本身具有高速率、低时延、广连接的内生能力，通过运营商与通信制造企业以及产业合作企业共同内生标准。5G 的本质是一套由跨国界、跨行业专家通力协作制定的通信标准，成为全球通信及相关行业的"通用语言"。在此基础上，奠定了 5G 通信行业的短期技术目标，即增强型移动宽带、海量机器类通信、高可靠低时延通信。随着全球 5G 标准的制定，其全新设计力图解决大量技术问题。3GPP 目前正在发展的项目包括基于 OFDM 的可扩展波形、支持更低时延和前向兼容的全新灵活框架，以及利用高频频段的全新先进天线技术。5G 标准不仅将使用授权和非授权频谱，而且将使用共享频谱，并且在专有和公共网络上运行，将有助于更好地利用现有频谱资源，包括高频频段（24GHz 以上）、中频频段（1GHz ~ 6GHz）和低频频段（1GHz 以下频段）。与 5G 的许多其他特性一样，频谱共享的基础性工作始于 LTE 以及授权辅助接入（LAA）、Wi-Fi 链路聚合（LWA）和授权共享接入（LSA）的发展。

5G 外延能力。在内生能力之外，5G 还将借助人工智能、物联网、云计算、大数据、边缘计算等技术融合形成外延能力，推动 5G 成为通用应用技术。

5G 应用通用平台。5G 与无人机、机器人、AR、VR 以及高清视频等智能硬件结合，形成行业应用的通用平台。

5G 赋能相关产业。5G 真正的商业价值是应用层，将 5G 赋能到各个行业中，将极大改变社会生产方式、生活方式，产生巨大的商业价值。在 5G 为各行各业赋能的过程中，主要有两大模式。一方面，提升产业生产效率。5G 通过应用于智能制造，实现设备联网和远程控制，提升生产效率和效益。另一方面，提升消费者体验。5G 应用将催生形态更多、体验更好的数字终端和内容服务，消除数字鸿沟、普及优质资源、丰富消费者文化生活。从全球主流运营商商用或部署 5G 网络的重点并结合我国 5G 商用发展实际情况来看，近期 5G 赋能相关产业将从推进行业增值类相关产业着力，如超高清视频、云 VR/AR 等。在中长期，车联网等相关产业应用将伴随 5G 技术共同成熟并逐步落地，催生 5G 更大的商业价值空间。

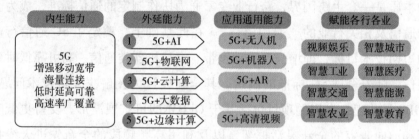

图 1 - 2　5G 生态系统的四个层次

资料来源：中国移动，课题组制图。

二、5G 的战略意义

（一）5G 将创造巨大的经济效益

5G 使移动通信技术从一项对个人通信具有变革性影响的技术发展成为真正的通用技术，将改变整个产业和经济。IHS Markit 预测，从 2020 年至 2035 年，5G 将累计创造 3 万亿美元经济增加值；到 2035 年，全球 5G 价值链将创造 3.5 万亿美元产出。中国信息通信研究院（以下简称"中国信通院")预计，2020—2025 年，我国 5G 商用直接创造的经济增加值约 3.3 万亿元，间接带动的经济增加值达 8.4 万亿元；直接带动的经济总产出约 10.6 万亿元，间接拉动的经济总产出约 24.8 万亿元。[①]

5G 商用将给全球创造上千万个就业岗位。IHS Markit 对 5G 价值链分析预测，到 2035 年，5G 价值链将为中国创造 950 万个就业岗位，占 5G 全球创造就业岗位的 43.19%。[②] 根据中国信息通信研究院的预测，2030 年 5G 将创造 800 多万个就业机会，主要来自电信运营和互联网服务企业创造的就业机会；同时 5G 对就业的间接贡献具有倍增效应，5G 通过产业关联和波及效应间接带动 GDP 增长，从而为社会提供大量就业机会，预计 2030 年 5G 将间接提供约 1150 万个就业机会，约是直接就业机会的 1.4 倍。[③] 倘若把以 5G 为核心的移动互联网平台创造的就业机会考虑在内，以此催生的数字经济将会带来更多的就业机会。此外，5G 的广泛应用将创造大量具有高知识含量的就业机会，还将通过产业关联效应带动间接就业，成为稳定社会就业的重要途径。5G 将催生工业数据分析、智能算法开发、5G 行业应用解决方案等新型信息服务岗位，并培育基于在线平台的灵活就业模式。

（二）5G 将催生新一轮产业变革

5G 将产生巨大的技术外溢效应，几乎将对所有领域产生重大影响。5G 将在智能生产、智能物流等领域发挥巨大的孵化作用。5G 将智联万物，满足智能驾驶、智能家居、超高速通信、超高清视频、VR/AR/MR 等领域的规模部署和应用需求。

---

① 张春飞,左铠瑞,汪明珠. 中国信通院:5G 产业经济贡献[EB/OL]. 机电商报,2019 - 03 - 04. http://www. meb. com. cn/news/2019_03/04/6834. shtml.

② 参见 IHS Markit 于 2017 年 1 月发布的" The 5G Economy：How 5G Technology will Contribute to the Global Economy"。

③ 参见中国信息通信研究院于 2017 年 6 月发布的《5G 经济社会影响白皮书》。

5G 将开启信息通信产业又一黄金时代。2007 年以来，以 iPhone 为代表的智能手机创新和以 3G/4G 为代表的移动宽带技术创新，带来了移动互联网的黄金十年。2018 年以来，5G 代表面向未来新业务需求演进方向的趋势日趋明显，以 5G 为代表的泛在万物智慧互联网络和各种"智能＋"的硬件创新，将开启新一代技术、应用、内容创新的新浪潮。5G 将成为信息通信领域的"中国高铁"，有望引领全球。从"2G 追赶、3G 突破、4G 并跑"到"5G 引领"，中国通信业新时代大潮来临，运营商的 5G 投资预计将是 4G 的 1.5 倍，将带动主设备商、上游器件、芯片、终端等产业链各环节进入业绩高增长阶段。5G 带来多项技术革新，有望重构通信产业的供应链、产业链、价值链。5G 系统指标的大幅度提升意味着 5G 系统技术难度和实现复杂度的大幅度提升，新的技术标准也将对 5G 网络系统架构进行重塑，从而进一步影响 5G 产业链中网络设备商、器件供应商、材料供应商的经营和竞争格局，这将给 5G 背后的通信产业链带来深远影响。

5G 作为一项通用技术将赋能各行各业，推动产业转型升级。第一，促进传统产业现有服务升级。以有线替代、Wi－Fi 替代等方式，通过 5G 网络升级现有通信解决方案来提高生产效率。如 FWA 固定无线、工业有线替代、自动导引装置（AGV）、5G 视频直播、视频监控、远程医疗诊断等。第二，解决现有产业发展需求。通过 5G 网络及其解决方案，帮助相关行业将现有业务延伸到更多领域。如云游戏、云 VR/AR 类业务、云化机器人、网联无人机、5G 视频分析等。第三，创造 5G 新业务。基于 5G 与相关产业合作，联合创造新业务，如自动驾驶、车路协同、智慧交通、5G 高精度定位、远程手术等。第四，创新产业价值链。通过产业投资深度参与产业业务经营，推动产业创新发展。比如，中国移动成立咪咕新媒体公司，华为成立智能汽车解决方案 BU 部门。

5G 商用将加速社会数字化变革。一方面，5G 在 2C 消费端将形成增强流量经营模式，大幅提升个人的数字化体验，带动娱乐、新闻、社交、电商、游戏等方面的消费互联网发展。另一方面，5G 在 2B 商业端将拓展数字经营模式，带动制造业、交通运输、仓储物流、健康医疗、农业等领域数字化发展。

（三）5G 将成为各国科技竞争的制高点

5G 对国家的信息化、现代化、数字技术和实体经济的深度融合具有极为重要的作用。2018 年 1 月，美国国家安全委员会文件显示，5G 堪比艾森豪威尔提出的全国州际及国防公路系统。当前，全球 5G 竞赛已拉开帷幕。2019 年 4 月 12 日，美国宣布加速部署 5G，计划投资 2750 亿美元。全球移动供应商协会（GSA）发布的报告显示，截至 2019 年底，全球 119 个国家的 348 家运营商已试验或部署 5G 移动网络（见表 1 – 2）。

表 1 – 2　全球主要运营商宣布 5G 正式商用及相关部署

国家	运营商	宣布商用时间	相关部署
美国	Verizon	2018 年 10 月 1 日	面向休斯敦、波利斯、洛杉矶和萨克拉门托四个城市的客户推出 5G 固定无线服务
韩国	SKT	2018 年 12 月 1 日	面向地区：首尔、釜山、仁川、大邱、大田、蔚山、光州等 使用设备：三星、诺基亚、爱立信 相关部署：第一个 5G 客户为汽车零部件制造商
韩国	LG U⁺	2018 年 12 月 1 日	面向地区：首尔和其他几个主要城市 使用设备：华为、三星、诺基亚 相关部署：已建 5G 基站最多，达 4100 个
韩国	KT	2018 年 12 月 1 日	面向地区：果川市 使用设备：三星、诺基亚、爱立信 相关部署：重新调整主要管理人员
芬兰	Elisa	2018 年 10 月 9 日	在芬兰坦佩雷和爱沙尼亚塔林推出 5G 网络，全球首个 5G 移动套餐，每月收费 50 欧元，可无限量使用 5G 流量，其网速最高可以达到 600Mbps（75MB/s）

国家	运营商	宣布商用时间	相关部署
中国	移动	2019 年 6 月 25 日	发布 "5G +" 计划，将在 40 多个城市推出 5G 服务
	电信	2019 年 8 月 15 日	从 2019 年 9 月率先开始 5G 商用，推出 5G 套餐服务
	联通	2019 年 4 月 23 日	将在北京、上海等 7 个城市开通 5G 试验网

资料来源：全球移动供应商协会（GSA）报告，中国联通。

5G 网络部署和商用程度将决定产业的未来主导权。5G 国际标准的形成成为 5G 竞赛从技术竞争走向产业竞争的分水岭，率先建成和商用高水平 5G 商用网络的国家将在全球 5G 产业链中占据优势。从 5G 全球竞争的排名来看，美国无线通信和互联网协会发布的调查报告显示，从 2019 年度的评分来看，在引进新一代通信标准 5G 的竞争方面，美国和中国并列第一（均为 19 分），随后是韩国（18 分）和日本（17 分）。虽然中美在 5G 网络技术成熟度方面并列第一，但实际各有优势，美国得益于运营商加大投资和政府的相关举措，而中国在基础设施建设方面领先全球。在商用部署方面，到 2019 年底，美国计划实现 92 个商用 5G 部署，韩国 48 个、英国 16 个。虽然美国计划中的 5G 商用部署网络数量最多，但中国已在全国部署了数百个大规模 5G 试验网，已经启动 5G 商用计划。除了技术准备和商用部署，中国结合自身技术发展实际情况，在重点发展的频谱选择上更具战略远见。中国优先发展的 5G 频段以 2.6G、3.5G 和 4.9G 的中低频段为主，更符合产业发展规律。与美国在毫米波频段发放频谱相比，我国的中低频段在覆盖成本、产业链成熟度方面明显优于毫米波频段，更具商业价值。

三、全球 5G 发展态势

（一）5G 总体发展态势

中美两国将成为全球 5G 竞技场上的两大主导力量。各主要国家围绕 5G 展开了激烈竞争，中美两国在供给和需求两端具有主导全球 5G

及其衍生产业的潜在实力。

在供给端，美国在通信标准、5G 应用技术等方面具备绝对优势，拥有谷歌、苹果等一批信息技术应用能力极强的科技巨头，在 5G 价值链研发环节拥有巨大优势。中国则在 5G 系统和终端设备环节占据明显优势，并呈现出向上游研发和下游应用纵向一体化整合的趋势，未来有望获得全产业链协同的综合优势。

在需求端，美国拥有规模庞大、消费旺盛、需求超前的单一国内市场，是全球通信设备和信息技术服务市场的风向标；中国的市场规模远大于美国，且拥有消费需求不断释放的内需市场。

综合来看，未来 5G 国际竞争将主要在中美之间开展。目前，两国已在 5G 的技术研发、专利布局、标准制定、网络部署、应用探索等各个层面展开了长期的战略角逐。

相比之下，欧、日、韩等国家和地区虽然也是 5G 的积极参与者，但并不具备综合优势。欧盟虽然是电信领域的传统霸主，但在半导体领域的地位持续衰落从而逐步丧失了 5G 核心器件的话语权，且在整机设备环节也面临中国企业的有力竞争。此外，欧盟 2008 年后的经济复苏步伐不及中美两国，欧盟内部各国之间协调成本过高，市场规模较小且呈现碎片化，在 5G 部署上难以占得先机。日、韩两国虽在 5G 部分关键器件领域掌握了核心技术，5G 部署速度也冠绝全球，但两国均缺乏完整的产业链条，且国内市场无规模优势，因而并不具备主导全球 5G 发展的综合实力。其他新兴国家虽然在 5G 部署和应用上较为活跃，但 5G 产业链并不完整。

（二）5G 标准发展态势

5G 标准是一个国际标准，是经过全世界的 5G 相关公司，包括运营商、基础网络设备制造商、手机集成商、技术研发商和零部件提供商等联合制定的，其中包含了各大公司的专利成果。2018 年 6 月 14 日，第三代合作伙伴计划（3GPP）在美国举行全体会议，正式批准冻结第五代移动通信技术标准 5G R15 SA（独立组网）功能。R15 是由 3GPP 组织发布的技术规范的版本编号，由 WCDMA、LTE、5G 三大技术体系组成，并不是 5G 的专利。R15 是 5G 相关技术规范的第一个版本，相当于 LTE 技术的第一个版本 R8，因此是 5G 技术发展的一大里程碑。5G NSA（非独立组网）标准已在 2017 年 12 月被冻结，至此第一阶段全功能完整版 5G 标准正式出台，5G 商用进入全面冲刺阶段。5G NSA 标准的冻结，使 5G 的部署可以采用非独立组网方式，基于 LTE 网络，通过双连接方式实现 5G 超宽带（eMBB）业务。5G R15 SA 标准的冻结，则可实现真正的 5G 独立组网部署，从而带来"全功能"的 5G 网络能力，是 5G 发展的重要里程碑。NSA 部署场景的核心网还是采用 EPC，也就是借用 LTE 核心网，只有无线网络采用 5G 的无线网络。而 SA 部署场景的核心网采用 5GC，也就是 5G 的核心网，从核心网到无线网是全套的、完整独立的 5G 网络。因此，NSA 部署场景则适合做 5G 的试验网络，而 SA 部署场景则适合 5G 的正式商用。

5G R15 SA 标准的冻结仅仅是个开始，接下来 3GPP 还会陆续完成并发布后续版本的 5G 标准：R16、R17、R18 等，现在只是迈出了 5G 重要的第一步。此次冻结的 SA 标准，仅仅规范了基础的 SA 网络架构，有些网络架构选项还需要时间去定义及完成。此外，"5G + X"的行业标准也会被陆续制定出台。

5G 标准之争实际上是各大公司争取把自己更多的专利写进 5G 标准，从而获得自身专利更高的使用频次，获得更多的经济利益。现在，5G R15 NSA/SA 标准刚刚完成，高通仅拥有 5G 标准 15% 的专利，而华为、中兴等国内厂商一共拥有约 20% 的专利，韩国三星拥有 13%，诺基亚拥有 11%，爱立信拥有 8%，其余的零散分布在其他不同的厂商。高通虽然仅占据 15% 的专利，但是高通的核心专利占比较大。中国在 5G 标准制定中，实际上已经取得较大话语权。在 3GPP 标准组织中，中国人担任关键职位达 30 多个，投票权超过 23%，文稿数量占总量的

30%，牵头项目占总数的 40%，而牵头单位就是中国移动和中国电信。从标准的贡献量来看，中国是 5G 科技的领导者，已把竞争对手甩在了后面。

我国 5G 标准必要专利声明数量居世界首位。在 2019 年 11 月举办的首届世界 5G 大会上公布的数据显示，在全球 5G 标准必要专利声明中，来自中国企业的占 34%，居全球排行榜首位，其中华为占 20%，位居全球企业第一位。2019 年 11 月 18 日，韩国知识产权研究院宣布，截至 2018 年底，中国在欧洲电信标准研究院拥有 26893 项 5G 标准专利，之后分别是芬兰（9698 项）、美国（9154 项）和韩国（5423 项）。

除了专利，5G 标准竞争的重点领域就是信道编码。2015 年前后，世界上一共有三种编码方案作为 5G 信道编码方案的候选，分别是欧洲主导的 Turbo 码、美国主导的 LDPC 码和中国主导的 Polar 码。后来，美国主导的 LDPC 码率先战胜了另外两个方案，被采纳为 5G eMBB 场景的数据信道编码方案。而到了 2016 年 11 月，华为主推的 Polar 码在 3GPP 会议上被确定为 5G eMBB 场景的控制信道编码方案。

总的来讲，我国在 5G 技术的标准制定与专利占比上具备一定的优势，但是与美、韩等国差距不大，还需要继续保持。

（三）5G 技术发展态势

美国和中国 5G 研发支出领先。2019 年 4 月，美国总统和美国联邦通信委员会（FCC）宣布将投资 2750 亿美元用于 5G 网络建设。中国信通院预计，2020—2025 年，中国将投入 9000 亿~1.5 万亿元用于建设 5G 网络。国际机构 IHS 预测，美国、中国、日本、德国、韩国、英国和法国 7 个国家将处于 5G 发展的前沿，美国和中国将主导 5G 研发与资本性支出，预计 2019—2035 年，美国的投入将约占全球 5G 投入的 28%，中国约占 24%。

频谱分配竞争激烈。目前，世界各国 5G 频谱的规划主要围绕 6GHz 以下的电磁频谱（Sub 6G），我国 5G 频谱的发放也主要是中低频段。

美国除将各国主要用于布局 5G 的 3.5GHz 频段用于军用外，还在分配给 5G 的低频段和高频段频谱数量方面居世界领先地位。此外，美国掌握了大量毫米波频段的核心技术以及关键零部件，其 5G 发展战略也主要围绕毫米波频段开展。毫米波资源丰富，5G 包括未来的 6G 将向高频毫米波部署是必然趋势，而且美国在毫米波领域的优势将逐渐显现。目前，我国毫米波领域的发展水平远落后于美国。在毫米波终端上，美国高通已有商用模组，我国则还处在研发阶段。在毫米波基站上，我国基本是空白，一些关键芯片和器件被美国垄断，在化合物半导体材料等基础领域技术落后、产能不足，部分关键核心技术面临"卡脖子"问题。

（四）5G 制造发展态势

5G 制造主要围绕基站系统、网络架构和终端设备三个领域。

基站系统。5G 基站包括大型基站、宏基站和小基站等。因全球 5G 频谱规划多为中段频和高段频，由小微基站和 Massive MIMO 天线构成的超密集组网是 5G 基站布局的关键。目前，全球 5G 基站的部署主要在欧、美、日、韩和中国展开。2018 年 2 月，德国电信与华为公司成功完成全球首次 5G 高阶毫米波 73GHzE – band 多小区网络验证。美国 AT&T 电信公司在 2018 年 3 月部署 6 万个 5G 宏基站及 5G 小基站。日本 Softbank 运营商在 2016 年正式启动 5G Project，是全球首家将大规模天线技术（Massive MIMO）正式投入 5G 商用的运营商。2017 年 9 月，韩国 LG U⁺ 携手华为在首尔成功完成了 5G 密集城区外场第一阶段测试，涵盖了毫米波 28GHz 的覆盖和容量测试。根据预测，主要国家完成 5G 部署只需要 3~5 年，到 2025 年前后，全球 5G 基站会达到 650 万个，用户超过 28 亿户。

网络架构。据预测，未来 5G 光纤需求，在不考虑光纤复用的情况下将达到 4G 光纤需求的 16 倍。尽管在光纤光缆、光模块制造方面，我国具有领先优势，但是全球光纤预制棒主要被日本、美国和德国企业垄断。日本企业主导光通信装备中激光二极管、光学产品市场，鲁门特姆、三菱、住友集团等企业均拥有许多光源件独家技术，具有明显优势。

终端设备。射频前端模块既是 5G 终端的关键性器件，也是我国进口依赖度最大的器件。SIMIT 战略研究室数据显示，滤波器是射频前端模块重要组成部分，占据射频前端模块总体市场的 50% 以上，随着 5G 频段的增加，滤波器市场规模将从 2017 年的 80 亿美元增加到 2023 年的 225 亿美元。滤波器的主要作用是在杂乱空间中将目标信号过滤出来，其中毫米波 MEMS 滤波器和 FBAR 滤波器能够匹配 5G 的高频谱传输性能，是各国的战略聚焦点。5G 终端的放大器能将更多频段（全频谱通信）的电磁波放大到更高的频段（中高频和毫米波技术），同时还能满足更小尺寸（高集成度）的要求。GaAs 射频功率放大器因其工作频率和工作电压高，并能解决 CMOS 产品击穿电压低、衬底绝缘性差、高频损耗大等先天缺陷，成为全球 5G 射频模块布局的战略聚焦点。Yole 报告预测，全球射频功率放大器（RFPA）市场规模到 2020 年将达到 25 亿美元，到 2023 年将达到 70 亿美元。目前，全球滤波器和放大器市场全部被美、日企业主导，打破技术壁垒难度很大。博通和 Qorvo 两家美国企业所占的滤波器市场份额高达 90% 以上，GaAs 化合物半导体放大器的设计和制造则被 skyworks、Qorvo 和 Avago 三家美国企业垄断。

5G 半导体材料。全球硅基半导体市场被美、日、欧垄断。美国是全球半导体产业链最完整的国家，共有 90 多家本土半导体上市公司，涵盖设备、材料、设计、制造、封测全产业链。在全球前 20 大半导体公司排行榜中，美国占有 8 家。2018 年，全球半导体全年销售额约为 4800 亿美元，其中美国占比约为 46%。2019 年，半导体行业协会（SIA）公布全球半导体行业销售额为 4121 亿美元，美洲占比 19.05%。在硅晶圆领域，全球一半以上的半导体硅材料产能集中在日本。GaAs 材料的技术和市场被日本和美国垄断。在 GaAs 材料的衬底制备、外延片方面，日本的住友电工、弗莱贝格（Freiberger）、日立电缆以及 ATX 四家企业占据 6 英寸衬底 90% 以上的市场份额。在 GaAs 材料的制造代工方面，美国晶体技术、日本住友电工、德国弗莱贝格化合物材料占据 95% 以上的市场。日本的住友电工和三菱化学采用的氢化物气沉积法是目前最主流的方法，其中日本住友电工是全球最大的 GaN 晶圆生产商，占据了 90% 以上的市场份额。

（五）5G 运营发展态势

主要国家都在通过加快部署 5G 网络抢占 5G 发展红利。全球移动通信系统协会（GSMA）预测，2020 年全球超过 1/5 的国家将推出 5G 网络。为了解决 5G 网络问题，韩国积极推动 5G 基站建设。根据韩国科学技术信息通信部中央电波管理所公布的数据，截至 2019 年 9 月 2 日，韩国三家移动运营商建立的 5G 基站数接近 8 万个。

亚太地区通信基础设施拥有巨大的发展潜力。GSMA《2019 年亚太地区移动经济》报告指出，2018 年 4G 成为亚洲最主要的移动技术，占总连接数的 52%，预计到 2025 年将增长到 2/3，届时 5G 大约占总连接数的 18%。截至 2018 年底，亚洲地区单独的移动用户数量已达到 28 亿户，相当于该地区人口的 67%。到 2025 年，移动用户数量预计增加到 31 亿户（占人口的 72%）。以韩国通信市场为例，2019 年 4 月 3 日，韩国 5G 正式商用，尽管存在 5G 网络覆盖不好、流量贵等问题，但韩国民众对 5G 的热情高涨，使 5G 发展速度很快。商用的 69 天内，5G 用户数突破 100 万户（占韩国人口的 2%），超越 4G 的普及速度（2011 年韩国获得首个 100 万 4G 用户用时 80 天），远超业界预期（见图 1–3）。但该国 5G 用户数在初期增长较快后就进入中间的停滞期，在运营商推出针对 5G 的 VR/AR 视频等相关业务后，5G 用户数将会迎来爆发性增长。由此可见，5G 的需求十分强劲，并将通过下游应用催生更大增长。截至目前，中国在 5G 发展速度上处于比较领先的地位，如图 1–4 所示。

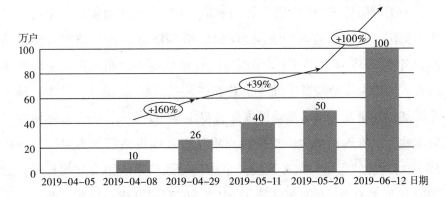

图 1 - 3 韩国 5G 用户数 69 天突破 100 万户

资料来源：Telco.

图 1 - 4 全球主要国家 5G 商用时间表

资料来源：根据公开资料整理。

（六）5G 应用发展态势

针对此前 1G、2G、3G、4G 从未覆盖的行业级市场，5G 可催生自动驾驶、车联网、智能制造、工业互联网、智慧城市等全新应用，这将给相应行业带来技术产品和商业逻辑方面的巨大变革，并可能由此创造出数个规模万亿级的产业。同时，这也是人类历史上首次尝试构建一个"全能型"网络，用单一技术体制联通所有类别的通信。因此，虽然 5G 的消费级应用将率先落地，行业级应用的成熟度还远远落后，但后者有望最终成为 5G 最大的价值所在。

中美等国处于 5G 应用发展的前沿。IHS Markit 对美国、中国、日本、德国、韩国、英国和法国 5G 价值链经济活动进行建模，预计从 2020 年到 2035 年，在这七个国家的 5G 价值链中，相关企业平均每年所投入的研发资金与资本性支出总和将超过 2000 亿美元。其中，最初几年基础性研发与网络基础设施部署将主导 5G 投入，随后总体研发与资本性支出将逐渐减少，投资重点将从以基础设施部署为主转向利用 5G 独特功能的应用与服务开发。全球移动通信系统协会数据显示，到 2019 年底共有 34 个国家部署了 61 个 5G 商用网络。目前，韩国、美国、瑞士和英国已相继开通了 5G 服务，中国是全球第五个实现 5G 商用的国家。

全球 5G 终端发展加速。根据全球移动供应商协会（GSA）发布的最新《5G 设备生态系统报告：2020 年 2 月》统计数据，截至 2020 年 1 月，全球 78 家供应商已推出 208 款 5G 终端，其中包括 62 款手机、69 款 CPE 终端、35 款模组、14 款移动热点设备以及 28 款其他终端（如机器人、无人机、电视机、自动售货机、头戴式显示器、笔记本电脑等）。随着 5G 基站部署和网络建设的铺开，已有多家设备商提供 5G 手机，截至 2019 年底，我国 5G 手机上市新机型 35 款，出货量达到 1377 万部。预计到 2020 年，我国 5G 手机出货量有望达到 1 亿部，全球 5G 手机出货量将达到 2 亿~3 亿部。

四、4G 将与 5G 长期并存

（一）4G 潜力尚未充分释放

从全球来看，4G 市场并没有结束，仍处于持续扩张阶段。据全球移动通信协会（GSMA）《2019 年全球移动经济报告》，2018 年全球范围内拥有 34 亿个 4G 连接，占全部 79 亿个连接的 43%（不包括许可的蜂窝物联网）。GSMA 预测，4G 将保持快速的增长，特别是在发展中地区内将成为主导的移动技术，在 2023 年达到全球移动连接的 60%。GSMA 预测，到 2025 年全球 5G 的平均渗透率为 15%（中国为 29%）、全球 4G 的平均渗透率依然高达 59%。

中国 4G 基站总数远超美国和欧盟等国家基站的总和。工信部数据显示，2018 年我国新建 4G 基站 43.9 万个，总数达到 372 万个，约占全球 4G 基站的 60%。2019 年我国新建 4G 基站 172 万个，截至 2019 年底，我国 4G 基站数达到 544 万个，占基站总数的 64.7%。中国 4G 用户从 2015 年的 4 亿户，增长到 2018 年的 11.7 亿户，占全球 4G 用户的一半。2019 年底，我国移动宽带 4G 用户总数达到 12.8 亿户，占移动电话用户总数的 80.1%，近三年占比分别提高 12 个、4.3 个和 5.6 个百分点，4G 用户占比远高于全球的平均水平（不足 60%），与领先的韩国（80.7%）相当。

（二）4G 与 5G 可以优势互补

不是所有的事情都必须在 5G 上做，"5G + 4G" 也能给用户带来一个很好的无线环境和网络体验。在 2019 年世界移动通信大会（MWC）上，主要设备厂商将重点放在推动 4G 向 5G 快速平滑过渡上，展示的 5G 手机均以 4G 手机外挂 5G 基带芯片的方式实现代际升级，射频模组的集成度依然较低，且多数仅支持非独立组网（NSA）模式和部分中低频段。在应用场景方面，虽然各厂商一直在进行积极探索，但展示的应用依然基本停留在 5G 概念演示和技术验证层面。主要原因是 5G 的各类应用场景不仅需要 5G 技术，还有赖于人工智能、虚拟现实、边缘计算等诸多其他新技术，而上述技术目前并不成熟。同时，5G 是各类场景落地的前提，基于 5G 技术能力的内容服务才是核心价值所在，在这方面的探索显然还远远不够。5G 服务于工业企业需要的不仅仅是 5G 网，而是复合的端到端的能力。"5G + AICBE" 还远未成熟（A：AI 人工智能，I：IoT 物联网，C：Cloud 云，B：Bigdata 大数据，E：Edge computing 边缘计算）。

未来是 5G 和 4G 并存的时代，在 NSA 向 SA 过渡的阶段，"5G + 4G"是解决当前网络经营和网络性能的关键一环，需要打造"5G + 4G"的协同战略，筑牢网络的长期竞争优势，打造高质量的 4G 和 5G 融合化网络服务能力，加速推动连接能力从生活侧向生产侧的延伸。由于 5G 渗透率的原因，想要在建筑物内使用 5G 还需要在建筑物里安装毫微微蜂窝式基站作为接收设备。在 5G 时代几乎还难以离开 4G 的存在，现有的 5G 发展计划中还包括对 4G 的改进。

目前运营商在积极推进 4G 和 5G 协同发展。多家运营商均认为 5G 时代是 4G 和 5G 并行的时代。NSA 则是 4G 和 5G 协同发展的典型，国内外运营商纷纷采用 NSA 组网方式作为过渡，到 2020 年后再采用独立组网的方式。在 2019 年世界移动大会期间，中国移动联合华为、中兴、大唐、爱立信、诺基亚五家合作伙伴发布了《5G + 4G 无线技术白皮书》，向产业界发布了 5G 和 4G 协同发展需求、场景和关键技术方面的倡议和指导意见。白皮书通过能力协同、资源协同、演进协同三个方面分析了 5G 和 4G 协同的关键场景和技术，探讨 5G 和 4G 网络在规划、建设、维护和业务发展上的高效协同，以实现中国移动"5G + 4G"网络一体化，满足 eMBB 业务需求和用户体验。

第二章
5G 产业国内外发展现状

我国移动通信在经历了"2G 追赶、3G 突破、4G 并跑"的进阶之后，正成为 5G 网络技术、标准、产业、应用的引领者之一，位于全球 5G 产业第一梯队，在 5G 的标准制定和相关专利方面掌握着重要的话语权。

一、我国高度重视并积极推动 5G 发展

我国高度重视 5G 发展，政府较早进行了顶层设计，明确了 5G 发展的方向、目标和路线图。

（一）出台系列发展规划和扶持政策

国家"十三五"规划明确提出，积极推进 5G 发展，布局未来网络架构，启动 5G 商用，把 5G 的研究、发展和实施上升为国家战略。《中国制造 2025》提出，全面突破 5G 技术，突破"未来网络"核心技术和体系架构。2013 年，工信部、国家发展改革委和科技部组织成立了"IMT－2020（5G）推进组"，负责协调推进 5G 技术研发试验工作，与欧、美、日、韩等国家建立 5G 交流与合作机制，推动全球 5G 的标准化及产业化，陆续发布了《5G 愿景与需求白皮书》《5G 概念白皮书》

等研究成果，明确了 5G 的技术场景、潜在技术、关键性能指标等，部分指标被 ITU 纳入制定的 5G 需求报告中。

依托国家重大专项等方式，积极组织推动 5G 核心技术的突破。2008 年，国家重大科技专项"新一代宽带无线移动通信网"正式启动。2011 年，国家"973"计划布局下一代移动通信系统。2013 年，工信部、国家发展改革委、科技部联合推动成立"IMT－2020（5G）推进组"。2014 年，国家"863"计划启动了"实施 5G 移动通信系统先期研究"重大项目，围绕 5G 核心关键性技术，先后部署设立了 11 个子课题。2016 年，我国全面启动 5G 技术研发试验，并完成第一阶段测试，各关键技术均通过验证。2017 年，国家科技重大专项中有 3 项与 5G 相关的研发项目。

（二）全力加速 5G 商用进程

随着相关技术标准基本制定完成，5G 进入商用部署的关键时期。2018 年，中国进博会、韩国平昌冬奥会、俄罗斯世界杯等 5G 网络的成功演示，在全球范围内迎来大规模的 5G 商用试验。2018 年，中央经济工作会议明确了 7 项 2019 年度的重点工作任务，其中包括"加快 5G 商用步伐"。2019 年 6 月 6 日，工信部正式向中国电信、中国移动、中国联通、中国广电发放 5G 商用牌照，批准四家企业经营"第五代数字蜂窝移动通信业务"。我国跳过 5G 试商用阶段，直接进入 5G 正式商用阶段，比原计划提前了一年，意义重大。对消费者来说，可以提前享受更高效的 5G 网络。对 5G 及其相关产业的企业来说是巨大利好，必将提前释放国内 5G 巨大市场需求。对国家来说，我国 5G 商用提前一年，可以促进经济增长、创造就业机会。

（三）地方政府大力发展 5G

在党中央政策的号召下，多个地方政府积极响应，加快出台产业规划。2019 年以来，北京、江苏、江西、陕西、浙江等地方政府纷纷出台5G产业推进政策,为5G产业发展及应用创新开辟绿色通道。浙江省提出,到2022年,培育10个特色优势产品、20家骨干企业,实现5G相关产业业务收入4000亿元。① 在地方政府公布的产业推进政策中,抱团发展趋势明显。珠三角、长三角、京津冀陆续公布了协同发展方案。2019年5月15日,广东省发布的《广东省加快5G产业发展行动计划(2019—2022年)》提出,到2022年底,珠三角要建成5G宽带城市群,形成世界级5G产业集聚区和5G融合应用区。广东省还提出,将粤港澳大湾区打造成万亿级5G产业集聚区。② 河南省出台《河南省5G产业发展行动方案》,北京、上海、湖南、四川和云南也出台了5G发展计划,聚焦5G基站建设、应用创新场景等核心内容的部署。

二、我国5G产业发展基础较好

在产业发展方面,我国率先启动5G技术研发试验,加快了5G设备研发和产业化进程。目前,我国5G中频段系统设备、智能手机处于全球产业第一梯队。

(一)5G产业链优势突出

在产业链方面,目前我国5G技术和产品日趋成熟,产业链主要环节已基本达到商用水平,具备了商用部署的条件。5G牌照正式落地,产业链逐步成熟,为行业应用铺平道路。我国在5G技术、标准、产业发展等方面逐步建立竞争优势。在技术标准方面,我国倡导的5G概念、应用场景和技术指标已被纳入国际电信联盟(ITU)的5G定义,我国企业提出的灵活系统设计、极化码、大规模天线和新型网络架构等关键技术已成为国际标准的重点内容。截至2020年1月,全球5G专利声明达到

---

① 参见浙江省政府2019年4月发布的《关于加快推进5G产业发展的实施意见》。
② 参见广东省政府2019年5月发布的《广东省加快5G产业发展行动计划(2019—2022年)》。

95526 项，我国企业申报专利占比为 32.97%，居首位（见表 2 – 1）。

表 2 – 1　5G 产业链各环节中国企业的主要优势

产业链环节	主要优势
芯片厂商	目前我国形成了以华为海思、中兴微电子、展讯锐迪科、大唐通信、紫光灯公司为代表的芯片厂商，正在为 5G 芯片进行相关技术准备
设备厂商	华为：5G 新技术创新再立里程碑，强强联手逐步向 5G 商用推进 中兴通讯：5G 成果不断、商用部署提上日程、产业化领先世界 大唐电信：前期研究成果已得验证，将打造 5G 生态链
终端厂商	华为、vivo、TCL 等终端厂商纷纷试水 5G 商用终端的研发和商用产品化。阿里进军 IoT，阿里云推出"智选加速"；腾讯发布 AI 战略，强调 5G 推动 IoT 发展；百度 AI 是 5G 网络下最好的伙伴或者说是最好的加速器

（二）5G 基站建设不断加速

三大运营商和部分地方政府加快部署基站建设。中国移动董事长杨杰在"5G + 共赢未来"发布会上表示，2019 年中国移动将在全国范围内建设超过 5 万个 5G 基站，在超过 50 个城市实现 5G 商用服务；2020 年，将进一步扩大网络覆盖范围，在全国所有地级以上城市城区提供 5G 商用服务。2020 年 1 月 20 日，工信部部长苗圩在国新办新闻发布会上表示，截至 2019 年底，全国共建成 5G 基站超 13 万个，国内市场 5G 手机出货量超过 1377 万部。2019 年 12 月 26 日，中国信息通信研究院副院长王志勤在"2020 中国信通院 ICT 深度观察报告会"上表示，预计到 2019 年底，我国 5G 用户数将超过 300 万户，全球 5G 用户数将达到 1000 万户。

（三）光纤基础设施世界领先

我国光纤网络规模、技术水平和到户率世界领先。《2019 年通信业统计公报》显示，截至 2019 年底，我国光缆线路总长度达 4750 万千米；互联网宽带接入端口"光进铜退"趋势更加明显，截至 2019 年底，互联网宽带接入端口数量达到 9.16 亿个，其中光纤接入（FTTH/0）

端口达到 8.36 亿个，占互联网接入端口的比重由上年末的 88.9% 提升至 91.3%；截至 2019 年底，1000Mbps 及以上接入速率的用户数为 87 万户，100Mbps 及以上接入速率的固定互联网宽带接入用户总数达 3.84 亿户，占固定宽带用户总数的 85.4%，占比较上年末提高 15.1 个百分点；2019 年，移动互联网月户均流量（DOU）达 7.82GB，是上年的 1.69 倍，其中手机上网流量达到 1210 亿 GB，比上年增长 72.4%，在总流量中占 99.2%。这些是建设 5G 的良好基础，将为 5G 规模部署节约大量的时间和投资成本。不仅 5G 基站需要光纤，5G 机房升级也需要光纤。为了能够承载 5G 的超高速率，5G 核心网需要 200G/400G 的光模块，更大容量的光传输、更灵活的组网、更高效的光层调度，前传、中传、回传分别需要 25G、50G、100G 的光模块，这些都需要大量光纤。由于美国光纤部署落后，德勤表示除非未来美国光纤部署投资约 1300 亿～1500 亿美元，否则难以真正落实 5G。美国运营商计划通过 5G 路由器将 5G 基站发射的 5G 网络转化为 Wi-Fi，让终端设备高速上网。但 5G 路由器离不开 5G 基站，而 5G 基站又离不开光纤的支持。美国本想避免光纤建设的难题，但最后还要依赖光纤网络。众说纷纭的美国"假 5G"就是基于此。

三、我国重点区域 5G 发展态势良好

（一）全国首批 5G 试点城市发展较快

当前，在首批 5G 试点的 18 个城市中，上海和广州计划在 2021 年前分别建成 5G 基站 3 万个、17 万个，杭州和成都提出到 2022 年分别建成 5G 基站 3 万个、4 万个。上海市经信委公布的数据显示，截至 2019 年底，上海全市已建设 5G 基站超过 1 万个。广东省工信厅公布的数据显示，截至 2019 年底，广州、深圳已分别建成开通 5G 基站 1.46 万个、1.5 万个。

（二）深圳走在 5G 建设和应用前列

深圳是中国电信 5G 基站开通最早、网络规模最大（基站数超过 300 个）、应用创新领先的试点城市。中国电信深圳分公司于 2017 年 10 月在南山高新区率先开通中国电信首个 5G 基站；2018 年开始规模组网试验，4 月在业界率先完成基于 5G 的无人机巡防演示，10 月在南山率先开通全球首个独立组网 SA 连片覆盖的外场网络（27 个基站），具备了 5G 业务测试体验能力，并开通了全国首个 5G 业务精品体验路线。2018 年 11 月，中国电信 5G 应用联合创新中心在深圳湾科技生态园中国电信国家双创基地挂牌成立；12 月与深圳市公安局紧密协同，在宝安塘头派出所开展基于下一代移动网络的警务应用测试，打造全球首个"基于 5G 立体巡防派出所"。2019 年 2 月，中国电信完成了全国首个央视春晚 5G + 4K + VR 和全国"两会"5G + 4K 的直播；4 月开通全球首个 5G 智慧酒店。

深圳移动与产业链各环节单位积极探索并开展一系列合作，结合社会民生产业升级，已开展 20 余个 5G 重点行业应用示范，创造了多个"首个"。一是 5G 超高清应用，联合中央广播电视总台在深圳首次实现央视春晚 5G 直播，是中国首次 5G + 4K 超高清直播。二是 5G 智慧电网，联合南方电网在深圳开展了 5G 智慧电网试点应用，充分利用 5G 低时延等特性开展了包括差动保护等技术革新试验，获得良好效果，也获得工信部绽放杯 5G 创新大赛"最佳设计奖"。三是 5G 体验园区建设，打造全国首个坂田 5G 体验园区，对外展示多项 5G 示范应用，在 IMT - 2020（5G）峰会首次在深圳举办期间，接待了各方人士的参观。四是 5G 营业厅建设，在深圳建设了全省首个 5G 智慧营业厅，面向公众开放了 5G 视频通话等十大体验活动，市民积极参与并获得强烈反响，也接受了包括央视等多家媒体报道。此外，还开展了 33 个 5G 应用示范项目，涵盖医疗、教育、交通、港口、旅游、工业互联网、能源等相关行业。

（三）部分省市加快探索5G应用实践

北京和济南分别提出了5G在自动驾驶、无人机方面的应用。北京开放了自动驾驶测试道路44条、里程123千米。2019年7月8日，首个封闭测试场在北京正式对外开放运营。2019年5月30日，全国首个省级无人机维保中心在济南落地。

上海有我国首个智能网联汽车试点示范区，无锡有世界首个车联网（LTE－V2X）城市级开放道路示范样板。《上海市人民政府关于加快推进本市5G网络建设和应用的实施意见》提出，将制定5G应用创新和产业发展三年行动计划，围绕自身产业特点在5G关键芯片和5G智能终端上继续突破。落在长三角示范区的华为青浦研发基地，是推动上海乃至长三角5G产业发展的一个重要布局。

四、我国5G领军企业整体优势不断增强

（一）华为

2019年，华为收入达到8500亿元，同比增长18%。2018年，研发费用达1015亿元，占销售收入比重为14.1%，位列欧盟发布的2018年全球企业工业研发投资排名第五；近十年的研发费用总计超过4800亿元。

从发明专利看，华为5G核心专利占到20%以上，美国企业加在一起占15%。世界知识产权组织公布的数据显示，2018年度华为向该机构提交了5405份专利申请，在全球所有企业中排名第一。

从网络设备看，5G核心端到端的芯片自主研发能力强。华为海思主要做设计，芯片制造在台湾。台积电在南京的生产线只能达到16纳米。网络设备不需要7纳米，终端是7纳米，5G网络是可控的。

从手机操作系统看，华为正式推出鸿蒙OS。目前，苹果和谷歌是主流手机操作系统。2019年8月9日，华为正式向全球发布其全新的基

于微内核的面向全场景的分布式操作系统——鸿蒙 OS。鸿蒙 OS 的出发点和 Android、iOS 不一样，是一款全新的基于微内核的面向全场景的分布式操作系统，能够同时满足全场景流畅体验、架构级可信安全、跨终端无缝协同以及一次开发多终端部署的要求，大幅提升操作系统的跨平台能力。谷歌、苹果和微软是"宏内核"，是拥有一个核心的庞大系统，一个小应用一旦出问题，整机就会瘫痪。华为的"微内核"虽有中心，但各自为政，一个部件有问题不会影响全局和其他部件，而且部件可以随意装载。谷歌、苹果只能用在手机上，微软只能用在电脑上，而鸿蒙就是"全景"式应用，不只是应用在手机电脑上，还可应用在全部物联网和工业互联之上。随着华为全场景智慧生活战略的不断完善，鸿蒙 OS 将作为华为迎接全场景体验时代到来的产物，发挥其轻量化、小巧、功能强大的优势，率先应用在智能手表、智慧屏、车载设备、智能音箱等智能终端上，着力构建一个跨终端的融合共享生态，重塑安全可靠的运行环境，为消费者打造全场景智慧生活新体验。

从 5G 商用看，华为发展态势良好。华为在 50 个城市建设了 5G 网络，支撑了上万个小基站。美国 5G 商用，如果没有网络设备支持，进程就会很慢。美国 Verizon 发布 5G 不久就停止了，AT&T 更是发布了假5G，美国毫米波产业链没有支持。截至 2019 年 11 月，华为已经获得全球 60 多个 5G 商用合同，5G 基站中国以外的全球发货量突破 15 万台，全球市场占比将近 2/3。韩国是最先应用华为 5G 设备的国家。

（二）中兴通讯

在经历 2018 年极端危险和艰难的时刻之后，中兴通讯加快向 5G 做最后冲刺。目前，中兴通讯 5G 核心竞争力领先，是全球 5G 技术研究、标准制定专利申请的主要贡献者。基于德国专利数据公司（IPIytics）的统计，截至 2020 年 1 月，中兴通讯向欧洲电信标准化协会（ETSI）披露 2561 族的 3GPP 5G SEP（标准必要专利）和专利申请，位列全球第三。中兴通讯还是 70 多个国际标准化组织和论坛成员，拥有芯片专利 3900 多件，其中国际专利 1700 多件，5G 芯片专利 200 多件。

在 5G 基站芯片方面，中兴公司 7 纳米工艺的芯片已经完成设计并量产，目前正在研发 5nm 工艺的 5G 芯片。2018 年，中兴通讯的研发投入超过 100 亿元，占营收比重超过 12%，范围和投入方向聚焦 5G 端到端的布局，重点投入核心网操作系统和 5G 核心芯片持续升级。

在设备层面，中兴很早就实现了关键数据库、操作系统的自主研发。中兴通讯 5G 端到端商用整体进度领先，截至 2019 年 9 月底，全面参与中国 5G 网络规模部署，在全球获得 35 个 5G 商用合同，与全球 60 多家运营商展开 5G 深度合作；5G 承载端到端产品大规模部署，累计发货达 2 万台，携手全球运营商完成 30 多个 5G 承载网络商用部署和现网试点。在中国、西班牙、意大利、韩国等国完成 30 多个 5G 承载试点及测试。在非传统强项中，推出了自研数据库，具有银行级的安全系统，有很多行业采用了中兴的嵌入式操作系统。

（三）三大运营商

目前，中国移动、中国电信、中国联通三大运营商都在进行 5G 独立组网、非独立组网规模部署，以提速 5G 商用（见表 2 - 2）。中国移动发布"5G +"计划，包括先期建设 NSA 网络、同步支持 NSA/SA、推进"5G + 4G"协同发展等策略。中国电信已经建成以 SA 为主、SA/NSA 混合组网的跨省跨域的规模试验网，将有可能于 2020 年切换到以（5GC + NR）的 SA 为主的部署轨道。中国联通提出"7 + 33 + N"的 5G 建网理念，在 7 个大城市区实现连片覆盖，在 33 个重点城市实现热点覆盖。中国移动计划在杭州、上海、广州、苏州、武汉进行 5G 试点。中国电信计划在雄安、深圳、上海、苏州、成都、兰州进行 5G 试点。中国联通计划在北京、雄安、沈阳、天津、青岛、南京、上海、杭州、福州、深圳、郑州、成都、重庆、武汉、贵阳、广州进行 5G 试点。

表 2 - 2　我国三家运营商建设 5G 的基础条件情况简表

运营商	5G 频谱	净利润/亿元	4G 基站数量/万个	4G 用户数/亿户	主要优势
中国移动	2.6GHz 的 160 MHz 带宽 4.9GHz 的 100 MHz 带宽	1179	241	7.13	基站数量、资金、用户规模
中国电信	3.5GHz 的 100MHz 带宽	213	138	2.42	5G 频段、区域业务
中国联通	3.5GHz 的 100MHz 带宽	103	99	2.16	5G 频段、产业链落地

资料来源：各上市公司 2018 年年报。

五、美国、韩国等积极发展 5G

目前，美国、韩国和欧盟都在加速部署 5G，2020 年 5G 商业化应用将在全球逐步展开。高通发布的研究报告显示，从 2020 年至 2035 年 5G 为 GDP 创造的贡献将达到 3 万亿美元，同时创造 2200 万个工作岗位。

（一）美国加速推进 5G 发展

美国在 5G 领域感受到了危机，开始调动政府资源帮助企业参与国际市场竞争。美国总统特朗普多次表态，要求"美国一定要赢得 5G"，并对中兴、华为等中国厂商实施打压手段。2018 年 9 月 28 日，美国推出了促进美国形成 5G 技术优势的综合战略——5G 快速计划（5G Fast Plan），包括释放更多的频谱、促进无线基础设施建设、法规现代化三个关键解决方案。2019 年 4 月 2 日，美国无线通信和互联网协会发布了《引领 5G 的国家频谱战略》，以期通过制订五年拍卖计划、联邦频谱政策、更新频谱使用流程等手段，帮助美国引领未来 5G 产业的发展，以保持其全球无线通信的领导地位。2019 年 4 月 12 日，特朗普表示，5G 是美国必须赢的竞赛，美国不能允许其他国家在这个未来的强大产业上超越美国，现在美国的企业已经加入了这场竞赛。据一些估算数据，美国计划在 5G 网络投入 2750 亿美元，创造 300 万个就业岗位，这将使美国的经济增加 5000 亿美元。2019 年 5 月，美国政府发布《5G 部署战略》，其核心策略是加快 5G 频谱的拍卖，利用释放更多频谱资源推进企业投资，进而促进 5G 技术的快速应用。2019 年 5 月 30 日，白宫科技政策办公室以及无线频谱研发（WSRD）机构共同发布《美国无线通信领导力研发优先事项》，白宫科技政策办公室发布《新兴技术及其对非联邦频谱需求的预期影响》，这两份都是针对 5G 技术的报告，阐述美国在无线通信领域的研发重点以及新兴技术展望，将为美国国家频谱战略提供重要参考。美国总统特朗普于 2019 年 11 月 21 日表示，他已要求苹果公司首席执行官蒂姆·库克帮助研究开发美国 5G 无线网络的电信基础设施。

美国正逐步改变发展 5G 的战略着力点。5G 危机意识正在促使美国改变对于 5G 发展的传统观念。传统上，美国政府在科技发展方面信奉"市场的力量"，对国家规划和国家战略持怀疑态度。美国政府的力量主要体现在通过行政和执法手段阻碍美国主要竞争者的发展，以及保护本国市场。目前，美国已经意识到 5G 是一场全球性的长期竞争，仅依靠企业不足以在竞争中胜出。如果政府无法给企业提供更多政策资源和规划保障，企业就很难敢于大规模扩大投资。美国在 5G 领域开始实施追赶及竞争性的策略，试图利用政治、军事上的资源助推 5G 产业发展。2019 年，美国国会众议院提出的《美国 5G 领导力》议案，要求美国与其盟国展开相关合作，并且在国际电信联盟、国际标准化组织、3GPP 和电气电子工程师协会等国际组织中"充分使用联邦资金"来加强其代表权。美国联邦通信委员会放宽了涉及 5G 建设的审批。美国政府有可能对企业提供更加优惠的政策和更稳定的政策预期，例如，推动成立专门的投资基金拉动产业界投资，压低长期利率，对美国企业的兼并重组持宽容态度等。美国联邦通信委员会正式批准了美国两大运营商 T-Mobile 和 Sprint 的合并，称该交易将"促进竞争"，并加快 5G 网络的部署。同时，美国政府开始重视技术标准在 5G 竞争中发挥的作用。

在 5G 技术标准形成过程中，一些实力强劲的非美国企业在部分标准制定权上取得了突破。美国认为这种趋势不符合其在 5G 领域的长远利益，美国的外交部门或将深度介入技术标准的全球博弈之中，劝说美国的西方盟友与美国站在同一阵线，在 5G 技术标准上采取同一立场。这些政治性的介入措施可能会恶化国际社会在技术标准上的合作。

从整体上看，美国 5G 还未进入规模覆盖阶段。截至 2019 年 10 月，AT&T 在 20 个城市发布 5G，并在 1 个 NFL（美国职业橄榄球大联盟）体育馆基于毫米波建设 5G 网络；预计 2020 年上半年，在美国商用 5G；Verizon 在 13 个城市发布 5G，在 13 个 NFL 球场基于毫米波建设 5G 网络；Sprint 在 9 个城市发布 5G，网络部署在 2.6GHz；T – Mobile 在 6 个城市发布 5G，所建网络基于毫米波。

美国 5G 网络采用高频段毫米波的优势并不突出。2019 年 6 月，美国联邦通信委员会（FCC）委员 Jessica Rosenworcel 表示，美国选择了错误的 5G 发展道路，5G 网络建设只采用位于高频段的毫米波，造成投资太大但是受益范围太小的问题，最终将会导致美国乡村区域不能享受到 5G 带来的效益。美国的毫米波 5G 网络不但传输范围小，而且甚至难以穿透墙壁，需要加大毫米波 5G 基站的发射功率、部署数量，成本由此会大幅增加。其他国家早期的 5G 商用并没有使用毫米波，而是采用中频段，使 5G 网络能很快覆盖比较大的地域范围。

（二）韩国率先启动 5G 商用

韩国政府通过规划发展路线、明确创新方向、培育生态系统、促进合作共赢等方式推动 5G 发展。2018 年 2 月，韩国冬季奥运会试点演示是早期的 5G 投资和试验。韩国政府为了尽快推出 5G 移动业务，在 2018 年 6 月拍卖了 3.5GHz 和 28GHz 的频段。科学和信息通信技术部（MSIT）承诺，如果移动通信运营商共同推出 5G 并共享一个共同网络，将向运营商提供"无限制"的税收优惠。2019 年 4 月 8 日，韩国科学技术信息通信部发布了《5G + 战略》，增加公共领域投资，在公共服务领域应用5G技术，建设基础设施；鼓励民间投资，利用政策引导和项目示范，促进5G技术及相关设备的应用；完善制度，促进5G健康发展，打造安全的使用环境；调整产业基础，强化领先技术的开发及人才培养，抢占全球市场；支持通过5G服务全球和参与制定5G国际标准，保持国际竞争力。

韩国移动通信运营商抢占5G发展先机。2019年4月，韩国开启了5G网络商用，成为世界上第一个商用5G网络的国家。韩国三大电信运营商韩国电信公司、SK电讯株式会社以及LG U⁺推出了多个档位的5G套餐，月资费从5.5万韩元（约合325元人民币）到13万韩元（约合769元人民币）不等。为推广普及，它们还针对5G网络推出了超高清视频、增强现实、虚拟现实以及游戏等手机应用服务。为支持使用5G网络，韩国运营商补贴5G终端设备。以LG的V50 ThinQ 5G手机为例，韩国市场售价为120万韩元（约合人民币6938元），而运营商部分门店会提供多达60万韩元的折扣（约合人民币3469元），部分门店甚至可以免费获得5G手机。除了促销降价，运营商还会给5G用户附赠流量和额外补贴，大大降低了消费者的使用门槛。

（三）欧盟积极培育5G新优势

欧盟与美国、中国和其他亚洲国家相比，在5G技术上并没有明显落后，而且拥有一些关键的战略优势。欧盟拥有设备制造商诺基亚和爱立信以及关键的5G标准组织ETSI／3GPP。欧盟于2016年9月制订了5G行动计划，旨在到2020年在每个成员国的一个主要城市推出商用5G试运行，进入5G试验和部署规划阶段。2017年2月，欧盟在世界移动通信大会上发出加速扩大发展第五代移动通信队伍的呼吁，希望进一步推动移动通信等信息产业发展。欧委会呼吁欧盟所有的产业都要积极参与5G发展，同时希望成员国能进一步加快向5G开放频谱的进度，以消除欧盟构建统一的移动通信大市场的主要障碍。2018年，欧盟委员会、欧盟议会和欧盟理事会就欧洲电子通信规范（EECC）达成共

识，将采取措施加强 5G 和其他下一代网络技术的推出。欧盟计划到
2020 年实现 5G 商业化应用，2025 年使 5G 信号覆盖所有城区和铁路、
公路沿线。根据德国发布的 5G 战略，2020 年德国 5G 网络将全面商用。
但由于成员国在开放频谱等方面阻力较大，欧盟 5G 未来发展仍充满
变数。

2019 年 5 月，欧盟正式宣布为 5G 服务保留 26GHz 频段，这为 2020
年在欧洲使用毫米波频谱铺平了道路。对于提供最高速度、最低时延的
5G 无线服务来说，毫米波频谱至关重要。美国对在 24GHz 和 28GHz 频
段的毫米波频谱进行了单独拍卖，而欧盟委员会的做法是为 5G 设备非
排他性地保留 24.25GHz ～ 27.5GHz 的大范围频谱。美国和欧洲频谱选
择的相似性应该能够让智能手机制造商轻松开发和测试支持毫米波的全
球兼容 5G 设备。欧盟已经采用了两个"先锋频段"用于 5G，低频
700MHz 和中频 3.6GHz，前者提供较慢但长距离的无线信号覆盖，而后
者覆盖距离较短但速度更快。相比之下，26GHz 频段将具有最短的信令
距离，也拥有实现最快速度的潜力，这是一种对高密度城区和人员聚集
场所最佳的选择。由于欧洲的几个国家已经推出或者计划推出最初的
5G 服务，所以欧洲可能出现 5G 智能手机对毫米波支持硬件从无到有的
过渡。欧盟要求成员国协调其法律，以允许在 2020 年 12 月 31 日之前
使用 26GHz 频段。欧盟预计 26GHz 频谱将用于固定的 5G 宽带服务、更
快的移动 5G 和混合现实应用，如虚拟现实和增强现实，以及某些工业
应用。

（四）日本以需求为主推动 5G 建设

针对 5G 建设，日本政府站在国家战略层面介入，由总务省牵头加
强多领域共同协作。早在 2015 年，日本政府就开始着手 5G 研究，从
2017 年开始进行相关 5G usecase 的尝试，瞄准 2020 年东京奥运会，先
在少量热点区域进行部署。5G 建网策略有别于传统 2G/3G/4G 建网，
着眼于需求建网。5G 时代不仅仅服务于人，还包括一切物品，因此 5G

不以人口覆盖率为评价标准，不走先城市后乡镇的路线，主导思想还是以需求为主，在建设初期针对偏远区域也需要有服务。同时，日本将能否在具有产业展开可能性的场所进行灵活覆盖，设定为 5G 建设评价指标。2019 年 4 月，日本国内的三大运营商 NTT Docomo、KDDI 和软银公司及日本电商公司乐天公司从电信监管部门获得了 5G 的无线电频率资源，计划在 2020 年开始 5G 网络商用服务，特别是将在东京奥运会上向世界展示其 5G 技术。日本商务巨头乐天宣布，将在 2020 年加入移动运营商浪潮，推出 5G 服务。

日本政府决定加速 6G 研发，扭转 5G 落后的被动局面。在 5G 领域，日本不仅没有电信设备公司，而且智能手机也衰落了。日本经济产业省将在 2020 年为 NEDO（日本新能源产业技术综合开发机构）预备 2200 亿日元（约合人民币 142.5 亿元）的预算，用于启动 6G 研发。除日本外，美国、中国、韩国及欧盟也在推进 6G 研发。2019 年 11 月，中国科技部会同国家发展改革委、教育部、工业和信息化部、中科院、自然科学基金委在北京组织召开了 6G 技术研发工作启动会，正式宣布 6G 研发。对于 6G，目前普遍认为 2030 年之后才有可能问世，至少还需 10 年时间才能完成标准制定。

第三章
5G 相关产业国内外发展现状及前景

5G 不仅是移动通信领域的颠覆性技术，还是对相关领域具有变革性影响的通用技术。5G 与人工智能、云计算、大数据等新一代信息技术结合，成为产业升级和跨界集成的催化剂和助推器，推动工业、交通、文化创意、医疗、能源等产业数字化、智能化、网络化发展，进而催生新技术、新产品、新业态和新商业模式，为 5G 相关产业高质量发展提供强大动力。

一、5G 赋能相关产业

1G ~ 4G 时代是人与人、人与机器的连接，5G 时代是人与人、人与机器、人与物、物与物之间的超级连接。5G 将推动工业互联网、车联网、高清视频、VR/AR、智慧医疗、智慧城市、智慧能源、智能家居等 5G 相关产业加速发展。预计未来十年，5G 相关产业的增加值将是 5G 产业增加值的几倍甚至十几倍（见图 3 - 1）。

（一）5G 相关产业的范围与重点

5G 运营商、设备商、应用企业、相关政府部门和标准化组织，都对 5G 时代重点关注的产业作出了预判（见表 3 - 1），并积极进行准备

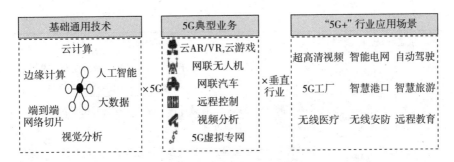

图 3-1 5G 赋能相关产业

资料来源：中兴通讯，课题组制图。

和布局。2017 年 11 月，华为 Wireless X Labs 无线应用场景实验室发布《5G 时代十大应用场景白皮书》，公布与 5G 技术强相关、最具商业潜力的十大场景，包括云 VR/AR、车联网、智能制造、智慧能源、无线医疗、无线家庭娱乐、联网无人机、社交网络、个人 AI 辅助、智慧城市等。① 2018 年 9 月，中国联通携手德勤中国共同发布《5G 重塑行业应用白皮书》，从技术成熟度、商业场景、风险投资等多角度探索如何加快基于 5G 的创新行业应用，关注的相关领域包括智能电网、智慧安防、智慧出行、智能家居、文化娱乐、智慧医疗、智慧农业、智能工厂等。② 总体来看，5G 相关产业主要包括工业互联网、车联网、文化创意、智慧医疗、智慧城市、智慧能源等（见图 3-2）。

表 3-1 各主流研究机构对重点关注产业的判断

主流研究机构		重点关注产业
国内外权威通信行业组织	GSMA 智库	汽车领域、无人机、制造与工业 4.0 转型
	国际电联 ITU	增强的室内、室外宽带，企业协同、增强和虚拟现实；IoT、资产跟踪、智慧农业、智慧城市、能源监测、智慧家居、远程监测；自动驾驶汽车、智能电网、远程患者监测、远程医疗、工业自动化
	IMT-2020 5G 推进组	高清视频、车联网、工业互联网、医疗

① 参见华为 Wireless X Labs 无线应用场景实验室 2017 年 11 月发布的《5G 时代十大应用场景白皮书》。

② 参见德勤 2018 年 9 月发布的《5G 重塑行业应用白皮书》。

续表

主流研究机构		重点关注产业
运营商	中国移动	视频娱乐、智慧城市、智慧工业、智慧医疗、智慧交通、智慧能源、智慧农业、智慧教育
	中国联通	无人驾驶、智慧医疗、智慧环保、智慧能源、工业互联网、智慧物流、新媒体、智慧港口
	中国电信	智慧警务、智慧交通、智慧生态、智慧党建、媒体直播、智慧医疗、车联网、智慧教育、智慧旅游、智能制造
设备商	爱立信	娱乐和媒体、优化的移动带宽、游戏和 AR/VR 应用、智能家居和固定的无线网络、汽车和交通、购物和沉浸式社交
	华为	云 VR/AR、车联网、智能制造、智慧能源、无线医疗、无线家庭娱乐、联网无人机、社交网络、个人 AI 辅助、智慧城市
	中兴	视频监控、高清视频、云 VR 游戏、AR 增强现实、远程控制、远程诊疗、网联无人机、智慧交通、有限制的自动驾驶、智慧电网、远程医疗手术、智慧工厂控制、L4/L5 自动驾驶
智库咨询机构	赛迪智库	超高清视频、VR/AR、车联网、联网无人机、远程医疗、智慧电力、智能工厂、智能安防、AI 助理、智慧园区
	德勤咨询	智能电网、智慧安防、智慧出行、智能家居、文化娱乐、智慧医疗、智慧农业、智能工厂
	艾媒咨询	无人驾驶、车联网、无线家庭娱乐、物联网、智能制造、视频社交、无线医疗、智慧城市
	前瞻产业研究院	云 VR/AR、智慧城市、智慧能源、无线家庭娱乐、无线医疗、联网无人机、智能制造、社交网络、车联网、个人 AI 辅助

资料来源：根据相关研究机构报告整理。

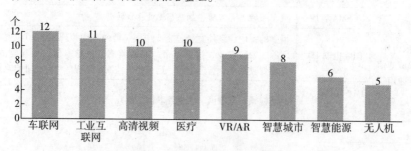

图 3-2 各主流研究机构重点关注的 5G 相关产业
资料来源：根据相关研究机构报告制图。

（二）主要国家积极布局 5G 相关产业

美国重点发展无线宽带、高清视频、车联网、VR/AR。日本重点发展高清直播、VR/AR、车联网、智慧城市。日本希望利用 5G 缓解目前人口老龄化、产业空洞化等迫在眉睫的社会问题。韩国重点布局的是 5G 自动驾驶、5G 智慧城市、5G 工业互联网、5G 安全、5G 媒体。作为韩国重大科研项目的 "GIGA KOREA" 为五大产业应用立项，未来三年研发投入约 8500 万美元，用于推动韩国 5G 与产业深度融合。韩国运营商在五大产业应用领域方面各有侧重，如 LG U⁺ 重视 VR，SKT 聚焦车。全球主要国家重点布局产业实践情况如表 3 – 2 所示。

表 3 – 2　全球主要国家重点布局产业实践

国家	重点布局产业	具体措施
美国	无线宽带、高清视频、车联网、VR/AR	总统表态，加速 5G 战略部署，对中兴、华为等领先外国企业进行打压
日本	高清直播、VR/AR、车联网、智慧城市	利用 5G 技术解决老龄化等社会问题
韩国	5G 自动驾驶、5G 智慧城市、5G 工业互联网、5G 安全、5G 媒体	运营商各有侧重，政府战略清晰，政企合作共赢
中国	高清视频、工业互联网、车联网、VR/AR、智慧城市	政府支持，出台相关产业政策，部分省市积极试点

资料来源：由本书课题组整理。

二、工业互联网

5G 能够显著增强工业互联网产业供给能力，为工业互联网发展提供坚实的技术保障，全面支撑工业互联网新业务、新模式发展。5G "高带宽、广连接、低时延" 将解决工业互联网应用中长期存在的痛点，使海量数据回传、高可靠低时延的实时控制成为可能，为工业互联网各要素实时高效的互联互通提供基础支持。5G 赋能工业互联网是加快 5G 商用部署的重要突破口，将加速制造业转型升级。

（一）5G 赋能工业互联网

5G 赋能工业互联网既可以满足工业智能化发展需求，形成具有低时延、高可靠、广覆盖特点的关键网络基础设施，还将形成全新工业生态体系，降低企业运营成本，提高生产效率，优化制造资源配置，提升产品高端化、装备高端化和生产智能化水平，推动制造业实现质量效益提高、产业结构优化、发展方式转变、增长动力转换。第一，5G TSN（时间敏感网络技术）能够帮助实现工厂内无线 TSN，保障工业互联网业务端到端的低时延。第二，5G 网络切片技术能够支持多业务场景、多用户及多行业的隔离和保护。第三，5G 高频和多天线技术能够支持工厂内的精准定位和高带宽通信，能够大幅提高远程操控领域的操作精度。第四，5G 边缘计算技术能够加速工业信息网络和操作网络融合，能够提升制造工厂内边缘的智能化（见表 3 - 3）。

表 3 - 3　5G 对工业互联网的技术支撑

业务类型	工厂内部网络需求	工厂外部网络需求
控制类业务	低时延：端到端毫秒级，抖动微秒级 高可靠：99.999% 同步精度：百纳秒级	低时延：端到端几十毫秒 高可靠：99.999% 同步精度：百纳秒级
采集类业务	大连接：百万级别/平方千米 低功耗：使用达到 10 年以上	大连接：百万级别/平方千米 低功耗：使用达到 10 年以上 高移动速度：500 千米/时
交互类业务	高传输速率：体验速率 Gbps	高传输速率：体验速率 Gbps

资料来源：中国工业互联网研究院。

（二）"5G + 工业互联网"前景广阔

埃森哲预测，2020 年全球工业互联网领域投资规模将超过 5000 亿美元，到 2030 年工业互联网将累计为全球 GDP 带来超过 15 万亿美元的增长。全球第二大市场研究机构 Marketsand Markets 发布的调查报告显示，全球工业互联网设备联网数量将在 2023 年超过消费互联网设备联网数量，2025 年将增加到 138 亿个。5G 赋能工业互联网发展将逐步深化。2019—2025 年是探索期，各行业龙头企业针对工业互联网建设 5G 网络体系、平台体系与安全体系，工业互联网逐渐形成一些典型的应用场景。2026—2035 年是发展期，各行业的壁垒逐渐被打破，形成一些集成创新，中小企业纷纷借鉴龙头企业的实践经验，全国呈现"工业一张网"的态势，工业生态将由 5G 赋能的工业互联网主导。5G 在工业互联网领域的三大应用场景如表 3 - 4 所示。

表 3 - 4 5G 在工业互联网领域的三大应用场景

对 5G 的诉求	智能制造场景	行业痛点
增强移动宽带	视频监控	传统视频监控清晰度较低，辨别效率低
大规模机器通信	遥感器、室内计算、车队管理、资产跟踪	工业级 Wi - Fi 数据时延高，部署点位密，设备连接数量受限，维护成本高
高可靠低时延通信	机械控制、远程保护	传统的通信方式时延高，无法满足实时控制的需求

资料来源：中国联通。

（三）各国积极探索"5G + 工业互联网"

美国、欧盟、韩国等国家运营商和设备商纷纷加快 5G 在工业互联网领域的应用布局，积极抢占 5G 产业制高点。爱立信与 ABB 签署了一份基于 5G 技术面向工厂自动化的谅解备忘录，专注推动 5G 网络切片在汽车、电子等相关行业的合作标准制定和应用服务，旨在提高工厂自动化程度。韩国三大运营商 SK 电讯、KT 和 LG U⁺ 同时推出面向汽车制造、机械制造企业的 5G 服务，旨在通过启动智能工厂服务加速布局工业互联网应用，提高制造业业务效率和竞争力。三星和 AT&T 合作在得克萨斯州奥斯汀创建了美国首个以制造业为主的 5G "创新区"，致力于提供对 5G 如何影响制造的真实世界的理解，并提供对智能工厂未来的洞察。三星、思科和 Orange 在巴塞罗那召开的 2019 年世界移动通信大会（MWC19）上推出了无人机和工业机器人两款工业 5G 应用。华为联手荷兰运营商 KPN、ABB 等企业在鹿特丹壳牌炼油厂利用小型 5G 工业机器人检测石油和天然气的线路，利用超高清摄像机检测管道区，并通过数字工厂腐蚀分析平台对实时管道数据进行处理，可识别高风险腐蚀区并确定最佳纠正措施，每天避免 100 个因为错误估计地下管道位置而导致管道破损的事件发生。

（四）我国积极推动"5G + 工业互联网"

2019 年上半年，浙江移动与中控集团共同推进 5G 工业互联网应用试点，探索 5G 技术与工业制造领域的深度融合，创新性地将新安化工园的多个数据采集终端通过 PLC 汇聚后接入 5G 网络，实现了控制平台实时 UI 监测，降低了企业成本，大幅提升了生产效率，保障了安全生产。三一重工的 5G 智能网联 AGV 将实时采集的视频数据、激光雷达及其他传感器数据通过 5G 传输到 MEC 的视觉传感服务进行视频实时计算，并与多传感器上传数据融合，为 AGV 提供智能决策，使 AGV 具备实时感知、智慧决策的能力，改变了传统 AGV 需根据生产环境的不同定制不同配置的限制，大大节省了 AGV 生产成本。中国商飞与合作伙伴一起建设了全球首个 5G 工业园区，打造了十大工业场景。其中，利用私有云构建的工业大脑凭借 5G 网络高带宽特性，将复杂数模、大数据处理部署在云端，在云平台管理体系和安全体系的保障下，为各类用户终端提供统一的数据处理平台。海尔公司利用"5G + VR/AR"实现了家电产品的异地研发协作，使不同地区的研发中心员工可以同时在线对产品问题进行研讨，有效地提升了沟通效率，节省了出差成本。

三、车联网

车联网虽早在 3G、4G 时代就已经有所应用，但当时只能实现部分简单的信息娱乐功能，并不是完整意义上的车联网，而拥有高速率、高可靠性和低时延的 5G 有望推动车联网蓬勃发展。

（一）5G 为车联网提供新技术路线

车联网产业是汽车、电子、信息通信、道路交通运输等行业深度融合的新型产业形态。[①] 工信部部长苗圩表示，移动状态的物联网最大的一个市场可能就是车联网，以无人驾驶汽车为代表的 5G 技术的应用，可能是最早的一个应用。

5G 与车联网技术的结合将形成"智能的车 + 智慧的路"的全新技术路线。在 5G 发展初期，5G 融合车联网技术可实现安全预警、车联网管理效率以及部分自动驾驶的功能。当 5G 大规模覆盖后，将推动车路协同控制、车车协同驾驶、高级/完全自动驾驶等功能的实现。5G 能够增强车联网技术能力：在感知层，利用 5G 大带宽的优势，车辆可以实时获取最新的高精地图；在决策层，通过基于 5G 的 V2V（车车通信技术）和 V2I（车与路边基础设施通信），形成完整的道路环境感知；在执行层，利用 5G 广连接的特性，通过无线连接使车辆间进行协作式决策，合理规划行动方案。

（二）5G 放大车联网的经济效益和社会效益

据美国波士顿咨询集团预测，智能汽车自 2018 年起将迎来持续 20 年的高速发展，到 2035 年将占全球 25% 左右的新车市场，产业规模预计可超过 770 亿美元。麦肯锡的研究表明，到 2030 年，全球销售的新车中将有近一半可达到有条件自动驾驶、高度自动驾驶、完全自动驾驶，中国将很可能成为全球最大的自动驾驶市场，届时将拥有 800 万辆自动驾驶乘用车。据中国智能网联汽车产业创新联盟的研究，车联网将使交通事故率降低到目前的 1%，车联网将提高道路通行效率 10%，高速公路编队行驶可降低油耗 10%～15%，拉动机械、电子、通信、互联网等相关产业快速发展，促进交通出行模式升级，大幅减轻驾驶负

[①] 参见工信部发布的《车联网（智能网联汽车）产业发展行动计划》。

担，显著提升娱乐功能。

（三）国外车联网仍处于探索期

美国交通运输部 2009 年就发布了《美国 ITS 战略计划（2010—2014）》，开启了车联网产业的发展序幕，但目前整体发展进度低于预期，尚未形成大规模应用。日本的车联网发展得益于政府直接参与规划，发展计划由内阁牵头，警察厅、总务省、经济产业省、国土交通省等多方参与。但由于日本快速进入老龄化社会，消费者对车联网接受度较低，因此车联网服务在日系车中占比较低。欧盟车联网产业发展受制于关键技术与基础设施，很难为自动驾驶汽车设置专用车道。韩国政府重视自动驾驶汽车和车联网发展，现代汽车集团计划未来五年投资 350亿美元，用于发展自动驾驶技术和探索替代出行方式，优先于其他国家提出驾驶车队商业化倡议。

（四）我国不断完善车联网发展环境

我国车联网产业发展已具备良好的环境基础，实现了"政策引导，实践先行"的稳步推进格局。我国已将车联网产业上升到国家战略高度，产业政策不断出台。技术标准逐步完善，车联网技术标准体系已经从国家层面完成顶层设计。2018 年 6 月，工业和信息化部联合国家标准化管理委员会组织完成制定并印发《国家车联网产业标准体系建设指南》。我国已经形成较为完整的车联网产业链，在测试验证、应用示范方面已形成一定规模，示范区建设快速推进。2019 年 7 月 10 日，广州市工业和信息化局公布《广州市推进汽车产业加快转型升级的工作意见（征求意见稿）》，力争到 2025 年建成全国领先的 5G 车联网标准体系和智能网联汽车封闭测试区，基本建成国家级基于宽带移动互联网智能网联汽车与智慧交通应用示范区。

四、文化创意

5G 将给内容创作、媒介展示、体验方式等多方面带来巨大改变，通过全新沉浸式和交互式新技术提升体验，实现跨越空间的全民共享，推动文化创意产业升级，充分释放新媒体、虚拟现实、游戏产业的发展潜力。

（一）超高清流媒体是 5G 最早实现商用的核心场景

2019 年 3 月，工信部、国家广播电视总局、中央广播电视总台印发《超高清视频产业发展行动计划（2019—2022 年）》，提出按照"4K 先行、兼顾 8K"的总体技术路线，大力推进超高清视频产业发展和相关领域的应用。赛迪发布的《5G 十大细分应用场景研究报告》预测，到 2025 年，在 5G 的带动下超高清视频应用市场规模将达到约 1.8 万亿元。基于 5G 的超高清视频应用场景众多：一是远程超清直播，如大型赛事直播、大型演出直播、重要事件直播等。二是文教娱乐等网络视频的在线观看。三是工业制造、远程医疗、安防监控等各个行业的融合应用。2019 年 10 月 1 日，我国首部进入电影院线的"直播大片"《此时此刻——共庆新中国 70 华诞》在全国 10 余个省份的 70 家影院上映，中央广播电视台现场使用 5G 技术进行回传，并通过卫星将 4K 超高清信号引入院线，使观众身临其境感受新中国成立 70 周年庆祝大会、盛大阅兵和群众游行的震撼场面。日本将 2021 年东京奥运会作为 5G 最大应用场景，届时奥运观众将可以利用 5G 手机现场观看多机位拍摄的超高清比赛画面，而赛场内的视频、声音甚至触感都会通过 5G 同步至体育场馆外的公共场所，供更多的人一起观看体验。

（二）虚拟现实和增强现实将成为 5G "杀手级"应用

4G 网络可以提供手机端播放 2D 视频需要的 5Mbps 下载速度，而 VR/AR 内容的下载速率要求 2D 视频 10 倍以上的下载速度。5G 网络低时延、高速率使 VR/AR 突破行业瓶颈，解决传输卡顿问题，提供更高分辨率和更流畅的画面，减少晕眩感，增强用户沉浸式体验。赛迪发布的《5G 十大细分应用场景研究报告》预测，到 2025 年，全球 VR/AR 应用市场规模将达到 3000 亿元，我国市场占比将超过 35%。

（三）5G 将推动云游戏蓬勃发展

在 5G 时代，4G 时代难以实现的游戏流媒体化成为现实。云游戏以云计算为基础，在云端的服务器运行，渲染完成后通过 5G 高速网络传输给用户，突破了游戏在低时延、高并发、高画质方面的严格要求。游戏上云，用户不再受限于高端处理器和显卡，大大降低了用户获取优质游戏的门槛，游戏从电脑端向手机以及身边的各种屏幕拓展，操作方式也将出现各种创新。根据预测，云游戏这一新兴产业将在未来几年快速增长，到 2023 年底，市场规模将达到 25 亿美元。2019 年 8 月，韩国电信运营商 LG 与英伟达合作，基于 5G 网络进行 GeForce Now 云游戏平台商用化的首次尝试。华为基于 5G 核心技术与网易合作提供《逆水寒》云游戏服务，用户仅通过一台华为手机即可享受 75GB 的大型端游。腾讯基于游戏内容、云计算资源、分发渠道等核心要素，联合 WeGame 提供《天涯明月刀》《中国式家长》等云游戏模式。中国联通推出"沃家云"5G 云游戏平台。

五、智慧医疗

5G 与人工智能和传感技术相结合能够提供海量数据，不仅有利于提升远程医疗水平，还有利于帮助患者拥有更多的自我管理能力，推动智慧医疗产业加速发展。

（一）"5G + 智慧医疗"市场广阔

5G 是医疗健康新篇章的开始，将改变人们对健康的理解。5G 网络高速率的特性，能够支持 4K/8K 的远程高清会诊和医学影像数据的高速传输与共享，并能让专家随时随地开展会诊，提升诊断准确率和指导效率。借助 5G 和传感器的组合，可以将医院里所有的医疗设备、器械连接起来，从而实现最大的使用效能，并极大地节约医院的运营成本。美国哈斯商学院一份关于 5G 医疗的报告指出，5G 大宽带低时延的特征能更好地支持连续监测和感官处理装置，这使对患者的持续监测成为可能。IHS Markit 研究称，到 2035 年，5G 将为全球医疗保健行业提供超过 1 万亿美元的产品和服务。

（二）主要国家积极推动"5G + 智慧医疗"

韩国政府视医疗健康为 5G 五大核心服务之一，认为 5G 医院是医疗行业的必经之路。韩国无线电信运营商 SKT 和延世大学医疗系统（YUHS）于 2019 年 4 月 26 日签署了协议备忘录，两者将共同建设永仁 Severance 医院，这是韩国首家配备了 5G 网络系统的医院，于 2020 年 2 月开放。美国探索 5G 在医学中心、医院系统等医疗环境中的应用。拉什大学医学中心和 Rush System for Health 医院，与美国电话电报公司（AT&T）启动合作项目，联合探索在医疗环境中使用 5G 网络。美国电话电报公司与临终关怀提供商 VITAS Healthcare 合作，试图将 5G 与虚拟现实和增强现实结合以帮助临终关怀患者减轻慢性疼痛和焦虑。日本希望通过 5G 实现远程医疗应用，2019 年 1 月在和歌山县内高川町（相当于街道）开展基于 5G 的远程诊断测试、医疗急救实验。诺基亚与芬兰奥卢大学合作启动一个基于 5G 网络环境的医疗试验项目——OYS TestLab 项目，主要运用在移动急救场景中，通过为救护车与急诊部门之间的实时数据提供通信支持，使医院能够监控运送中的患者，根据患者的患病情况提供相应的远程急救指导，同时可以做好与急救相关的专家和医疗设备的前期准备，实现医生与患者的精准匹配。德国将 5G 技术作为缓解医疗难题，实现数字医疗的手段。英国许多机构正在研究医疗领域结合 5G 技术的可行性。英国斯旺西大学（Swansea University）正在尝试使用 5G 无线数据和纳米传感器开展 3D 打印绷带的试验，帮助医生根据伤口情况制定个性化治疗方案；物联网公司 Pangea Connected 与金斯顿大学（Kingston University）合作，测试 5G 视讯服务，使急诊医生能在患者到院前就判断检伤分级。

（三）我国大力发展"5G + 医疗健康"

2019 年，部分大医院联合设备制造商、运营商积极进行 5G 与医疗技术融合试验，实现远程手术、应急救援、远程诊断、远程示教等场景的应用。河南省、广东省、济南市相继成立 5G 医院，积极推动 5G 在医疗健康领域的应用。2019 年 7 月，中国信息通信研究院成立 5G 医疗健康工作组，旨在推动产、学、研、用"四位一体"的 5G 智慧医疗应用示范，加强 5G 网络与医疗行业深度融合。2019 年 9 月，国家远程医疗与互联网医学中心联合华为、三大电信运营商和全国 30 余家医院在北京联合启动《基于 5G 技术的医院网络建设标准》制定工作，该行业标准将被纳入国家卫生健康标准体系。

六、智慧能源

5G 与智慧能源深度结合将显著促进能源生产变革和能源消费变革，推动能源行业安全、清洁、协调和智能发展。

（一）5G 助力智慧能源加速变革

5G 以其海通量、广连接和高可靠等性能，能够满足智慧能源未来发展的新需求，助力智慧能源实现能源结构中可再生能源比例大幅提升、集中式与分布式能源配置方式结合、电网传统的单向服务模式向双向互动模式转变、电网的计算能力和抗干扰能力提升等。作为支撑智慧能源发展的关键基础技术之一，5G 将渗透能源行业生产、消费、销售、服务等各个环节，推动智慧能源进一步朝数字化、智能化、协同化方向发展，实现智慧能源领域全生命周期的智能化、精细化管理。

（二）5G 将给智慧能源带来巨大经济效益

工信部电信研究院于 2017 年 6 月发布的《5G 经济社会影响白皮书》显示，到 2030 年我国能源互联网行业中 5G 相关投入（通信设备和通信服务）预计将超 100 亿元。5G 的大带宽能够实现在更大范围内部署智能电网。据埃森哲研究，仅在美国，智能电网技术市场规模将从 2012 年的 330 亿美元增长到 2020 年的 730 亿美元，采用智能电网预计未来 20 年相关经济效益将达 2000 亿美元。英国运营商 O2 研究预测，5G 在智能电网方面的应用可以降低英国家庭能源消费的 12%，还将减少 640 万吨二氧化碳，相当于减少近 150 万辆汽车的行驶。应用于地方基础设施的 5G 传感器和无线技术，可以通过采用智能 LED 街道照明为城市平均节省 130 万英镑的电费。

（三）国外"5G + 智慧能源"刚刚起步

智慧能源在世界主要发达国家已有一定的发展基础，早在 2000 年左右，美国、日本、欧盟等就已经通过智能电表安装、清洁能源发展、智能电网部署、社区能源控制等方式发展智慧能源，但在 5G 智慧能源方面还很少有相关试验和进展。目前在芬兰，ABB 公司和诺基亚等多个机构共同探索了 5G 技术在中压电网上的应用。爱立信在欧洲建立了电网泛欧实时仿真基础架构和实时 5G 测试平台。欧盟 5GPPP 平台近期为 5G 赋能智慧能源在意大利的试验开发项目进行了项目支持。

（四）我国积极布局"5G + 智慧能源"

2015 年，国家发展改革委、能源局印发《关于促进智能电网发展的指导意见》，进一步明确发展智能电网的重要意义，并提出到 2020 年初步建成安全可靠、开放兼容、双向互动、高效经济、清洁环保的智能电网体系。2018 年 1 月，业界首个《5G 网络切片使能智能电网》技术可行性分析产业报告出台；同年 6 月，中国移动、南方电网公司、华为联合发布了《5G 助力智能电网应用白皮书》，介绍了智能分布式配电自动化、用电负荷需求侧响应、分布式能源调控、高级计量、智能电网大视频应用等五大类 5G 智能电网典型应用场景的现状及未来通信需求。2019 年,《5G 网络切片使能智能电网商业可行性分析》产业报告出台,标志着运营商与电力行业在 5G 电力切片领域的合作从技术可行性验证阶段进入商业可行性探索阶段。我国多家企业与部分省市开展 5G 在智慧能源领域的相关应用。2019 年 4 月,中国电信江苏公司、国网南京供电公司与华为在南京成功完成了业界首个基于真实电网环境的电力切片测试,这也是全球首个基于最新 3GPP 标准 5G SA 网络的电力切片测试。中国移动和中国联通等,试验了 5G 在智能电厂中的应用,主要在无线、无人的互联互通方面进行探索。我国多个省市根据自身情况设立了 5G 与智慧能源发展的目标,并已开展多个试点工作。

第四章
我国 5G 及相关产业面临的主要问题

我国 5G 及相关产业发展虽然取得一定进展，但也应该看到，5G 仍然存在关键核心技术受制于人，部分关键零部件被国外"卡脖子"，相关产业发展面临诸多制约因素，潜在的安全风险仍不容忽视，面临前所未有的国外打压等亟待突破的问题。

一、5G 关键核心技术和零部件受制于人

（一）关键核心技术受制于人

2018 年美国对中兴通讯的制裁暴露出产业链的核心能力不在于整机制造，而在于关键核心技术。从这个角度来讲，"中兴事件"为我们敲响了警钟。在 2018 年两院院士大会上，习近平总书记强调，关键核心技术要不来、讨不来、买不来。在 2018 年 7 月中财委二次会议上，习近平总书记再次强调，核心关键技术是国之重器，一定要下大的决心，掌握在自己手里。

我国 5G 关键核心技术与国际先进水平还存在明显差距。在 5G 芯片设计、核心操作系统、工具软件等方面，美国、欧洲、日本、韩国等国家和地区基于长期积累，占据明显优势（见表 4 - 1）。5G 芯片技术

被美国把控，除了手机等终端设备使用的计算芯片、存储芯片，国内核心网芯片及基站芯片也受制于人。根据美国网站通讯流量监测机构（Stat Counter）公布的数据，截至 2020 年 1 月，谷歌的安卓操作系统占全球移动操作系统市场份额的 74.3%、苹果的 iOS 操作系统占24.76%。华为于 2019 年 8 月才正式向全球发布鸿蒙 OS 操作系统，短期内难以撼动谷歌和苹果操作系统的垄断地位。

在芯片设计工具上，国内芯片研发流程受制于美国企业的电子设计自动化（EDA）软件工具，新思科技（Synopsys）、铿腾电子科技（Cadence）、明导国际（Mentor）三家美国公司拥有全球 70% 以上的EDA 工具市场份额。这三家企业拥有 30 年以上的产品开发历史，而且都脱胎于 IBM 等早期创立半导体产业的巨头，在长期合作过程中串接起芯片产业链上下游，占据了开发工具的绝对性统治地位。在芯片设计IP 上，我国企业几乎没有涉及，ARM 公司凭借近 50% 的市场占有率持续垄断芯片设计 IP 市场。

表 4-1　5G 及相关产业受制于人的关键核心技术

技术	基础软件	公司	来源
芯片技术	EDA 工具	新思科技、铿腾电子、明导国际	美国
	FPGA 现场可编程门阵列	赛灵思、英特尔	美国
操作系统	手机安卓系统	谷歌	美国
	手机 IOS 系统	苹果	美国
	Windows 操作系统	微软	美国
软件	数据库软件	甲骨文	美国
	企业开源软件	红帽（IBM）	美国
IP 技术	通信 IP	高通	美国

资料来源：课题组整理。

（二）高端芯片制造能力相对落后

5G 相关芯片对制造工艺要求非常高，目前国内量产的最高工艺水平是 14 纳米，与国际先进工艺水平相差 1 代，国内企业设计的 7 纳米芯片需要委托中国台湾的台积电代工制造。但台积电的芯片制造是受美国管控的，中芯国际的芯片制造也受控于中国台湾和美国。我国是世界工厂，手机、移动通信设备、计算机、笔记本电脑、平板电脑、彩电等使用了大量芯片。2018 年，世界芯片市场规模为 4800 亿美元。2018 年国民经济和社会发展统计公报显示，我国进口芯片 4176 亿件，进口金额 3121 亿美元，出口 846 亿美元，净进口 2275 亿美元。2018 年，我国自产芯片 600 多亿美元（含测试封装），扣掉出口部分，留下自己用的达 200 多亿美元，自给率约 10%。我国海关数据显示，2019 年我国芯片进口量为 4451.3 亿件，进口额为 3055.5 亿美元，芯片出口量为 2187 亿件，出口额为 1015.8 亿美元（见图 4 - 1）。过去 11 年，我国进口芯片费用超过 12 万亿元人民币。

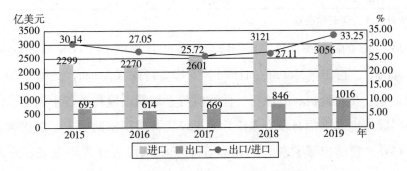

图 4 - 1　2015—2019 年我国芯片进出口金额及比例
资料来源：中国海关。

（三）部分关键零部件被国外"卡脖子"

供需矛盾是 5G 关键零部件最为突出的问题。目前，模数转换器、数字信号处理器、通信用模拟器件、射频器件、高频率器件等 5G 关键零部件严重依赖进口。模数转换器、数字信号处理器基本上被美国的亚德诺、德州仪器、美信半导体等企业垄断。射频器件的高端市场几乎被美国的思佳讯、威讯联合、博通等企业控制。高频率器件主要来自日本的东电化电子、村田以及美国的安华高（见表 4 - 2）。这些关键零部件的制造需要高度集成方案，要求企业拥有功率放大器、转换器、双工器、滤波器等全产品线。目前，我国企业在这些领域基础薄弱，暂不具备高度集成能力。

表 4-2 被国外"卡脖子"的 5G 关键零部件

零部件	公司	来源
通信用模拟器件	ADI、德州仪器等	美国
AD/DA 转换器	亚德诺、德州仪器、美信半导体	美国
DSP 微处理器	博通、英菲克、德州仪器	美国
滤波器	村田、RF360、安华高、Qorvo	日本、美国
功率放大器	Qorvo、思佳讯、安华高、稳懋	美国
硬盘	希捷、西部数据	美国
光器件	朗美通、贰陆红外、菲尼萨	美国
组网用光学元件	应用材料	美国

资料来源：课题组整理。

适合 5G 的高频率器件主要供应企业来自 TDK 电子（TDK Electronics AG，日本）、村田（Murata，日本）、安华高科技（Avago，美国）等国际大企业。在光刻机、光蚀机、注入机等领域我国取得了若干进展，但是与国际先进水平仍有较大差距。测试仪表被美国垄断，主要供货商为新思科技、铿腾电子科技。国内企业鉴于测试仪表开发周期长、难度大，资金投入高，成品需要售出高价才能覆盖研发费用等因素，都不愿意承担风险进行研发投入，因此进展缓慢（见表 4-3）。

表 4-3 我国中高频器件是 5G 产业突出短板

中高频器件	国产化率	具体表现
基带处理器	20%	目前已有华为和紫光在基站和终端有相关的产品应用
射频器件	<5%	国内除基站侧滤波器、天线等初步具备竞争力外，其余大量器件均依赖进口

资料来源：课题组整理。

二、5G 网络建设存在诸多困难

(一) 5G 独立组网进程放缓

2018 年，中国移动、中国联通和中国电信均宣布优先选择 5G 独立组网（SA），而非过渡期的非独立组网（NSA）（见表 4 - 4）。但是，考虑到成本过高和收益的不确定性等不利因素，三大运营商在 2019 年都修改了原先的组网计划，决定同步推进 NSA 和 SA，这样将来还需要从 NSA 转换到 SA，不仅影响 5G 网络的质量，还会增加成本。SA 策略的延后，有多方面因素。一是 R16 版本的 5G 标准预计到 2020 年 3 月才能冻结，真正区别于 4G 的低时延通信、车联网通信和 5G 卫星连接等技术标准届时才能确立。二是 2019 年所有 SA 的网络都不能计费，当前计费系统面向 SA 的升级要到 2019 年底或 2020 年才能完成。三是 5G 初期 SA 网络只能非连续覆盖，而 NSA 架在 4G 网络上，能解决向下兼容的问题，可以不换卡不换号。四是在 5G 终端方面，仅有华为新推出的折叠屏手机 Mate X 等同时支持 SA 和 NSA。三星、OPPO、小米和一加等 5G 手机几乎都依靠高通骁龙 X50 基带芯片，但该芯片只支持 NSA，若无 NSA 网络支持，便只能看着用户流失。因此权衡之下，国内运营商决定将以 SA 为目标方向，初期同步推进 SA 和 NSA 规模试验。中国联通对 5G 最为保守，其在三家运营商中体量最小，资源最有限，4G 用户是移动的 30%，现金储备约为移动的 50%，因此欲从 NSA 切入。中国联通已在 2018 年完成了 5G 核心网的改造升级，未来 NSA 和 SA 无线侧设备只需要更换软件，便可以平滑过渡。

(二) 5G 网络建设成本高、难度大

预计我国 5G 网络建设成本是 4G 网络的 1.5 倍左右，将达 1.2 万亿 ~ 1.5 万亿元，运营商的压力非常大。5G 网络可以利用 4G 原有的资源主要是机房、电源、铁塔，其他部分则需要新建。总体来看，5G 基

站部署面临数量庞大、部署密集和空间有限的障碍。据初步测算，5G 基站数量约为 4G 网络的 1.6～1.8 倍。5G 基站不能在 4G 基站基础上升级，因为 5G 的制式、核心网、天线构造、无线频率、传输要求等与 4G 完全不同。4G 基站的芯片无法支持 5G 制式。5G 的核心网组成与 4G 完全不同，4G 核心网对 5G 基站的支持极为有限，无法真正达到 5G 的性能要求，所以必须重建。5G 采用了最先进的 Massive MIMO 方式支持 5G 高达 10Gbps 的下载速度，传统的天线无法支持，新的 Massive MIMO 天线目前是 64T64R，天线的复杂度是原有的 8 通道天线无法比拟的。4G 时代的传输网络基本是 1Gbps 级别网络，中国移动稍微好些，但也仅是 10Gbps 网络，5G 单一用户下载就要求达到 10Gbps，原来的传输网络最大也就支持 1 个用户最高速下载，所以无法满足 5G 基站需要，必须重新建设。同时，有的室内分布系统支持无线电波的最大频率是 2600MHz，而中国联通和中国电信的 5G 频段是 3400～3600MHz，所以部分室内分布系统也必须重建。

此外，在原有基站站址上增加 5G 设备，需要增加物业租金，造成 5G 在施工、物业租金和电费支出方面成本增加较大。5G 网络电费支出比 4G 增加 3 倍以上，每年将超过 1800 亿元，接近存量网络全部运营成本。5G 基站全国转供电比例约为 20%，转供电价格高达 1.1～1.2 元/度。由于 5G 覆盖距离不如 4G 基站，现有的机房密度不足，也必须新建一部分。参照国内外 3G、4G 建设周期，并考虑到 5G 投资强度更大、早期运营成本更高、最终版标准仍未冻结以及运营商尚未收回 4G 成本等因素，预计我国 5G 投资建设周期约为 7～8 年。

（三）基站共建共享存在瓶颈

工信部发布的《关于 2019 年推进电信基础设施共建共享的实施意见》明确提出，提升资源共建共享水平、有力支撑行业高质量发展。但是，基站共建共享长久以来存在多种内在矛盾。第一，推进共建共享时，政府既要实现网络整体建设成本下降，又要保障多家厂商之间的竞争关系。第二，共建共享在某种程度上削弱了运营商为争取广覆盖而进行的积极投资和基础建设竞争。第三，没有参与共享共建的运营商很难加入其他运营商共建的设施。虚拟运营商也有可能受到虚拟协议的影响。第四，有源共享在人口密集地区基本不可能实现，因为在人口密集地区，运营商的服务是基于基础设施的充分和成比例的竞争。偏远地区的共享更为容易实现。第五，越深度的共享意味着越长的联合决策过程，因此网络的建设和部署被拖延。第六，运营商在 2G、3G、4G 建设中抢占了许多天面资源，并且随着天线数量的增多，额外设备占据了大量的空间，已造成再建设备可选择的空间非常紧张的局面。真正到 5G 部署时，运营商要见缝插针。因此，5G 基站部署面临数量庞大、部署密集和空间有限的障碍，基站资源若不进行合理安排共享，有限的城市空间将很难容纳 5G 密集的基站。

中国铁塔公司发挥的作用有限。现有的一些铁塔不能满足四家运营商的 5G 基站安装需求。在 5G 建设过程中，中国铁塔与三大运营商面临相似的问题，如物业问题、邻避问题等，而自身又无法完全解决这些问题。同时，在长期基站建设过程中，三大运营商积累了丰富的经验，而中国铁塔在建设过程中的协调能力不如运营商。同时，中国铁塔 5G 基站的交付率并不高，严重影响了运营商布网的节奏。在深圳，铁塔交付率也不高，只有 30% 多。此外，我国铁塔的共享率仍有较大增长空间。2017 年，全球铁塔行业共享率平均水平为 1.62，中国铁塔的共享率为 1.49。美国铁塔公司的共享率接近 2，且单塔的收益超过 4 万美元，远远高于中国铁塔的 5775 美元。印度的独立铁塔公司共享率达到 2.3，单塔收入受限于国内居民消费水平小于美国，但高于中国。[①] 截至 2019 年前三季度，中国铁塔塔类站均租户数从 2018 年底的 1.55 户提升到 1.60 户，虽然共享率有所提升，但仍落后于行业平均水平。

---

① 参见国泰君安行业研究报告《铁塔行业:5G 时代共享模式助力行业腾飞》。

（四）频谱资源分配有待优化

频谱资源是移动通信发展的核心资源，频谱规划是产业的起点，决定产业发展格局。与绝大多数国家不同，我国采取的是分配而非拍卖的方式进行频谱管理。工信部向运营商发放了全国范围 5G 中、低频段试验频率使用许可，中国电信获得 3400 ~ 3500MHz 共 100MHz 带宽的 5G 试验频率资源；中国联通获得 3500 ~ 3600MHz 共 100MHz 带宽的 5G 试验频率资源；中国移动获得 2515 ~ 2675MHz、4800 ~ 4900MHz 频段的共 260MHz 带宽 5G 试验频率资源，其中 2515 ~ 2575MHz、2635 ~ 2675MHz 和 4800 ~ 4900MHz 频段为新增频段，2575 ~ 2635MHz 频段为重耕中国移动现有的 TD – LTE（4G）频段；中国广电负责 700M 频段业务的运营。

中国联通和中国电信分得的 3.4 ~ 3.6GHz 频段与已有卫星频段存在干扰，涉及卫星公司、军方、广电、银行、气象等多家机构。目前，国家的政策是"后用让先用"，即如果在 3.5G 使用过程中，与其他使用发生冲突，则运营商要避让，同频干扰 42 千米内不能再建基站，并且如果发生干扰，运营商要为相关部门加滤波器进行改造。目前，不仅尚未梳理清楚具体涉及多少企业和部门，而且改造的费用很大，也无法议价。

边远地区网络建设公共服务属性强，共建共享基站网络能够节省很大成本。工信部《异网漫游方案征求意见稿》提议以市场主导协商，这使得具备不同资本实力的运营商在边远地区的共享很难达成一致，中国移动有实力建一张网，中国电信、中国联通希望共享。同时，边远地区 5G 部署用 700MHz 建设更加经济，成本能够节省几倍。中国广电网络建设缺少人员，经验也不丰富，700MHz 频段广电目前的使用效率不高，同时广电数字化广播带宽可以压缩至 4M，余下 96M 可以用于共享，四家运营商可以共用 700MHz 在偏远地区进行 5G 建设。

3.3 ~ 3.4GHz 频段尚未分配。这 100M 频段被限制用于室内，适合分配给中国电信和中国联通用于室内分布建设。中国移动用 2.6GHz 建设室内网络更有优势，参与共享的可能性不大。

（五）5G 邻避效应更加突出

5G 建站密度比4G 大，居民普遍对基站设施心存顾虑，造成基站选址困难。5G 再次引起了人们对于辐射问题的恐慌，基站辐射、手机辐射统统成为人们关注的焦点。不仅如此，一些关于5G 辐射的不恰当言论把5G 辐射推到了风口浪尖。"5G 基站密度高、辐射很大、危害人体"，成为很多人默认的想法。但事实似乎并非如此，5G 基站远没有想象的那么可怕。中国联通研究院院长张云勇曾公开表示，5G 基站的功率的确比4G 大，但对人的辐射完全符合国际电联规定，辐射可以忽略不计。国家无线电检测中心主任王俊峰表示，5G 基站建设要由第三方技术机构进行相关测试，经过环保部门认可后方可建站，因此对于5G 基站辐射问题，用户其实是多虑了。中国工程院院士邬贺铨表示，5G 网络速度提高，并不是依靠加大5G 基站的发射功率，而是依靠扩容传输带宽。在发射频率标准上，5G 基站与4G 基站的标准相同，都必须符合"小于40 微瓦/平方厘米"的国家标准。由于多数小区业主还没有对5G 形成正确的认识，运营商在小区部署基站时面临居民以辐射为由要求拆除基站，阻碍了运营商的5G 部署。因此，5G 基站在城市居民密集区选址将面临更大困难和挑战。

实际上，通信基站的电磁波主要向水平方向发射，在相关方向上衰弱明显，所以在基站的正下方功率密度往往是最小的。通信基站天线的辐射覆盖面积较广，辐射功率分散在方圆几平方千米的面积上，与人体的距离往往超过10 米，对人体的影响相比于笔记本电脑、手机更小。4G 和5G 的网络速度更快，不是靠增强通信基站的信号发射功率，而是靠扩容传输带宽，不存在5G 通信的基站辐射更强的说法。同时，通信基站覆盖越密，手机信号接收越好，用户收到的电磁辐射反而会更小。此外，为防止电磁辐射污染、保障公众健康，我国有关部门先后制定出台了《环境电磁波卫生标准》等多部法规和国家标准，我国移动通信基站辐射标准是全球最严格的，比国际标准要求高 11.25～26.25 倍，比欧洲大部分国家高 5 倍，并且我国移动通信基站在建设前必须由专业的第三方进行环保测评，并通过环保部门备案审查。

（六）IPv6 根服务器应用仍待加强

如果使用 IPv4 连接所有 5G 物联网终端，则是无法做到海量终端管理的。目前，基于 IPv4 的互联网全球一共才有 43 亿个网址，中国仅分到了 3 亿多个。同时，在 IPv4 版协议时期，用来管理互联网的主目录根服务器，全世界只有 13 台，1 台为主根服务器，放置在美国，其余12 台均为辅根服务器，其中 9 台放置在美国，欧洲 2 台（位于英国和瑞典），亚洲 1 台（位于日本）。IPv4 所有根服务器均由美国政府授权的互联网域名与号码分配机构 ICANN 统一管理，负责全球互联网域名根服务器、域名体系和 IP 地址等的管理。我国的网络不仅在一定程度上受美国的管理，而且每年向美国支付高额的域名注册、解析费，信息资源费等软硬件费用。5G 并不是像有些人想象的那样，不需要互联网协议第 6 版（IPv6）。虚拟现实、无人机、自动驾驶等 5G 主要应用都需要 IPv6 的支撑，仅靠 5G 提供的通信信道，是难以实现的。如果用路网比喻的话，5G 是胡同和小街道，IPv6 是主干道，车辆（各类信息）需要从小路汇集到主干路传输。IPv6 在我国的使用已经发生了显著改进，IPv6 的 3 台主根服务器分别在中、美、日，中国 1 主 3 辅，美国 1 主 2辅，日本 1 主，印度 3 辅，法国 3 辅，德国 2 辅。但是，我国 IPv6 的应用与"IPv6 行动计划"的要求还存在较大差距。阻挡 IPv6 在我国的发展步伐的首要原因是我国已习惯 NAT 地址转换，导致对 IPv6 地址的需求并没有那么迫切。其次，IPv6 的升级改造是件风险高且成本大的工程，有赖于电信运营商与知名信息提供商尤其是 BAT 等企业的共同努力。再次，IPv6 网络的终端及业务应用与 IPv6 网络不匹配，使用户实际使用体验较差。最后，IPv6 的发展需要企业的前瞻性和远见性，如果它们都能行动起来，IPv6 的推动就会容易，反之则难。

（七）缺乏行之有效的运营商业模式

运营商在 5G 网络建设初期收入来源较少。近年来，电信行业量收矛盾愈发突出，2019 年移动通信业务收入为 8942 亿元，同比减少 2.9%，在提速降费大背景下，5G 每个用户平均收入（ARPU）难以提升，投资压力大。最先商用 5G 的韩国，其三家运营商 SK Telecom、KT 和 LG U⁺ 都公开承认它们的 5G 网络在交付方面存在问题，很多用户抱怨它们的服务并不像宣传的那样快速、安全。日本 NTT 表示，第一波 5G 部署很不理想。"有终端、无内容"的现状导致运营商无法充分发挥 5G 网络能力，将影响 5G 商用初期的快速发展。此外，提速降费要求与保障高质量服务存在矛盾。电信运营商作为公共服务提供商，在国家对流量价格进一步下调的要求下，利润下降的压力逐步加大。未来，政府和企业可能要就价格管控的具体额度以及管控的具体形式进行商榷，共同制定既能满足人民群众 5G 时代消费需求又能维持企业健康发展的合理方案。

专栏 4–1　主要国家 5G 套餐情况

美国两大运营商 AT&T 和 Verizon 已推出"5G E"和"5G Home"，新用户每月套餐费用 70 美元（约合人民币 470 元）。韩国三大电信运营商 SK Telecom、KT 和 LG U⁺ 推出了面向个人用户的 5G 产品，但每月至少要花 4.95 万韩元（约合人民币 300 元）才能获得 10GB 流量，享受 5G 服务。德国出台的 5G 不限量套餐，每月收取 84.95 欧元，折合人民币 658 元。芬兰当地运营商 Elisa 推出的 5G 套餐，第一年每月只需要 39.9 欧元（约合人民币 305 元）就可以无限量使用 5G 流量。中国移动则从 128 元起步，最高为 598 元。中国联通和中国电信的 5G 套餐从 129 元起步，最高为 599 元。三家运营商都采用了按照网速差异化定价的方式，不同价位档的 5G 套餐会享受不同的网速。

三、5G 相关产业发展面临诸多制约因素

(一) 行业应用发展慢，制约 5G 相关产业快速兴起

相较网络与终端，5G 应用孵化发展相对滞后，杀手级应用尚未被发掘出来。5G 时代带来的是海量连接和多种应用场景，企业需要推出一些典型的 5G 行业应用，为 5G 应用的广泛开展起到示范效应。目前，5G 行业应用更多的是运营商与行业龙头骨干企业点对点对接实施，尚未形成规模示范效应。2B 端市场的特点决定商业模式成型周期长并呈现碎片化，5G 商用初期尚未形成支撑全产业链良性发展的商业模式。5G 行业应用的规模落地需要运营商与应用企业的深度对接，探索商业模式。由于行业应用企业对 5G 能给企业带来的价值缺少深刻的认知且考虑到成本投入的因素，因此应用企业并没有太高的积极性导入 5G 的应用。

5G 在工业互联领域的应用模式与传统 2C 市场模式有较大差别，企业运营模式呈现多样性，运营商与企业合作的商业模式仍需进一步探索。从成本端来讲，5G 网络建设及运营的成本十分高昂，存在移动流量业务"增量不增收"的问题，不同的服务、不同的场景对于网络的带宽要求、网络资源消耗以及对于运营商运维体系的复杂程度要求不同，这就要求设计复杂的计费模式和运营模式。从收益端来讲，制造业企业对工业互联网和 5G 抱有期待、热情和尝试的意愿，但是更多的企业对于使用新技术的目的尚不明确。从合作角度来讲，5G 在工业互联网领域应用不仅需要运营商、设备商、厂商三家的合作，可能还需要厂商所在产业上下游企业之间的合作，多企业合作探索的难度制约了应用模式的进一步发展。

超高清视频产业在 5G 赋能下已经落地，但是尚未实现大规模发展。在超高清视频产业链上，上游制作内容、电视台和消费者之间的商

业模式没有贯通，尚未形成完整闭环，市场的最终爆发点尚未明确。4K 超高清目前片源少、内容生产耗时耗力，超高清视频在拍摄设备、后期制作等方面投入较高，产出回报周期较长，且面临版权保护等难题，因此无法吸引更多内容制作商加入 4K 内容生产。据中国超高清视频产业联盟（CUVA）统计，目前我国超高清整体生产能力比较薄弱，超过六成的国内 PGC（专业内容生产）公司年 4K 生产在 30 小时以下，年生产 100 小时超高清内容的公司只占 5.4%。5G 内容生产匮乏的主要原因是制作成本高。以 VR 视频为例，据国外媒体报道，一段包含 8 ~ 20 个镜头、2 ~ 5 分钟时长的 360 度 VR 视频，制作成本可高达 2.5 万 ~ 15 万欧元。高昂的制作成本削弱了制作方热情，硬件端与内容端难以形成良性循环。国外在谷歌、苹果等巨头平台化策略的引导下，众多中小企业围绕 VR 产业链重点领域进行软硬适配的内容生产，加速制作流程，降低开发门槛。相比之下，我国产业链上的企业呈现小而散的态势，协同发展的态势还没有形成。

5G 技术在智慧能源中的应用还处于试验阶段，不同 5G 应用场景下的业务要求差异较大，对技术指标有不同的要求。目前，智慧能源行业尚未针对特定场景形成统一技术标准，5G 电力切片的行业深入应用存在一定的障碍。在产品上，由于技术标准尚未形成，因此相关 5G 电力定制化通信终端，以及标准化、通用化的 5G 通信模组产品还没有进行深度研发和生产，没有形成一定规模的市场供应。

（二）技术优势不突出，影响 5G 相关产业竞争力

目前，发展较快的 5G 超高清视频产业主要涉及色度学、HDR 转换函数、音频处理等基础技术，我国在这些领域的研究人员较少，自主研发的 HDR 及三维声技术基础薄弱，没有形成完整成熟的音视频解决方案。从芯片类器件到录制设备、音视频产品，我国使用的先进终端产品多数由外国厂商制造，产品引进成本较高，同时技术处于跟跑状态，难以生产具有市场竞争力的产品（见表 4 - 5）。

表 4 - 5　VR/AR 关键技术发展情况

关键技术	技术领先国家	国内水平
近眼显示	中国、美国、韩国、日本	并跑
渲染处理	美国	追赶
网络传输	中国	领先
感知交互	美国	少数领先，多数追赶
内容制作	美国	少数领先，多数追赶

资料来源：中国信息通信研究院、华为、京东方，课题组整理。

（三）行业融合障碍多，阻碍 5G 相关产业协同发展

5G 应用的行业标准尚未形成。标准的形成是 5G 开展大规模商用的前提，5G 在相关产业方面有着非常可观的应用前景，但是 5G 应用的行业间存在壁垒，难以完全沟通，各行各业需求差异大，尤其在物联网、工业互联网等多个领域的应用存在场景碎片化、服务个性化的问题。如在物联网行业，不同物联网产品协议不同、接口不同，缺乏统一的标准。同类产品研发企业也因涉及技术秘密和核心竞争力而不愿意展开合作。很多行业标准口径未能达成一致，5G 商用规模化开展受到制约。

车联网发展必须依赖"聪明的路"，需要智能交通信号系统、路测信息采集单元、路测收费单元等综合配套设施的统筹规划和建设。车联网产业发展缓慢的原因之一就是车在等待道路侧的尽快成熟。基础设施建设滞后源自行业协同效应较弱，由于车联网发展关系道路及公共安全，需要各政府部门、各产业链企业的协同合作，但跨部门协调工作难度较大。

不同行业领域都有不一样的行业门槛，每个场景在不同行业、不同企业中的需求也会有较大差异，没有一个普适性的解决方案可以在各行业、各场景、各企业通用。运营商和设备商对工业行业特性和专业壁垒的把握存在跨界鸿沟，对工业企业的主要业务流程及工艺流程缺少掌握，缺乏将先进技术与知识、工艺、流程等融会贯通的服务经验，提供的技术、产品和解决方案难以准确、有效地满足工业企业的实际运营功能需求。

四、5G 及相关产业潜在的安全风险不容忽视

（一）5G 安全是把"双刃剑"

新技术往往带来新的安全挑战，5G 及相关产业发展过程中的安全重要性已凸显。5G 相比 4G 虽在各方面性能上实现了质的提升，但遇到的安全问题也更多。5G 网络功能虚拟化之后，与电信专用设备相比更易受攻击。同时，5G 网络功能虚拟化依赖集中的网络智能管理系统，一旦遭遇攻击则影响全局。但是从另一个角度来看，在网络遭受入侵时可以执行变换网元的功能，实现改变游戏规则的动态防御。5G 还会用到软件定义网络（SDN）技术，可实现业务控制层与传送承载层分离，SDN 基于大数据和人工智能形成弹性扩展即插即用的资源池，实现端到端选路，可绕开有安全风险的路由。在业务切片方面，5G 网络切片技术的好处是可以隔离故障网元，做到网络业务的隔离。但从另一个角度来看，5G 网络切片技术对安全提出了更高的要求，切片本身的操作系统可能首先遭到木马的攻击、病毒的控制，可能使网络瘫痪。5G 网络未来会大量地应用边缘计算，边缘计算优势是就近处理，减少了对敏感数据泄露的风险；不足之处是，边缘计算因为不是集中的云计算，防护能力弱，本身易受攻击，将面临管理上的挑战。此外，过去的移动通信协议是封闭的，现在 5G 采用了互联网的协议，互联网已有的很多应用可以直接移植到 5G，带来业务的灵活性，但增加了 5G 被外部攻击的可能性。

（二）5G 网络安全面临六大挑战

欧盟于 2019 年 10 月 10 日发布了一份长达 33 页的 5G 风险评估报告，指出了 5G 面临的重要安全挑战，主要包括以下六个方面：一是遭受攻击的风险增加，并且攻击者有更多潜在的切入点。5G 网络越来越基于软件，攻击者可以更容易地恶意将后门插入产品中，并使其更难被

发现。二是由于 5G 网络架构的新特性和新功能，某些网络设备或功能变得越来越敏感。三是移动网络运营商对于供应商的依赖风险增加，导致攻击者可能利用更多数量的攻击路径，并增加此类攻击影响的潜在严重性。四是在供应商更容易遭受攻击的情况下，单个供应商的风险状况将变得尤为重要。五是对单个供应商的主要依赖关系增加了潜在的供应中断风险。六是对网络可用性与完整性的威胁将成为主要的安全隐患。对于欧盟 5G 风险评估报告，华为、诺基亚、爱立信均进行了及时回应。华为表示，欧盟彻底分析了 5G 风险，华为已经准备好与合作伙伴合作确保 5G 安全。诺基亚表示，已经与多个标准机构保持联系以推动对"安全性"的改进。爱立信表示，正在密切关注欧盟的进程，并将为"理解 5G 安全"做出重要贡献。5G 网络对于网络供应商和网络上运行的应用安全防御能力提出了更高要求，不是仅仅依靠 5G 网络本身的安全防护能力，还需要接入 5G 网络的对象做好自身网络安全，这样才能够更好地规避风险。

（三）5G 安全问题有改进但并非绝对安全

用户在使用 5G 网络时，可能面临号码、短信泄露的风险。同样的安全漏洞其实在 3G 和 4G 网络上也有，只不过到了 5G 时代，这一漏洞的潜在风险更大。黑客利用国际移动用户身份，假装成信号塔"欺骗"手机，让设备"自动"连接起来，然后趁机收集用户信息。移动通信网络越先进，这种利用假身份欺骗成功的概率就越低，不过还是不能保证绝对的安全。与 3G 和 4G 时代相比，5G 网络的身份验证和密钥协议（AKA）已有较大改进，能解决之前 3G 和 4G 网络的国际移动用户识别码（IMSI）信息盗采问题。但 5G 网络 AKA 对通信环境安全的设定并未达到最高安全级别，依旧存在一些潜在漏洞。利用这些漏洞，黑客可能开发出可拦截 5G 信号的捕集器，偷听用户手机，拦截移动设备的流量元数据，对用户进行定位。不过，这些漏洞虽然存在，但不会像以前那样损害用户的完整身份信息。

（四）5G 相关产业系统安全风险不容忽视

车联网面临的安全挑战更多。车联网涉及的网络安全问题往往是有预谋的，一旦受到攻击，不仅会造成隐私泄露和财产损失，更会因为影响到汽车动力系统，给乘员、行人等造成人身伤害。黑客还可能通过云平台等途径大规模地对汽车同时发动攻击，造成交通拥堵、车辆受控，威胁社会稳定和国家安全，因此车联网的网络安全十分重要。2018 年 3 月，优步公司无人驾驶汽车在美国亚利桑那州撞死一名路人，成为全球首起由自动驾驶汽车造成的行人死亡事件，公众对自动驾驶技术的信心因此受到打击。

工业互联网安全尤其值得重视。2018 年，工信部网络安全管理局委托相关专业机构，对 20 余家典型工业企业、工业互联网平台企业进行安全检查评估时，发现了 2000 多个安全威胁。工业互联网把自身防护能力较差的传统工业控制系统和设备接入互联网，海量工控系统、业务系统成为网络攻击的重点对象。5G 时代到来，任何一次网络攻击都有可能造成一个企业的"瘫痪"，这亟须引起工业领域企业的重视。工业互联网部分网络与外部网络互通，在提高效率的同时，可能引发并导致严重的信息安全事件。据中国信通院统计，我国工业互联网联盟 82 家工业企业的 ICS、SCADA 等工控系统中，28.05% 都出现过漏洞，其中 23.2% 是高危漏洞。与面向消费者的应用相比，面向企业的应用一旦发生信息安全事件，其影响更严重。

五、我国 5G 及相关产业面临前所未有的国外打压

通信技术历来是各国发展战略的制高点，5G 技术的领先优势意味着未来经济的话语权以及一系列的产业机遇。我国在 5G 领域的大力投入和快速推进商用，使美国政府感受到了巨大的竞争压力。为了重拾在通信行业的话语权，保住其产业领先地位，美国政府一方面加快推进本

国 5G 网络建设，另一方面千方百计打压我国 5G 企业。

（一）压缩我国企业市场空间

禁止采购华为、中兴的设备。美国联邦通讯委员会（FCC）2018 年 4 月抛出了一份禁购令：将禁止美国运营商使用联邦补贴购买可能对国家安全造成威胁的公司的设备。2018 年 4 月 19 日，美国国会美中经济与安全审查委员会发布报告称，中国政府"可能支持某些企业进行商业间谍活动，可能对国家安全造成威胁"，华为赫然在列。2019 年 5 月 15 日，美国总统特朗普签署行政命令，宣布进入国家紧急状态，允许美国禁止被"外国对手"拥有或掌控的公司提供电信设备和服务。2019 年 8 月 7 日，美国总务管理局发布一项临时规定，根据"2019 年度国防授权法案"禁止使用美联邦政府资金采购华为、中兴、海康威视、大华和海能达 5 家中国公司电信设备。2019 年 11 月 22 日，美国联邦通信委员会刊发文件，禁止在其通用服务基金（USF）资助的项目中使用华为和中兴的设备。除了在本国市场对我国企业进行打压阻遏外，美国还唆使其传统盟友以及由美国、英国、澳大利亚、加拿大和新西兰的情报机构组成的"五眼联盟"，共同抵制我国企业的 5G 产品。

（二）切断我国上游供应链

借助销售禁令对个别企业进行精准打击。2018 年 4 月 16 日，美国商务部发布禁令，禁止美国公司在 7 年内向中国中兴通讯公司销售零部件、商品、软件和技术。在美方禁售令下，中兴公司包括生产、销售、售后等在内的经营活动几乎完全陷入停滞。美国借销售禁令对中兴实施精准打击，进一步压制我国 5G 及相关产业发展。

利用出口管制切断重点企业的上游供应。2019 年 5 月 15 日，美国商务部把华为及其 68 家关联企业列入出口管制"实体清单"，美国企业要和"实体清单"上面的企业合作，就需要向美国政府申请许可证，否则就不合法。美国此举旨在切断华为等我国主要 5G 企业得到生产产品所需的来自美国公司的软件和硬件供应。随后，英特尔（Intel）、高通（Qualcomm）、赛灵思（Xilinx）、博通（Broadcom）等芯片厂商中止向华为供货。美国还不断扩大"实体清单"范围，6 月 21 日将中科曙光等 5 家科研机构列入，8 月 19 日将 46 家华为旗下子公司列入，10 月 8 日将海康威视、科大讯飞等 8 家企业列入。

（三）阻断我国技术来源

中美经贸摩擦逐渐向科技领域延伸，5G 及相关产业深受影响。目前，美国已经开始阻止中国科技人员访美，同时收紧中国工程和科技类学生的签证，阻碍中国公民到美国科研机构和大学从事敏感领域的研究。美方以各种手段限制中国学生在美国高校就读科技类专业，妨碍中国学者赴美进行学术交流，还试图阻止中国企业与美国高校的科研合作。种种迹象表明，特朗普当局意欲通过高科技产品和人才的双重断供，对中国搞技术封锁，阻止中国科技向高端进一步跃升。美国高层频繁出访，在各种场合劝说当地政府与美国一致站队，并胁迫跨国科技公司对中国科技企业实行禁运。

加强中资企业对美高科技企业投资审查。2018 年 8 月 13 日，美国总统特朗普签署了《外资安全审查现代化法案》，扩大了美国外资投资委员会（CFIUS）审查范围。2018 年 10 月，CFIUS 明确了外国投资者收购美国企业新的审查范围：能获得美国目标公司持有的非公开重要技术信息；对美国企业的董事会或相关治理机构获得会员席位或观察权，或者有权在董事会或相关治理机构任命某个人；任何其他形式的介入，虽然不是股权投票形式，但足以影响美国企业关键技术的使用、开发、收购或公开的重大决策。2020 年 5 月，美国商务部产业安全局发布的《出口管制条例：修改总体禁令三（外国制造直接产品）及实体清单》提出，只要是美国商业控制清单上的软件和技术的直接产品，或者是使用美国半导体制造设备生产的直接产品，海外公司在交付给华为及海思半导体等"实体清单"公司之前必须取得美国许可证。该规定的生效日为 2020 年 5 月 15 日，但设定了 120 天的"缓冲期"。未来，我国企业在美进行投资并购等交易行为时将面临更加严格的审查。

（四）实施不合理的长臂管辖

近期，美国频频使用长臂管辖措施打压我国企业。美国通过长臂管辖将国内法"长臂"伸向全球，对全球诸多跨国公司进行巨额处罚，给各国企业的海外经营制造"麻烦"。孟晚舟事件中出现的长臂管辖就是美国肆意将国内法外溢，给华为等我国企业制造麻烦。美国不合理的长臂管辖包括很多方面：一是美国生产制造的产品；二是使用美国技术的商品；三是在美国上市的企业；四是使用美元做交易的企业。

近年来，美国对我国企业和个人滥用长臂管辖的主要案例涉及美单方面认定我国企业和个人不履行国际制裁决议、垄断美国市场、我国上市公司违法违规等多种类型。2019 年 5 月 22 日，美国国务院国际安全与防扩散局宣布对友祥科技、浙江兆晨科技等 10 家企业以及 3 名个人实施制裁，要求任何美国政府部门不得向这些企业或个人采购任何服务、产品、技术，不得与这些人员订立任何服务、产品、技术采购合同，不得向这些企业与人员提供任何协助，暂停授予这些人员现有的所有许可。上述实体与个人被指违反《伊朗、朝鲜和叙利亚防扩散法案》，向伊朗、叙利亚、朝鲜转移军品管控清单上的物品、技术或服务，或从伊朗、叙利亚、朝鲜采购军品管控清单上的物品、技术或服务。

第五章
从1G 到4G 时代的国内外经验

在5G之前，移动通信经历了4代的竞争。1G时代，美国率先发力，摩托罗拉、朗讯等大企业崛起，引领世界潮流。2G时代，欧洲汲取了1G时代单打独斗的教训，合纵连横抗衡美国，率先发明了GSM（俗称"全球通"），推动移动通信从模拟技术转换到数字技术，欧洲的诺基亚和爱立信迅速成为全球最大的通信设备商和手机厂商。3G时代，日本通过手机互联网连接（i-mode技术）率先构建了移动上网服务模式，成为世界首个3G商用的国家。4G时代，美国通过高通公司的专利布局、苹果手机以及App应用商店的发明应用，构建了有效的生态圈，形成了4G的主动地位。无论是2G、3G还是4G，我国颁发的牌照都比国外晚了5年左右，都是国外成熟之后才在国内普及，在从追随者向并跑者不断追赶的过程中，若干方面都受制于人。

一、国际经验

（一）把握技术换代机遇实现换道超车

1G时代是开创移动通信的时代，美国贝尔实验室发明移动蜂窝技术、摩托罗拉发明手机，美国垄断了1G时代。从1G到2G过渡时期，欧洲各国加强内部联盟，1982 年欧洲邮电管理委员会成立了"移动专家组"负责通信标准的研究。通过统一标准以及通用频谱带的策略，1991 年爱立信和诺基亚率先在欧洲大陆上架设了第一个 GSM 网络，随后快速占领 2G 市场，形成了广泛的用户基础，进而形成了技术创新沃土。在先进网络的支持下得以开发最先进的设备，切实获得先发优势所带来的益处。诺基亚、爱立信、阿尔卡特、西门子等欧洲无线设备制造商迅速崛起。1993 年，爱立信占全球数字蜂窝设备市场份额的 60%，诺基亚则成为欧洲最大的手机供应商，也是全球第二大手机供应商。直到今天爱立信在移动通信领域仍占有重要地位。

（二）通过终端应用创新谋取领先地位

终端应用创新是运营商渴求的商业盈利模式创新，逐渐成为推动移动通信产业获得成功的关键。日本、美国先后凭借终端应用创新获得领先地位，欧盟因终端应用创新滞后失去领先地位。

在从 2G 到 3G 时代的跨越中，日本通过推出手机互联网连接（i-mode 技术）引领世界，这项业务将移动电话从"通话手机"进化为全方位的"信息手机"。在世界范围内，日本通过 i-mode 技术首先成功构建了移动上网服务模式，并将原本的以时间为主的计费方式改变为以下载量为单位的计费方式，大幅降低上网费用，加速网络普及的速度。2001 年，日本成为世界首个 3G 商用的国家，i-mode 开发商 2007 年收入 90 亿美元、2008 年收入 128 亿美元。得益于移动生态系统的这种动力循环，日本 3G 渗透率在 2007 年迅速达到 50%，而同时期的德国只有 12%，美国只有 3.5%。

在从 3G 到 4G 时代的跨越中，移动通信产业演变为软件驱动的生态系统，美国通过高通公司的专利布局、苹果手机以及 App 应用商店的发明应用等，形成有效的生态圈，为形成 4G 的主动地位奠定了基础。从时间上看，2007 年，美国乔布斯通过借鉴诺基亚 Symbian 手机与微软 Windows Phone，发明了 2G iPhone；一年后，随着 App 商店推出

3G iPhone，3G 渗透率达到 82%，仅次于日本（99%）。而高通公司在相关专利的掌控方面，占据世界首位。1999 年，高通分别出售了手机业务和系统设备业务，专注于技术的研发演进、半导体芯片的研究以及软件的进步等，凭借其 CDMA 技术①相关的大量核心专利，逐渐形成技术许可（QTL）和半导体芯片（QCT）两大业务，营业收入从 2001 年的 26.8 亿美元增至 2009 年的 104 亿美元、2018 年的 227 亿美元。随着 4G 的飞速发展，中国、韩国、欧洲等国大量智能手机生产上市，高通更是利用其专利布局垄断全球市场，以 2013 财年为例，其总收入达到 248.66 亿美元，其中中国贡献了 49%，韩国贡献了 20%，美国本土市场仅占 3%。2011 年，日本和美国同时拥有 4G 网络，但是在终端创新上日本逊于美国，导致最终竞争失败。随着 i‑mode 的用户数量下降，日本手机制造商的市场份额显著下降，大部分新智能手机都来自苹果、三星和 HTC 等国际竞争对手。美国通过率先建立的生态系统，使国际收入获益颇丰。以 2016 年为例，总计有 1255 亿美元进入美国公司，国际终端用户向设备制造商和经销商支付的费用高达 649 亿美元，App 商店的国际收入达到 250 亿美元，设备组件供应商从国际渠道获得了 356 亿美元的收入。如果美国没有抓住 4G 的主动地位，这些收入就可能已经转移到其他地方。2018 财年，高通专利授权收入为 51 亿美元，净利润为 35 亿美元，利润率高达 68%，而高通芯片收入超过 170 亿美元，净利润仅为 30 亿美元。

（三）构建灵活政策促进产业发展

　　欧盟 2G 时代的成功，重要原因在于统一联盟的政策。而其失去 3G 时代的领先地位，主要原因也是政策失败。欧盟运营商受限于将特定网络技术与频谱带捆绑在一起的监管要求，这迫使欧盟运营商必须等待特

---

　　①　3G、4G 通信的关键支柱。CDMA 系统在频谱的利用上有较大优势，可以更加高效地利用频谱资源，其实质就是可以支持更多的用户使用，具有很大的商业价值。

定的 3G 频谱拍卖并赢得该拍卖才能部署 3G 服务，而不能重新利用 2G 频谱部署 3G。虽然早在 1999—2000 年西欧就进行了大规模的 3G 牌照拍卖，不仅在时间上早于日韩，而且发放的牌照全部基于 WCDMA，但是牌照拍卖的高昂费用严重影响了运营商对 3G 的投入能力，当它们投资构建 3G 网络时，由于没有成熟的商业案例而犹豫不决。这不仅延后了欧盟 3G 发展的整体进程，也间接导致 2000—2001 年全球电信业泡沫的破灭。欧盟在 4G 时代依然面临同样的问题。

美国在 3G 时代的推出速度很慢，但由于监管机构制定了明智的无线政策决策，成功促成了美国 3G 的最后一次反弹，为美国的 4G 主动地位奠定了基础。2009 年，美国联邦通信委员会采用了一个称为"采用倒计时加速塔址选择"的政策，加快新建和现有基站的申请流程。同时，相对于欧盟的死板，美国运营商可以灵活地将频谱转换为任何技术，这些措施解决了长期阻碍美国众多网络运营商在 2G 和 3G 时代寻求扩展和升级网络时存在的政策问题。

（四）适时部署网络设施奠定产业发展基础

2G 时代，欧洲运营商率先成功建网，为后端的技术创新提供了坚实的基础。3G 时代，日本由于找到了成熟的商业模式，运营商在一年内推出了三个 3G 网络。虽然 3G 时代美国推出 3G 网络很慢，但是后期运营商加速建设 3G 网络功不可没。4G 时代，美国的特点是在正确的时间建立了合适的网络。美国移动运营商第一个建立了大规模 4G 网络。移动通信产业代际更迭情况详见表 5－1。

表 5－1　移动通信产业代际更迭情况

项目	从 1G 到 2G	从 2G 到 3G	从 3G 到 4G
获得领导地位的国家或地区	欧盟	日本	欧盟、美国、中国

续表

项目	从1G到2G	从2G到3G	从3G到4G
成功原因	通过统一标准通用频谱带，快速占领市场；用先进网络支持最先进的设备，先行开发推广	i－mode 商业应用；运营商抓紧建网，在一年内推出三个3G网络	诺基亚、爱立信在系统设备等方面建立优势；高通公司的相关专利技术及苹果、安卓手机的商业应用，电信运营商在全美部署LTE；中国4G系统设备能力技术标准和网络发展
收益	无线设备制造商（诺基亚、爱立信、阿尔卡特、西门子）崛起	i－mode 开发商2007年收入90亿美元	芯片商高通占领市场主要地位、手机终端制造商苹果崛起、系统设备制造商爱立信、华为占据市场主要地位
失去领导地位的国家或地区	美国	欧盟	日本
失败原因	美国的 GSM、CDMA、TDMA 和 iDEN 等标准分散；错过2G时机	政策监管桎梏；没有成熟的商业应用	i－mode 创新与苹果竞争失败，诺基亚、爱立信在终端设备方面技术路线的重大失误
代价	朗讯、摩托罗拉破产；失去电信设备制造中坚力量	丢失手机终端市场份额	丢失手机终端市场份额

资料来源：CTIA（美国无线通信和互联网协会）。

二、国内经验

我国移动通信产业从零起步到4G技术TD－LET占全世界40%的市场，到5G我国企业的标准专利在世界上居于极具竞争力地位，前后历经近30年时间。这期间，经历了技术追赶、政产学研的通力合作。各级政府积极扶持移动通信产业发展，支持我国自主研发的技术标准，以大唐电信技术集团、通信研究院为代表的科研队伍开发了TD－SCD-

MA 标准，为 4G 的 TD－LTE 和 5G 的 NR 奠定了很好的技术路线基础，涌现出以华为、中兴为代表的一批优秀企业。

（一）以实现国产化为目标，引领产业链协同发展

在 2G 时代初期，我国就积极开展国产化工作，为以后移动通信设备或手机的生产培养人才，并奠定了一定的基础。具体方法是进口零部件在国内总装，逐步实现国产化。同时，注重平衡好短期利益（企业）与长期利益（国家）的关系。当时中兴、华为也是由国家分配进口指标，生产 CDMA 基站和手机。国内市场刚开始对 CDMA 不熟悉，业务进展非常缓慢。但如果为了加快业务进展而降低要求，那么国产化就不知道是什么时候的事情了。

（二）以技术换代为契机，建立我国移动通信标准

在 2G 和 3G 技术升级的时期，1998 年 6 月，大唐电信科技产业集团（当时是中国邮电部电信科学技术研究院）、通信研究院在购买德国西门子 TD－CDMA 技术专利的基础上，提出了我国自己的 TD－SCDMA 标准，在国家信息产业部、中国移动和中国联通等运营商的大力支持下，2000 年 5 月终于得到国际电信联盟的批准，挤进 3G 通信的国际标准行列。当时的世界通信格局是 GSM 和 CDMA 互相激烈竞争，GSM 占据领先地位。CDMA 以及根据 GSM 发展起来的 WCDMA，都是 FDD 技术。相比国外厂商几十年的积累，中国厂商（包括华为、中兴）都是刚刚起步，根本无法直接竞争。在技术和标准都属于其他国家的情况下，受制于人是必然的。我国决定另辟战场，选择 TDD 技术，并最终取得了明显成效。国外厂商关注 TDD 比较少，所以当时认为中国在 TDD 领域提出自己的标准成功的希望大。可以等标准被确认后，再慢慢深入更多领域，逐步积累自己的实力。从 3G 到 4G 的发展情况与 5G 的技术趋势来看，我国支持大唐电信集团坚定地选择 TD－SCDMA 向 TD－LTE 自主演进这条路是非常正确和明智的。

（三）把握牌照发放时机，推动我国通信产业发展

我国政府支持自主研发的技术标准并把握好了3G和4G移动通信牌照的发放时机，堪称通过政府力量培育处于幼稚期创新的典范。虽然TD－SCDMA成为国际标准，但由于我国当时基础薄弱，没有芯片、手机、基站、仪器仪表，所以电信运营商对TD－SCDMA缺乏信心。为培育弱小的TD－SCDMA标准，2002年大唐电信集团发起成立了TD－SCDMA产业联盟，争取到华为、中兴、联想等10家运营商、研发部门和设备制造部门参与进来，合力完善TD－SCDMA标准的推广应用。2002年10月，信息部颁布中国的3G频率规划，为TD－SCDMA分配了155MHz频率。TD－SCDMA虽然被列为国际3G通信标准，但不意味着它一定就是中国的3G通信标准。当时有观点认为，3G什么时候上，以哪种方式上，最终还是要看需求、看市场、看应用。2004年以后，国家发展改革委会同信产部以支持科技研发的方式对大唐电信投入超过10亿元的资金，极大缓解了核心企业的资金瓶颈。2005年，时任大唐电信集团董事长周寰联合当时的中国科学院院长、中国工程院院长、中国科学技术协会主席等重量级科学家联名上书政府相关部门，请求支持中国"自主创新"的TD－SCDMA。此后，举全国之力搞好TD－SCDMA成为共识。

为支持TD－SCDMA，3G牌照比首先商用的日本晚了8年。2008年，党中央、国务院决策启动电信体制改革，同时明确全力支持实力最强的中国移动承担使用TD－SCDMA的3G网络建设，下决心使具有自主知识产权的中国标准大规模产业化运用。同年，国家中长期科技规划所确定的16个重大专项之"新一代宽带移动通信技术（03专项）"正式启动。国家组织多方面力量，通过研发专项资金等多种方式支持TD－SCDMA及后续技术研发。中国自主知识产权的TD－LTE获得2016年度国家科技进步特等奖，充分显示了我国在党的领导下在高科技领域举国体制的优势。2008年，工信部将TD－SCDMA运营牌照发给实力最强的中国移动；2009年，中国联通获得WCDMA牌照，中国电信获得

CDMA2000 牌照，站在国家层面较好地平衡了各方利益。4G 时代，为支持 TD－LTE，2013 年底工信部发放 LTE 牌照时给三家都发放了，但发的都是 TD－LTE 牌照，半年后工信部才给了电信和联通 FDD－LTE 的混合组网牌照。直到 2018 年，移动才拿到 FDD－LTE 的牌照。

（四）在战略性落后条件下，努力获得下一代竞争优势

中国移动成立于我国 1G 时代（1987 年），同年建立了中国第一个模拟蜂窝移动电话系统，1995 年开通 GSM 数字电话网，拥有绝对的先发优势，积累了相当大的用户规模。也因为用户优势、资金充足且是国际品牌，中国移动成为建设 TD－SCDMA 的最佳选择。中国移动担任建设 TD－SCDMA 虽然是国家意志，但中国移动也将发展 TD－SCDMA 作为自身义不容辞的责任。从 2009 年到 2013 年，中国移动遭到中国联通和中国电信猛烈压制，用户不断流失，市场份额下降。3G 时代在我国发展的时间很短，2009 年发 3G 牌照，2014 年就发了 4G 牌照，满打满算也不过 5 年时间。中国移动在 3G 上的投入更没来得及收回。直到 2013 年，工信部发放了 4G 牌照。4G 在国际上有两个标准，TD－LTE（欧盟的爱立信与中国一起开发，美国英特尔没有与我们合作，也因此错失良机）和 FDD－LTE（欧盟在原有技术上发展了基于 FDD 的标准）。由于 4G 较 3G 有着明显的优势，在 4G 应用后，原来使用 WCD-MA 3G 标准的中国联通就陷入被动。当中国移动拿到 TD－LTE 4G 牌照之后快速建设 LTE 网络，推动 2G、3G 用户转化为 4G 用户。仅一年时间，即 2014 年中国移动的 TD－LTE 基站数量就已经达到 70 万个，远远超过过去 5 年 TD－SCDMA 基站建设数量的总和。中国移动因为有 TD－SCDMA，之前也做了这方面的技术储备和设备改造准备，所以 TD－LTE的建网速度才会这么快。

中国移动通过 3G 的暂时"失败"获得技术储备，带动我国打通了全产业链，成为 4G 时代的"胜利者"。成功延续到 5G 时代，中国移动在 5G 专利数中位列全球运营商第一。2018 年，中国移动以年盈利 1178

亿元人民币的成绩成为世界第三大通信运营商。由于我国的制度优势，四家运营商均为国企，为降低5G发展的众多不确定性带来的风险，在科学合理规划的基础上，既可通过共同协作，也可通过"鸡蛋不要放在一个篮子"的方式进行部署。中国移动企业本身虽出现3G战术性"失败"，但获得国家全局战略性胜利的成功做法值得推广。

（五）成立中国铁塔公司，促进网络基础设施共建共享

2008年，国家审计署发现，2002—2006年中国移动、电信、联通、网通、铁通5家企业累计投入11235亿元用于基础设施建设，重复投资问题突出，网络资源利用率普遍偏低，通信光缆利用率仅为1/3左右。2010—2013年，工信部和国资委联合印发了《关于推进电信基础设施共建共享的实施意见》，提出该年度共建共享考核的各项要求和具体考核指标，没完成指标的则由国资委给以相应的业绩考核扣分处理。2014年，为进一步提高电信基础设施共建共享水平，三家基础电信企业在国资委、工信部的协调下成立铁塔公司，共同签署了《发起人协议》，分别出资40.0亿元人民币、30.1亿元人民币和29.9亿元人民币，各持有40.0%、30.1%和29.9%的股权。中国移动副总裁刘爱力出任铁塔公司董事长，中国联通副总裁佟吉禄出任总经理，中国电信副总经理张继平出任监事长。由铁塔公司负责统筹建设通信铁塔设施，这种探索既有利于促进资源节约和环境保护，也有利于降低行业的建设成本，最终惠及广大用户。中国铁塔官网显示，截至2019年底，总站址数199.4万个；总租户数超过323.9万户；站均租户数1.62户。此外，中国铁塔在5G基站与电网、铁路、邮政、地产公司、互联网企业广开合作之门，除自身已有的195万个存量站址外，还储备形成了千万级的社会资源站址库，包括875万个路灯杆、监控杆，超350万个电力杆塔，以及33万座物业楼宇。①

———

①　梁辰.中国铁塔董事长:以大共享,支撑5G网络低成本商用部署[N/OL].新京报,2019－06－06.http://www.bjnews.com.cn/finance/2019/06/06/588155.html.

第六章
促进5G及相关产业发展的应对策略与政策建议

历史经验和大量案例已证明，重大技术变革是产业"换道超车"的重要机会窗口，是经济社会发展的重要助推器。5G 不仅是移动通信领域的颠覆性技术，还是对相关领域具有重大影响的通用技术。当前正处于 5G 发展的关键时期，我国应坚持创新驱动、需求牵引、超前布局，以增量带动存量，以下游应用带动上游研发和中游部署，牢牢把握 5G 发展主动权，巩固和扩大 5G 及相关产业的国际领先优势，占据新一轮信息技术革命制高点，书写数字经济时代发展新篇章。

一、加强战略布局，巩固和扩大 5G 领先优势

（一）集中力量解决高端芯片被"卡脖子"问题

高端芯片设计和量产的门槛都非常高，需要企业持续进行大规模的研发投入。华为 2009—2018 年十年累计研发投入 4850 亿元，2018 年更是高达 1015 亿元。2019 年，全球半导体公司研发支出有 20 家超过 10 亿美元，合计达到 563 亿美元，其中研发支出前十大半导体公司合计 428 亿美元。英特尔的研发支出高达 134 亿美元，占公司营业收入的 19%；高通的研发支出 54 亿美元，占公司营业收入的 22%。

当前,需要集中力量解决高端芯片被"卡脖子"问题,既不是单点突破,也不是只解决某一个芯片技术。在整个芯片产业链中,做一个芯片需要从设计、材料、工艺线开始,工艺线需要在物理、化学、光学、材料等方面设计一系列流程,芯片设计还要使用 EDA 工具以及公用 IP,加工的时候需要蚀刻、光刻等工艺。

加大高端芯片设计和量产的投入力度。国家集成电路产业投资基金(简称"大基金")一期自 2014 年正式设立至 2018 年,4 年期间共完成 1000 多亿元的实际投资额,基金二期的募资规模约为 2000 亿元,2019 年底已基本到位,两期撬动社会资本总规模预计超过 1 万亿元。未来,要用好国家集成电路产业投资基金,重点支持研发投入比例高的 5G 企业,特别是支持华为、中兴等企业及高端芯片制造、相关设备制造的骨干企业,提升高端芯片的研发与生产能力。在目前抓紧编制的中长期科技规划(2021—2035 年)中,继续设立新一代宽带移动通信、高端芯片和基础软件、极大规模集成电路制造设备和工艺专项。优先支持基带芯片、光通信芯片等 5G 关键芯片的技术研发和推广应用。要更有效地引导地方政府在集成电路、高端显示关键件方面的积极作用,同时要突出重点,相对集中力量在北京、长三角、珠三角、武汉等区域集聚发展,防止"遍地开花"。

加快突破高端光刻机等关键设备,破解芯片关键制造设备被"卡脖子"问题。高端光刻机(7 纳米 EUV)目前仅荷兰 ASML 公司一家可生产。2019 年底,因美国阻挠中芯国际早已订货的一台光刻机(7 纳米 EUV)不能交付,被转卖给台积电。这对我国大规模量产 7 纳米芯片产生负面影响。同时,近期因日本在关键材料方面的制裁,韩国存储芯片公司发生了极大经营困难。在无法获得高端光刻机的情况下,我国只能被迫采取自力更生的方式解决这一问题,制定完整的多种设备、工艺技术、关键材料等系统性支持制造高端光刻机的机制安排,支持中芯国际、华虹集团等企业加快实现 7 纳米芯片晶圆生产国产化。同时,加强自主创新的国内公司与国外公司有效合作，加快突破技术难题。此外，要积极说服和支持荷兰 ASML 公司更多使用欧洲生产的零部件替换美国生产的零部件，降低美国干扰力度。

（二）加快改变关键核心技术和零部件受制于人的局面

引导相关基金有意识地收购或参股国外的关键技术企业，关注前沿技术，特别是以色列、欧盟、俄罗斯等国家和地区的新技术。

统筹协调部署国家各类 5G 专项支持，大力支持研发 EDA 工具和生产制造软件，促进我国企业自主掌控核心技术。

面向 5G 商用需求，鼓励电子信息、通信设备行业深度融入 5G 产业链，加快 5G 设备研发和产业化节奏，重点发展射频芯片及器件、全制式多通道射频单元、传感器、功率放大器、测试仪表等产业链环节，争取在关键核心技术上形成突破。

加大 5G 及相关产业基础研究和应用基础研究投入比例，争取 3~5 年达到发达国家的水平，为先进核心技术系统化发展奠定基础。

以降低成本和提高效率为目标，提升 5G 系统设备技术成熟度，开展 5G 系统设备白盒化研究，加快推动 4G 向 5G 的平滑过渡。

加强与欧盟等国家和地区的优势互补、互利共赢合作，打破美国的封堵。对美国政府在相关芯片方面对华为的禁运，要运用好我国市场巨大的优势和"不可靠实体清单"措施，使相关美国公司（如高通、美光、英特尔、谷歌等）继续保持与中国的互利共赢合作。

（三）加强前瞻性技术研发，防止被"换道超车"

从长期来看，高频段毫米波对 5G 发展至关重要。在中频段我国已经处于领先优势，但这只能满足 5G 的部分需求，如果想把 5G 所有潜力全部释放出来，就要充分利用每个频段的频谱，特别是能够满足高速移动网络需求的毫米波无线电频谱。从技术理论来说，只有毫米波这样的高频段才能实现 20Gbps 的峰值速率，并在容量和速度上存在明显优势。美国5G网络建设主要采用位于高频段的毫米波，我国在5G毫米波频段相对落后。因此，未来5G的毫米波频谱之争会愈演愈烈。我国要加快完善5G毫米波规划工作，加强5G毫米波基站、核心器件和终端的研发，补齐5G毫米波技术短板，缩小与美国的差距。鼓励5G相关企业充分发挥毫米波频率高、波长短、可靠性高、方向性好等特点，实现5G时代更高速率、更低能耗、更多连接。

尽管5G商用才刚刚起步，谈及6G显得为时过早，但目前人类处于科技日新月异的时代，谁能提前掌握技术的命脉，谁就能占领未来世界的制高点。6G的流畅度和传输速度将达到5G的10倍至100倍，具有更广的包容性和延展性，将超越传统运营商产生新的生态系统。当前，除中美两国外，欧盟、日本、俄罗斯和韩国等国家也正在紧锣密鼓地开展6G相关工作。我国要系统开展6G技术研发工作，开展6G技术预研，探索可能的技术方向。我国应大力支持企业积极开展6G关键技术前瞻探索，强化在新型材料与器件等基础和前沿领域的布局，引导相关企业及科研院所加强专利族群建设和专利布局合作。

在微电子芯片领域，中国大陆的中芯国际已经做到14纳米级别，中国台湾的台积电做到了7纳米级别，美国的高通做到了5纳米级别，已经接近硅晶材料的极限。所以，我们想要在微电子芯片领域实现超越，难度非常大。量子计算被称为下一代计算革命的关键，量子芯片更是未来计算机核心中的核心，跟人的大脑一样，可靠的规模化量子芯片能改变各行各业。我国应加大对量子芯片研发应用的支持力度，努力实现"换道超车"。发展自主芯片，不能等做到与国际水平一样才用，只有在用的过程中才能发现问题，才能及时改进。要大力推动中国研究团队开发出具有20个超导量子比特的量子芯片的应用。可借鉴家电下乡补贴政策，补贴搭载国产量子芯片的终端设备。

（四）积极参与全球5G标准制定，全面提升国际话语权

在未来的标准制定过程中，需要更多相关行业积极参与3GPP 5G

第二阶段标准（R16 和 R17）的研发和合作。仅凭通信行业的单打独斗，难以带动 5G 技术和市场的充分成熟以及规模效应，无法撬动 5G 真正的商用价值。在 5G 相关国际标准方面，R16 作为 5G 第二阶段标准版本，主要完成相关产业应用以及系统整体提升标准。R17 主要完成各种增强技术标准，预计需到 2021 年 6 月冻结标准。应鼓励 5G 相关企业参与标准制定过程，进而有效推动产业应用落地，实现 5G 与相关产业的深度融合。落实《关于支持企业提升竞争力的若干措施》及实施细则，鼓励企事业单位主导或参与国际标准研制并予以资助，鼓励 5G 龙头企业积极参与 R16 和 R17。

由国家组织 IP 联盟，推进国内 IP 产业发展。在重大专项中加大力度支持 IP 设计的相关项目，推动 IP 设计公司、应用厂家、芯片制造厂家三方共同参与。支持企业购买海外嵌入式 CPU、DSP、高速 Sedes、AD/DA、HDMI、ARM 处理器架构授权等 IP 核。

提前做好"5G＋行业"的标准卡位，夯实我国引领第四次工业革命的移动通信基础。

二、加快网络建设，形成 5G 发展的超大规模市场优势

（一）支持运营商在大城市率先实现 5G 独立组网

5G 独立组网是支撑我国 5G 产业发展先人一步并引领时代潮流的关键。我国 5G 运营商使用的频谱成本低、市场巨大，有条件在大城市率先实现 5G 独立组网。同时，我国丰富的中频频段资源能够保障 5G SA 实现良好覆盖，而主推 5G 毫米波频段的国家只能在热点地区覆盖 5G SA，广覆盖还需依靠 4G LTE 接入网，很难快速实现 5G SA。先行在大城市开展 5G 独立组网，既能避免运营商在全国开展 5G 独立组网带来的短期投资过大问题，又能为 5G 大规模机器类通信、低时延高可靠通信两个典型应用场景提供充分的试验空间。因此，在 5G 建设初期，可

以不用大规模建设5G独立组网，而是先从大城市开始，再向全国铺开。5G建设中后期，四家运营商可通过划片的方式共同完成全国5G SA网络的全覆盖。

（二）推动5G频谱和基站资源共建共享

统筹考虑5G与下一代卫星网络的频谱资源分配，同步开展卫星通信地面设施的移频工作。政府相关部门负责牵头将涉及3.4～3.6GHz频段的企业、部门的数量和分布等情况摸清，方便中国联通和中国电信沟通并实施改造。可以将3.3～3.4GHz频段分配给中国电信和中国联通，用于室内分布建设。

由工信部、广电总局共同指导，充分利用中国广电700MHz频段覆盖远、建设成本低的特性，推动运营商在边远地区共享700MHz频段、分片建设5G网络、频谱资源共享、异网漫游。

推动公共场所的道路和杆路、国家党政机关和企事业单位的公共资源向运营商免费开放。建议住宅区、商务办公楼宇等市场性资源低价向5G建设开放，并设定价格上限。协调相关单位开放办公场所、学校、旅游景点、交通枢纽、公共区域以及市政路灯杆、公安监控杆、城管监控杆、电力塔等杆塔资源用于5G基站建设。

因5G发展涉及多个行业、领域，国家发展改革委可发挥部门间的协调作用，在人口稀少的地区强制推进基站与频谱资源共享。韩国科学和信息通信技术部在强化5G设施共建共享时明确规定，对于已建成3年以上的基础设施，政府对共享方提供奖励措施，但对于3年以内建成的基础设施，强制要求运营商开放共享。许多欧洲国家运营商在市场机制的作用下通过以合资或者联合经营的形式，在人口稀少的地区进行有源设施的共建共享。根据欧洲电子通信监管局（BEREC）的统计，无源共建共享将分别节省16%～35%的资本支出、16%～35%的运营支出；有源共建共享（不包括频谱共享）将分别节省16%～35%的资本支出、25%～33%的运营支出；有源共享（包含频谱共享）将分别节省33% ~45% 的资本支出、30% ~33% 的运营支出。

（三）加大 5G 网络建设的支持力度

由住建部指导协调，在城建中预留 5G 网络建设所需的场地、空间等资源，运营商改为交付前入场，而不是建成后入场。5G 相关的铁塔、基站、管线、局房及相关配套设施的规划及要求被纳入各地的城市控制性详细规划，并在相关城市建设工程中严格遵照实施。在《建筑物移动通信基础设施建设规范》中，把 5G 网络建设纳入项目审批依据，加强国土空间规划与移动通信基础设施建设的对接。

由工信部、交通运输部负责协调通信设备进入高铁车厢，以提高高铁通信质量。如果通信设备上车，车外基站的站距就不需要那么密集。4G 基站站距要求是 1000 米，5G 要求是 500 米，通信设备若能上车，可减少基站建设的数量，进而降低建设成本。

推动铁塔公司与四家运营商统筹考虑 5G 铁塔建设需求，制定相关建设方案，最大限度满足运营商建设需求，避免天面、机房等基础设备被无序占用，造成资源浪费。

加快面向 5G 网络的移动通信基站规划研究，梳理通信基站建设清单，及时对通信基站站址专项规划进行修订更新，协调推进 5G 基站建设。

支持更节电芯片设备和智能节电等技术成熟，降低 5G 基站电耗，提高通信质量。

三、强化协调引导，促进 5G 及相关产业协同发展

（一）健全 5G 及相关产业统筹协调机制

5G 在相关行业的应用目前主要聚焦大数据、云计算，增强型移动宽带、大规模机器类通信及低时延高可靠通信等三大应用场景，且它们尚处于培育期，还需要相关行业的驱动。要研究建立推动 5G 及相关产

业协同发展的统筹协调机制，负责管理跨行业的政策决策和执行，统筹制定 5G 及相关产业的总体战略与应用规划，明确发展路线。推动相关部门共同组建工业互联网、车联网等 5G 相关产业发展平台，以平台为主体，统一行业整体标准，共享关键信息，扶持应用示范项目。推动相关部门共同优化产业政策，为 5G 及相关产业创新发展留有一定的市场空间。一方面，具有巨大商用价值的应用场景很难在早期发现。从 4G 发展经验来看，在经历用户广泛接受之后，"杀手级"应用才逐渐显现，并且往往突破了业界想象和预期。另一方面，过于具体的产业政策往往起到"揠苗助长"的效果，不利于市场的健康发展。

（二）统筹全国 5G 及相关产业空间布局规划

目前，很多省市都在大力发展 5G 及相关产业，这本身是好事，但可能造成无序发展，产生一些低水平的同质化竞争。建议国家做好统筹规划，重点支持产业基础较好的地区作为承接 5G 及相关产业的主要空间载体，引导企业、项目、技术、资金和人才等资源加速集聚，加快培育新一代信息通信产业集群，促进 5G 及相关产业集约化、集群化和高端化发展，打造特色鲜明、体系完善、协作紧密、竞争力强的新一代信息通信产业集群。

推动国家级 5G 创新载体落户深圳及东莞。2019 年 8 月，《中共中央 国务院关于支持深圳建设中国特色社会主义先行示范区的意见》提出，支持深圳建设 5G、网络空间科学与技术等重大创新载体，探索建设国际科技信息中心。工信部计划在 2025 年前设立 15 个国家级制造业创新中心，目前已确定 10 个（不包括深圳）。2019 年 4 月 10 日，省级制造业创新中心——广东省 5G 中高频器件创新中心正式在深圳挂牌。应支持深圳发挥 5G 的产业集聚优势和领先优势，建设国家级 5G 创新载体。同时，东莞 5G 产业基础较好，拥有较为完善的产业链体系，无论是基站系统、网络架构、5G 终端和 5G 应用等四大模块，还是四大模块的细分行业，均有代表性企业。在基站系统领域，已实现天线、射频模块、小型基站、线路板的全覆盖。如在天线领域有辉速通信、云通通信、司南通信等，射频模块有华科电子、搜路研电子、有方科技等，线路板方面有生益科技、森玛仕、五株电子等。在网络架构领域，除了华为、大普等主要的通信网络设备厂商外，光纤光缆领域还有亨通光电、铭普光磁等企业；在网络规划运维方面，有电子科技大学广东电子信息工程研究院、东莞信大融合创新研究院等研发机构。在终端和应用领域，已有涵盖工业互联网、智慧城市等领域的代表性企业；特别在终端领域，以华为、OPPO、vivo 为代表的智能手机厂商正积极布局 5G 全链条发展。

推动 5G 相关产业在上海、北京等城市错位发展。鼓励 5G 试点城市结合自身优势培育优势产业。支持上海、广东、湖北等区域依托现有的工业基础和工业互联网试点经验，重点发展"5G＋工业互联网"，培育工业互联网试点示范项目。支持上海、重庆、北京、广州、长春、武汉、无锡等地，依托建设智能网联汽车测试示范区重点发展"5G＋车联网"。支持北京、湖南、浙江、广东等区域大力发展超高清视频业务，推动 5G 赋能文化创意产业。支持国家智慧城市试点城市选择重点领域推广 5G 应用。

（三）促进 5G 相关产业重点领域加快发展

研究我国 5G 相关产业主攻方向，重点扶持工业互联网、车联网、文化创意、智慧医疗、智慧能源等产业发展。韩国在 5G 发展之初便清晰划定自动驾驶、AR/VR、智慧城市、智能工厂作为优先发展方向，避免漫无目的的终端服务开发，集约利用全国的研发、制造资源。

推动超高清视频产业加快发展。推动 5G 内容生产，加快出台统一内容制作标准，减少由于信息不对称导致的内容资源浪费。研究内容分级分类监管制度，提振内容制作厂商动力，寻找稳定盈利点。鼓励制作推广高质量视频内容，以自然、历史节目和纪录片，高质量体育赛事和电视节目为突破口，鼓励采用超高清制作，尽早实现 4K/8K 超高清节目供给产业化发展。实施更严格的内容版权保护措施，遏制内容盗版，保护内容制作方的利益，保护 VR/AR 产业的可持续发展。引导提高消费者对超高清视频的接受度，推动消费者从高清到超高清升级。鼓励将全球性的体育赛事（如世界杯、奥运会等）、重要的文化活动、演唱会和音乐会、大型娱乐活动等进行全程 4K/8K 超高清直播，利用多渠道向消费者展示和体验超高清视频产品。

推进工业互联网率先突破。加强运营商与工业互联网企业的沟通融合与跨界合作，积极开展 5G 工业互联网终端关键技术、性能、形态、互操作及兼容性的测试验证，在重点领域率先开展"5G + 工业互联网"商用业务试验和应用示范，在重点企业打造人、机、物全面互联的工业互联网网络体系，构建 5G 与工业互联网的可复制、可推广的融合应用推进机制。鼓励行业龙头企业、科研机构、通信企业联合开展 5G 与工业互联网应用及产品的研发，建立跨界应用创新中心、产品研发中心，为中小企业提供 5G 应用解决方案研发和集成服务。

稳步推进车联网发展。在条件成熟的区域，审慎推进具备高级别自动驾驶功能的智能网联汽车特定场景应用。整合现有资源开展产业前瞻技术、共性关键技术和跨行业融合性技术的研发，通过产学研用协同合作，实现核心技术、关键技术和支撑技术的突破发展。建设车联网公共服务平台与应用开发平台，与各企业级平台及行业管理平台互联互通，提供基础数据服务，实现大数据共享。积极探索在第三方搭建平台的前提下，有效克服核心数据归属问题带来的合作障碍，建立车企与互联网公司间的良好合作关系。

（四）支持 5G 相关领域融合发展

深化"虚拟现实 +"行业应用的融合，推动超高清视频技术、虚拟现实技术从娱乐化向功能化转变，扩展到旅游、医疗、教育、工业、安防等领域，发挥其更大的技术价值。鼓励通信运营商和能源企业加强 5G 技术合作，探索 5G 切片在电力行业的商业模式，实践 5G 切片服务的租赁模式、无线专网建设模式。鼓励通信运营商联合 5G 相关产业合作伙伴，共同打造 5G 智慧生态圈，持续推进"5G＋工业互联网""5G＋物流园区""5G＋智慧旅游""5G＋智慧医疗"等行业的应用研究和落地。鼓励政产学研多方共同面向 5G 相关产业创新发展的重大需求，利用现有创新资源和载体，共同突破重点领域前沿技术和共性关键技术，打造跨界协同发展的创新体系。

四、加快掌控供应链，保持 5G 及相关产业发展力

（一）支持关键零部件企业掌控市场

日韩贸易战给我国发展 5G 及相关产业带来重要启示，供应链的掌控能力是核心竞争力。韩国没想到自己引以为傲的半导体行业的"咽喉"会被日本拿捏住。韩国贸易协会资料显示，韩国企业对日本产的氟聚酰亚胺、抗蚀剂（光刻胶）和高纯度氟化氢的依赖度分别达到93.7％、91.9％和43.9％。日本的氟化聚酰亚胺、抗蚀剂、高纯度氟化氢的产能分别占全球产能的90％、80％、70％。2019 年 8 月 5 日，韩国政府宣布了一项规模高达 65 亿美元的阶段性投资计划，在未来七年内开展多项研发工作，以提高生产芯片、显示器、电池、汽车及其他产品的100 个关键部件、材料和设备的生产，目标是在今后五年内实现稳定供应，加强经济上的"自给自足"，从而减少对日本进口产品的依赖，解决韩国材料、零部件和设备行业的结构性弱点。中、日、韩之间存在一个完整的半导体产业链，日本负责提供重要原材料和部分关键设备，韩国进行高端芯片等产品的加工制造，中国则以组装成品为主。可谓环环相扣，无论哪一个环节出了问题，都会波及整个产业链。因此，要加强我国与日韩在 5G 方面的合作，吸引日韩企业来我国投资设厂，同时加大对日韩的投资力度，构建相互支撑、相互依赖的东亚 5G 产业链，逐渐掌控关键零部件的国际供应链，对冲美国对我国 5G 及相关产业的打压。

研究提出 5G 关键零部件和材料名单，利用首台（套）政策支持模数转换器、数字信号处理器、通信用模拟器件、射频器件、高频率器件、传感器等零部件产业化，支持氟聚酰亚胺、抗蚀剂和高纯度氟化氢等材料产业化，并助推相关企业在我国掌控市场主导权，逐渐在全球形成竞争优势。支持 5G 企业提升工业设计水平，强化工业设计创新链和 5G 产业链深度融合，鼓励支持 5G 企业运用先进设计工具，提高 5G 手机、VR/AR 设备等产品的设计集成创新能力。

针对不同情况采取差异化策略。鉴于我国无法在短期内实现全部核心零部件国产替代，有必要根据不同情况采取差异化替代策略。对于像组网用光学元件以及数字信号处理器等完全依赖单一来源的关键零部件，要加快组织实施技术攻关，大力推进自主创新及替代应用。对于有替代方案的新材料，要充分利用好我国超大规模市场对国际领先企业的吸引力，鼓励相关企业、研究院所与其开展国际合作，支持其研发、生产落户境内，降低因被美国拉拢对我国实行联合断供的风险。

（二）支持企业布局"一带一路"沿线国家和地区

"一带一路"沿线国家人口多，5G 市场潜力巨大。部分国家通信水平落后，缺少先进的网络运营经验，需要引入国外的运营经验以提升通信服务质量和通信运营水平。"一带一路"沿线国家在宽带接入和移动宽带普及方面存在巨大的发展空间。国家信息中心《"一带一路"沿线国家信息化发展水平评估报告》统计结果显示，在宽带接入方面，42.19% 的国家提供的宽带接入速度小于或等于 1Mbit/s；阿富汗、孟加拉国等国可提供的宽带速度最慢，仅有 0.25Mbit/s，宽带速度有待进一步提高；在宽带普及率方面，64 个国家的固定带宽普及率普遍较低，平均仅为 11.67%。

鼓励我国 5G 企业与"一带一路"沿线国家和地区的通信运营商及企业开展合作，为沿线国家提供更好的 5G 解决方案，推动沿线国家共同建设数字"一带一路"。中国移动在香港建成的环球网络运营中心，可为共建"一带一路"国家和地区的产业合作伙伴提供国际专线、国际互联网接入等一站式全面服务。中国移动可充分利用其在东北亚、中亚、南亚、东南亚四大周边区域建成开通的 8 条陆地光缆和 5 条海底光缆，以及在"一带一路"沿线国家和地区建成的 29 个"信息驿站"（POP 点，网络服务提供点）。中国联通可以充分发挥其在全球拥有的丰富的国际海陆缆通道和局站点资源，开拓"一带一路"沿线国家和地区的 5G 市场。

推动 5G 与高铁、港口"走出去"相结合。5G 技术与高速铁路运输相结合，将推动铁路运输更加信息化和智能化。港口是"一带一路"建设的重要优势领域之一，5G 时代港口智能化趋势进一步凸显，5G 技术的引进可以对传统港口进行升级改造。5G 通信基础设施建设与交通基础设施建设等优势产能一同"走出去"，一方面能够带动我国关键零部件、软件供应商在 5G 场景下的应用，另一方面能够在多个场景下引入我国通信运营商和内容服务供应商。我国运营商要加强与基础建设承包商的合作，在建设交通基础设施的同时，探索其与通信基础设施建设的融合度和契合度，寻求共建和相互支持的解决方案。

（三）帮助企业应对国外的恶意打压

针对美国及其唆使"五眼联盟"打压我国 5G 企业，甚至切断供应链，我国政府不能只是依靠企业单独应对。在这方面，要向美国政府"学习"。目前政府部门在做工作的基础上，也要研究并实施更有效的措施。虽然原则上要正确处理好政府与企业的关系，政府不能为企业的行为背书站台，但是也要增强政策灵活性，特别是针对国外恶意打压我国供应链时，政府要创新工作方式为企业"保驾护航"，甚至帮助企业开展对外宣传，提升国际认可度。强化与相关国家的政策沟通，签署促进信息互联互通的相关规划文件，推动信息化发展规划、技术标准体系对接，优化国际通信网络布局，推动信息通信技术领域务实合作。鼓励国内城市与国外重要节点城市开展点对点合作，推动双方在信息基础设施、智慧城市、电子商务、远程医疗、"互联网＋"等领域开展深度合作。充分利用亚投行、丝路基金等投融资机构，积极促进国际通信基础设施互通有无，促进跨境互联网经济繁荣发展，共建数字丝绸之路。

加强5G及相关产业的国际合作。美国半导体行业是反对与我国"脱钩"的，要用好我国超大规模市场及产业体系的能力，使美国公司不愿也不能与我国"脱钩"，逐渐形成"捆绑"格局。美国半导体公司的主要市场与利润来源于中国市场，商务部2019年10月19日发布的《跨国公司投资中国40年》数据显示，2017年美国主要20家集成电路企业在华的营业收入超过750亿美元，约占20家企业总营业收入的35%；其中，英特尔、高通和美光科技在华营业收入分别达到148亿美元、146亿美元和104亿美元，分别占各自总营业收入的24%、65%和51%。未来，要支持华为、中兴等企业巩固提升在全球5G与智能手机市场的关键角色地位，以此加强与英特尔、高通和美光等美国公司的长期合作，逐渐形成利益交融格局。同时，支持我国企业加强与欧盟企业的合作，特别是在人工智能、自动驾驶、机器学习、物联网等领域加强联合研发，构建利益共享的产业链。

五、提供全方位支持，搭建蓬勃发展的5G生态系统

（一）加大对5G及相关产业的财税支持力度

加大税收优惠力度。参照集成电路设计和软件产业企业所得税优惠政策，对5G及相关产业企业给予同等的税收优惠政策，以提高企业的创新活力。建议参照粤港澳大湾区个人所得税优惠政策，各地区可按内地与香港个人所得税税负差额，对在5G及相关产业企业工作的境外（含港澳台）高端人才和紧缺人才给予补贴，而且该补贴免征个人所得税。

加大财政资金扶持力度。提供相关的专项资金支持5G网络建设、

技术创新、产业发展及应用示范，加快 5G 产业链的快速发展。鼓励企业加大研发投入，借鉴韩国做法，对于 5G 企业只有研发投入达到 10% 才能给予相应的政策支持。对 5G 网络建设和运营给予政策资金支持，在一次性进场费、物业租金方面制定上限标准，推动高铁、地铁、机场等核心枢纽减免进场费，对 5G 基站及机房提供直供电。

（二）构建全方位的 5G 安全保障机制

建立全面的 5G 信息安全评估认证机制。应对 5G 网络安全，既要加大安全基础设施的投入，更要建立行业协同应急响应机制。要降低 5G 产品和服务的自身风险以及被非法控制、干扰和中断运行的风险。要降低 5G 产品及关键部件在生产、测试、交付、技术支持过程中的供应链安全风险。要降低 5G 产品和服务提供者利用提供产品和服务的便利条件非法收集、存储、处理、使用用户相关信息的风险。要降低 5G 产品和服务提供者利用用户对产品和服务的依赖，损害网络安全和用户利益的风险。

建立个性化的 5G 安全防护机制。5G 相关产业具有不同的安全等级要求、不同的网络架构、不同的流量特征、差异化的协议类型等，难以采用统一的策略和架构构建 5G 网络的安全体系，需要结合具体的业务场景采用新的安全机制。首先，根据不同业务的安全需求，为不同的业务提供分级的安全保护，如远程医疗需要高可靠性安全保护。其次，建立网络切片之间的隔离机制，防止切片内的资源被其他类型网络切片中的网络节点非法访问。例如，医疗切片网络中的病人，只能被接入本切片网络中的医生访问，而不能被其他切片网络中的人访问。最后，建立用户隐私周密保护机制。5G 网络需要明确用户隐私信息的使用方法及其使用完毕后的处理方法，需要提供更加严格的身份隐私保护策略，需要全面考虑数据在各种接入技术以及不同运营网络中穿越时所面临的隐私暴露风险，并制定周全的隐私保护策略，包括用户的各种身份、位置、接入的服务信息等。

建立 5G 智能网络防御机制。人工智能（AI）技术可以更加准确地对 5G 网络的流量与行为异常进行检测、回溯与根因分析，能够为 5G 用户提供实用化的安全分析与警示。结合 AI 技术，可化被动为主动，为 5G 网络提供智能化的攻击检测机制。"5G + AI"可对网络中的流量和各种日志信息进行持续地收集分析，在大量的数据中提取高价值的安全事件，分辨出其中与网络攻击相关的异常行为，判断网络攻击事件的存在和发生的位置，从单点、被动的安全防护向主动安全管控的智能防御体系转变，从本质上提升安全防御水平，提升对未知威胁的防御能力和防御效率。

构建多元化的 5G 安全责任体系。车联网涉及多个相关责任主体，应根据不同责任属性建立多元化的安全责任体系，提升车联网安全防护管理能力。建议应将汽车厂商、驾驶员、运营商等均纳入责任体系，形成多元化责任主体。可借鉴欧盟通用数据保护条例（GDPR）经验，重点关注车联网数据安全，通过对数据进行分级确定相应数据保护级别，规范数据有序开放共享。同时，要调整人、车、路规则。人、车、路是车联网的三个基本构成单元，应从三个单元调整更新相关交通规则，根据不同技术阶段对驾驶资质要求进行相应调整，明确不同智能等级汽车的适用场景、路权范围、决策控制程度等划分。

（三）支持 5G 及相关企业探索多元投融资模式

目前，全球运营商都面临成长乏力、利润收缩的困境。中国三大运营商在 3G 网络建设投入 2000 多亿元，4G 网络建设投入 1 万亿元左右，这些成本目前还未收回来。为缓解运营商建设 5G 网络的投资压力，应鼓励运营商通过混改引入战略投资、增发新股等方式募集资金。2017年，中国联通过混改募集了 780 亿元，主要用于公司 4G 和 5G 相关业务。因此，运营商在 5G 网络建设初期需要探索多元化投融资模式，引入 5G 时代重要利益相关者共同参与。没有我国政府及骨干央企在 3G、4G 的巨额互联网基础设施、移动通信网络建设投资，就不可能有阿里、腾讯、百度等互联网公司现在所取得的成就。要引导资金充裕的互联网公司更多地投资于 5G 网络及相关设施建设，实现共同投入、共享成果。同时，探索支持 5G 网络建设的资产证券化产品。

推动 5G 及相关产业优质企业上市融资。随着科创板的开通，通过不断完善健全证券市场的法律监管制度，吸引具有成长性的 5G 及相关产业企业在国内上市，拉动 5G 产业链价值上涨，不仅有利于推动 5G 及相关产业发展，也有利于推动国内资本共享 5G 发展红利。

（四）支持 5G 及相关企业协同合作

支持 5G 上下游产业链中的关键环节和具有代表性的 5G 领军企业做大做强。支持龙头企业发挥核心作用，扩大协作引领、产品辐射、技术示范、知识溢出等带动作用，带动中小企业向专业化、高端化、集群化方向发展，形成大中小企业协同发展、合作共享的良好格局。依托国内 5G 建设差异化场景，支持 5G 整机企业发挥优势，采用市场化手段带动上游器件企业发展。

大力促进中小微企业发展壮大，实施小微企业创新创业培育行动、民营及中小企业家培育工程，实施骨干企业培育工程，重点支持符合 5G 产业导向的种子期、初创期成长型中小微企业发展。支持 5G 终端、核心器件、材料、设备应用等领域的中小企业积极提升竞争力，加强与 5G 龙头骨干企业的合作。

鼓励 5G 及相关产业各环节的企业通过产业联盟、参股合资、长期战略合作等多种形式加强合作。采取政策扶持、产业并购、资本牵引等方式，鼓励有条件的企业强化横向和纵向一体化发展。

鼓励和引导企业在 5G 标准制定、技术研发、测试验证及试点应用等方面共同发展，促进创新链与产业链的对接，推动多领域融合型技术研发与产业化应用。

（五）构建 5G 公共服务平台网络体系

加强公共技术服务平台建设，整合政府、企业、科研院所、高校等资源，通过 5G 信息技术和网络，打造产业资源的共享机制和运营管理机制，为企业、消费者、政府部门、产业投资人等多元主体提供多元、高效、便捷、开放的公共服务，助力 5G 及相关产业发展。

（六）引进培育 5G 及相关产业人才

面对贸易保护主义和技术封锁，要继续积极鼓励海外高端 5G 人才来我国创业，简化人才签证申请手续，扩大长期居留许可签发范围，为海外人才提供各种工作、生活便利。在高端人才引进方面，要进一步完善方式，优化政府职能，由企业、高校、科研单位等在一线组织实施。在保障网络信息安全的前提下，运用人脸识别、电子身份证等先进技术，允许海外高端 5G 人才在实名认证下查阅国际互联网信息。加强 5G 人才奖励扶持，鼓励我国的高校和企业加快培育 5G 人才，壮大 5G 人才队伍。据不完全统计，到 2020 年，我国芯片设计人才需求 14 万人，但高校培养的毕业生只有约 10 万人，按 30% 的流失率计算，真正进入这个行业的将不到 7 万人。

（主题报告执笔人：李锋）

5G
及相关产业发展研究

下篇

专题报告

专题报告一
5G 设备制造、关键技术和零部件问题研究

一、5G 正成为大国争夺国际控制力的新焦点

5G 作为产业互联网的基础支撑，将带来更广泛的设备连接和更智慧的生活，各种新业态、新模式会层出不穷，引发影响深远的产业变革，带来新的经济增长点。5G 作为第四次工业革命的核心技术，对于经济发展和社会进步的显著促进作用已成为全球共识，5G 主导权正成为各国争夺的核心，各国力求抢占 5G 的主导地位以在全球产业格局的重大调整中占据制高点。

（一）5G 是重塑国际移动通信产业格局的重要引擎

移动通信最早可以追溯到 1897 年，意大利物理学家和工程师古列尔莫·马可尼（Guglielmo Marconi）通过无线电技术实现了在英吉利海峡中行驶的船只之间保持持续的通信。现代意义的通信技术起源于 20 世纪 80 年代，约每 10 年进行一次更新换代。经过三四十年的发展，移动信息通信网络已经成为基础建设的重要部分，在经济社会发展中具有战略性公共设施的地位。

移动通信技术的演进给人们的思维方式带来巨大冲击，催生全新的

商业模式，对全球产业格局产生巨大影响。

第一代移动通信（1G）起源于美国，采用频分多址（FDMA）技术，各国制定不同的标准，提供模拟语音业务。

第二代移动通信（2G）时期，欧洲和美国居于主导地位。欧洲成立全球移动通信系统协会（GSMA），根据时分多址（TDMA）技术制定 GSM 标准，与美国基于码分多址（CDMA）技术形成的标准，共同成为两大国际标准。数字通信是 2G 的主要特征，具有抗干扰性和传输速率高的特点，上网和短信息等低速数据业务开始出现。1993 年，美国率先提出"信息高速公路计划"。在该计划的影响下，从芯片到操作系统再到网络架构等一系列通信技术和标准都由美国定义和主导，促使其在政治、经济、文化等各个方面取得优势地位。2003 年，中国开启 2G 时代，由于是零起步，技术和设备全部需要从国外进口。

第三代移动通信（3G）时代，中国亮相世界舞台。3G 以 CDMA 为技术特征，用户峰值速率达到 2Mbps 至数十 Mbps，可以支持多媒体数据业务。伴随着国际上移动通信技术升级，中国开始在技术标准上发力提出 TD–SCDMA，与欧洲的 WCDMA、美国的 CDMA2000 并列成为第三代移动通信技术的三大国际标准。由于中国移动通信技术基础薄弱，从芯片、仪表到基站和移动终端都要从头做起，大唐电信、华为、中兴、联想等十家运营商、研发机构和设备制造商共同组成 TD–SCDMA 联盟，推动国内通信产业快速发展。2004 年，中国信息和通信技术产业（ICT）的出口总额就已经超过美国（见图 1–1）。

第四代移动通信（4G）时代，中国技术展现优势。通过正交频分多址（OFDMA）技术，用户峰值速率可达 100Mbps 至 1Gbps，能够支持各种移动宽带数据业务。中国的 TD–LTE 标准基于 TDD 技术在传输视频等方面显出优势，适用于互联网而且逐步发展壮大，与欧洲的 FDD–LTE 成为两大国际标准之一，而美国的 WIMAX 标准逐渐退出市场。通信设备制造领域的主要企业也从原先的十几家缩减到华为、中

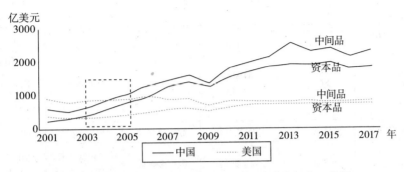

图1-1 2001—2017年中美信息和通信技术产业出口总额

资料来源：OECD，课题组制图。

兴、三星、爱立信、高通等为数不多的几家。

第五代移动通信（5G）来临，中国已有领跑之势。中国积极参与5G建设，推动形成一系列有影响力的国际标准，中国企业申请的5G通信系统SEPs件数全球第一，占比34%。5G具备比4G更高的性能，支持0.1~1Gbps的用户体验速率，每平方千米100万的连接数密度，毫秒级的端到端时延，每平方千米数十Tops的流量密度，每小时500千米以上的移动性和数十Gbps的峰值速率。同时，5G相比4G频谱效率提升5~15倍，能效和成本效率提升百倍以上。基于5G特性衍生出的新技术和新应用给传统通信制造业带来冲击，一些国家和企业将在产业格局重塑的过程中获得更具优势的地位。移动通信的发展历程详见表1-1。

表1-1 移动通信的发展历程

项目	1G	2G	3G	4G	5G
出现时间	1980年代	1990年代	21世纪初	2000年代	2010年代
世界商用时间	1978年（美国）	1991年（欧洲）	2001年（日本）	2009年（欧洲）	2019年（韩国）
中国商用时间	1987年	1993年	2009年	2013年	2019年
国际标准	AMPS（美国）、TACS（英国）、NMT（欧洲）、HAMTS（日本）	GSM（欧洲）、CDMA（美国）	TD-SCDMA（中国）、WCDMA（欧洲）、CDMA2000（美国）	TD-LTE（中国）、FDD-LTE（欧洲）	5G NR

项目	1G	2G	3G	4G	5G
通信技术	FDMA	TDMA CDMA	CDMA	OFDMA	NOMA MUSA SCMA PDMA
通信特点	通信移动化	传输数字化	数据流量化	增值服务化	高效智能化
新特点	模拟通信	数字通信	数字多媒体	快速传输音频、视频和图像等	低时延、高可靠
新功能	模拟语音	数字语音、上网、短信息	视频、可视电话业务	电子商务、移动支付、AR/VR	工业互联网、车联网
主要设备商	摩托罗拉	摩托罗拉、诺基亚	爱立信、诺基亚、中兴、三星、苹果、阿尔卡特	华为、诺基亚、爱立信、中兴、三星、苹果	华为、中兴、诺基亚、爱立信、三星

资料来源：IMT - 2020（5G）推进组，课题组制表。

（二）5G 是第四次工业革命的核心技术

继蒸汽技术革命、电力技术革命、计算机及信息技术革命之后，第四次工业革命正在发生，5G 作为核心技术，成为突破性创新的基础，将给人类社会带来巨大的改变。

截至 2018 年，全球 96% 的人都已经生活在移动蜂窝网络信号的覆盖范围内，90% 的人可以接入 3G 或更高质量的网络。随着移动网络覆盖向纵深延伸，2019 年我国 4G 用户总数达到 12.8 亿户，占移动电话用户总数的 80.1%。4G 用户占比远高于全球的平均水平（不足 60%），与领先的韩国（80.7%）相当（见图 1-2）。我国作为 5G 商用的领跑者，预计 2025 年，5G 连接数将达到 4.6 亿户，超过北美和欧洲的总和，位列全球第一。

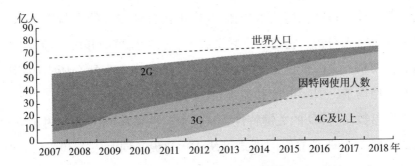

图 1-2 2007—2018 年按网络类型划分的移动网络覆盖情况

资料来源：ITU.

在 4G 时代，中国的移动通信发展已具有一定优势，到 2019 年底我国 4G 基站总数达到 544 万个，4G 的基站数量占到全球总数量的一半以上。在 5G 网络的建设过程中，我国处于领跑地位，美国、日本和韩国取得较大进展。5G 的速率和覆盖能力依靠网络致密化，中国 4G 基站密度较高，5G 阶段预计增加 1.5~2 倍。中国铁塔不断加快建设铁塔速度以增加基站数量，自 2015 年以来投资 177 亿美元新建约 35 万个铁塔，铁塔占据国内市场份额超过 96%；同期，美国新建铁塔不足 3 万个。截至 2018 年底，中国铁塔共运营 194.8 万个站址，相比之下美国仅有 20 万个站址，即中国每 10 平方英里有 5.3 个基站，而美国仅有 0.4 个基站。若以每万人拥有的基站数量来看，中国每万人拥有 14.1 个基站，而美国仅有 4.7 个基站，约落后中国 1/3（见表 1-2）。目前，中国已开通 5G 基站超过 13 万个，力争到 2020 年底实现所有地级市覆盖 5G 网络。

表 1-2 各国基站数量情况

国家	基站数量/（个/万人）	基站数量/（个/10 平方英里）
美国	4.7	0.4
中国	14.1	5.3
德国	8.7	5.1
日本	17.4	15.2

资料来源：Deloitte.

与之前的移动通信技术相比，5G 正在打破传统的人与人之间的通信方式，将人与物、物与物也联系起来，衍生出更加开放、融合、创新的通信架构，实现真正的"万物互联"。考虑到未来社会所需的不同业务和应用场景，国际电信联盟（ITU）确定了 5G 三大类使用情景，并将八项参数视为 5G 的关键特性。从技术演进来看，5G 将通过独立组网模式（SA）和非独立组网模式（NSA）建设，同时下一代无线局域网（WLAN）也将与 5G 深度融合，Wi-Fi 6（802.11ax 标准）可以在 2.4GHz 和 5GHz 频段中提供更高容量和更好的性能体验，未来发布的 802.11ay 标准将在超过 60GHz（毫米波）频段提供超过 100Gbps 的峰值数据速率。未来，移动通信将提供前所未有的信息获取和处理能力，打破不同领域的界限，促进人工智能、生物技术、量子计算等领域相辅相成、融合发展。

（三）5G 是主导世界经济的制高点

5G 产业链可以分为基站系统、网络架构、终端设备和应用场景四个部分（见图 1-3）。基站系统是 5G 发展的基本条件，主要包括天线、射频、小微基站等部分，由于 5G 高网络容量和全频谱接入需求，天线射频模块集成、大规模天线技术（Massive MIMO）、小微基站和室内分布是基站系统演进的主要方向。网络架构是 5G 发展的软性基础，其关键在于利用 SDN（软件定义网络）/NFV（网络功能虚拟化）技术，形成包括基础设施、管道能力、增值服务、数据信息等不同的能力集，实现网络功能虚拟化、资源集中化、服务自动化、管理操作云平台化的目标。终端设备是 5G 发展的重要载体，不仅包括智能手机，更包括深度和广度的商业应用等其他终端设备，为用户个体与具备连接功能的终端在信息交互过程中提供平台。应用场景是 5G 发展的最终目标，包括 ITU 确定的"增强型移动宽带（eMBB）""超高可靠与低时延通信场景（uRLLC）"和"大规模机器类通信（mMTC）"三大情景，满足用户在居住、工作、休闲和交通等不同场景的多样化业务需求。

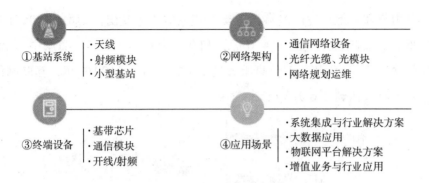

图 1-3　5G 产业链全景图

资料来源：赛迪顾问，课题组制图。

5G 是数字经济时代的战略性基础设施。从国际社会来看，主要国家正加快部署 5G 网络，以支撑经济社会各个领域的数字化、网络化、智能化转型，进而为经济发展开辟新的增长源泉并重塑现代经济体系。美国国会研究局发布的《第五代电信技术：提交给国会的问题》(Fifth - Generation Telecommunications Technologies：Issues for Congress) 报告显示，美国在 4G 的领先地位给经济带来了近 1000 亿美元的增长，并带来了巨大的经济效益和消费者利益。截至 2019 年底，全球已有 34 个国家的 61 个运营商正式宣布 5G 商用。从全球移动通信系统协会 (GSMA) 的预测来看，到 2020 年，全球超过 1/5 的市场将推出 5G 网络，主要国家都在通过加快部署 5G 网络抢占 5G 发展红利。

5G 市场是潜在的、巨大的，并具有极强的扩展性和带动性。信通院的报告显示，到 2030 年，在直接贡献方面，5G 将带动的总产出、经济增加值、就业机会分别为 6.3 万亿元、2.9 万亿元和 800 万个；在间接贡献方面，5G 将带动的总产出、经济增加值、就业机会分别为 10.6 万亿元、3.6 万亿元和 1150 万个（见图 1-4）。5G 的发展将直接带来电信运营业、设备制造业和信息服务业的快速发展，在 5G 商用初期，运营商开展大规模网络建设，预计到 2020 年，运营商在网络设备投资超过 2200 亿元，各行业在 5G 设备投入超过 540 亿元。在 5G 商用中期，

来自用户和其他行业的终端设备支出和电信服务支出持续增长，预计到
2025 年，支出分别达到 1.4 万亿元和 0.7 万亿元。在 5G 商用中后期，
互联网企业与 5G 相关的信息服务增长加快，预计到 2030 年，互联网信
息服务收入达到 2.6 万亿元。

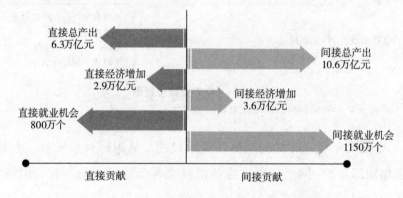

图 1 - 4 到 2030 年 5G 对经济社会的贡献
资料来源：中国信息通信研究院，课题组制图。

二、5G 设备制造、关键技术和零部件的发展现状

5G 的关键技术与核心零部件是大国博弈的新筹码，随着 5G 的加速
发展，产业主导权的争夺日趋激烈。总的来看，我国的 5G 整机设备制
造处于国际领先水平，通信网络的关键技术研究位列世界前沿，但在核
心零部件制造方面尚显不足，呈现"多数跟跑"的局面。

（一）5G 设备制造：国际领先

随着移动通信的发展，设备制造商的全球格局趋于稳定，形成华为、
中兴、诺基亚、爱立信四大设备商主导的格局。截至 2019 年，华为已连
续多年成为全球最大的供应商，在受到美国贸易制裁的影响下仍保持了
28% 的市场份额。中兴通讯快速复苏，市场份额达到 10%。爱立信保持
稳定在 14%，而诺基亚和思科分别下降到 16% 和 7%。在整机方面，中
国处于领先地位，华为更是世界第一的设备供应商（见图 1 - 5）。

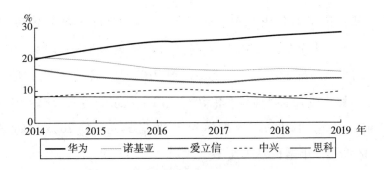

图 1-5　2014—2019 年全球七大电信设备商的市场份额

资料来源：Dell'Oro Group.

1. 基站设备

5G 组网分为 SA 和 NSA 两种方式，NSA 利用现有 4G 网络传输，本质是增强型 4G，SA 则是重建 5G 基站进行 5G 全功能部署。美国、日本、韩国等海外运营商普遍选择 NSA，中国运营商选择 SA，但为了确保 5G 试商用的进展，中国移动、中国联通、中国电信在前期都会部分采用 NSA 组网。

5G 将采用"宏基站 + 小基站"协同组网的方式（见表 1-3）。5G 核心频谱较 4G 阶段整体上移，从连续覆盖角度来看，基站数量将为 4G 的 1.5~2 倍。目前，80% 的数据流量来自室内场景，5G 新业务对室内覆盖要求更高，而 5G 信号在穿透墙壁时相比 4G 衰减更大，传统的"室外覆盖室内"面临更多挑战，需要小基站根据补充性覆盖、流量密集区和室内定制化等不同场景需求进行精准部署。

表 1-3　移动通信基站分类

基站类型		单载波发射功率/毫瓦	覆盖能力/米
宏基站 Macro Cell		>10000	>200
小基站（Small Cell）	微基站（Micro Cell）	500~10000	50~200
	皮基站（Pico Cell）	100~500	20~50
	飞基站（Femto Cell）	<100	10~20

资料来源：Ofweek.

小基站市场有较大提升空间。2017 年，全球小基站出货量增长 70% ~80%，占 RAN（无线接入网）市场份额的 5% ~ 10%。4G 时代约 1/3 的小基站部署在室外环境中，到 2019 年，随着 5G 的推进，全球对户外小基站的需求将增长 6 倍，对室内小基站的需求增长 4 倍。预计 2019 年全球 5G 小基站市场规模为 5.28 亿美元，到 2025 年将增长到 35.09 亿美元，年增长率达到 37.1%。

华为、高通、三星等领先厂商相继推出基站芯片，5G 基站已经在全球部署。目前，中国已经正式启动 5G 商用服务，全国开通 5G 基站超过 13 万个。根据预计，主要国家完成 5G 部署只需要 3 年，到 2025 年前后，全球 5G 基站会达到 650 万个，用户超过 28 亿户。在无线接入网络设备中，华为、爱立信、诺基亚和中兴位居前列，占据九成以上的市场份额，有研究预测，到 2023 年，华为将占据 RAN 设备供应市场份额的 24.8%，爱立信占比 22.9%，诺基亚占比 22.7%，三星、中兴以及其他新兴企业合计占比 29.6%。

2. 终端设备

智能手机是最主要的移动通信设备，从 2019 年的全球市场份额来看，三星（21.8%）保持了绝对领先的地位，华为（17.6%）虽然面临国际市场的挑战，但国内销量大幅增长，成为全球第二，苹果（13.9%）的出货量略有下降，而小米（9.2%）、OPPO（8.3%）正在崛起（见图 1 - 6）。

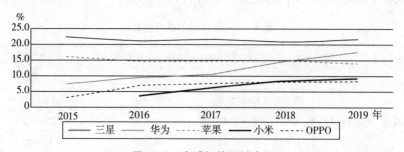

图 1 - 6 全球智能手机市场

资料来源：IDC.

在高端智能机①方面，出货量最高的仍然是苹果（52%），其次是三星（25%），华为（12%）第三（见表 1 - 4）。5G 商业化将会带来高端智能手机的出货增长。

表 1 - 4　2019 年一季度全球高端智能手机市场排名（按区域划分）

序号	北美	南美	中东和非洲	西欧	中东欧	中国	亚太 （除中国）
1	苹果	三星	苹果	苹果	三星	华为	三星
2	三星	苹果	三星	三星	苹果	苹果	苹果
3	谷歌	华为	华为	华为	华为	小米	华为
4	一加	摩托罗拉	一加	一加	一加	vivo	索尼
5	摩托罗拉	索尼	OPPO	谷歌	小米	OPPO	一加

资料来源：Counterpoint，课题组整理。

随着 5G 基站部署和网路建设的铺开，5G 终端的同步上市保障了 5G 的良好发展。截至 2019 年底，国内 35 款 5G 手机获得入网许可，国内市场 5G 手机出货量 1377 万部，呈明显增长趋势（见表 1 - 5）。预计到 2020 年，国内 5G 手机出货量有望达到 1 亿部，全球 5G 手机出货量将达到 2 亿~3 亿部。

表 1 - 5　主要设备商发布 5G 手机的情况

品牌	手机型号	处理器	发布时间	国内上市时间	价格
三星	S10 5G	高通骁龙 855	2019 年 2 月	2019 年下半年	1300 美元
	GalaxyFold 5G	高通骁龙 855 三星 Exynos 8920	2019 年 2 月	—	—
	Note 10 + 5G	高通骁龙 855 高通 X50	2019 年 8 月	2019 年 9 月	7999 元
	A90 5G	高通骁龙 855	2019 年 8 月	2019 年 9 月	4499 元

---

① 指价格超过 400 美元(约 2750 元人民币)的手机。

品牌	手机型号	处理器	发布时间	国内上市时间	价格
华为	Mate 20 X 5G	海思麒麟 980	2019 年 7 月	2019 年 8 月	6199 元
	MateX	海思巴龙 5000	2019 年 2 月	2019 年 11 月	16999 元
	Mate 30 5G/ Mate 30 Pro 5G	海思麒麟 990	2019 年 9 月	2019 年 10 月	4999 元起/ 6899 元起
中兴	Axon 10 Pro 5G	高通骁龙 855	2019 年 2 月	2019 年 7 月	4999 元
OPPO	Reno 5G	高通骁龙 855	2019 年 2 月	—	899 欧元
vivo	iQOO Pro 5G	高通骁龙 855	2019 年 1 月	2019 年 8 月	3798 元起
	NEX 4 5G	高通骁龙 855 +	2019 年 9 月	2019 年 9 月	5698 元起
一加	7 Pro 5G	高通骁龙 855/855 +	2019 年 5 月	—	840 美元
小米	MIX 3	高通骁龙 855	2019 年 2 月	—	599 欧元
	9 Pro 5G	高通骁龙 855 +	2019 年 9 月	2019 年 10 月	3799 元
	MIXAlpha	高通骁龙 855 +	2019 年 9 月		19999 元

资料来源：各企业官网，课题组整理。

伴随 5G 发展，新业务、新应用层出不穷，终端也在突破通信功能，与更多的业务结合，可穿戴设备、车载终端、智能家居等非手机通信终端也在快速发展。

可穿戴设备以电话手表的形式为主，苹果公司的智能手表处于行业前沿，小米、华为等搭载安卓系统的智能手表竞争激烈。到 2023 年，生物特征识别传感器和智能助手将推动耳戴设备的智能升级。

车载终端产品进一步智能化和形态多样化，通信技术融入传统汽车零部件，搭载安卓系统推动汽车电子智能升级，实现路径搜索、咨询查询、行车安全监控管理、智能集中调度等多种服务。

NB – IOT 终端广泛部署在智能家居、智慧城市的应用中，通过加入无线模组/模块，形成智能表具、智能门锁、烟感报警器等多种产品。

（二）5G 关键技术：位列前沿

5G 时代，通信物理层技术的变革是发展新一代通信的必要条件，系统实现技术带来的框架重构是高质量通信服务的保障，而支撑技术的不断深入为新业务和新应用带来更多可能。在众多关键技术的研发和应用过程中，我国走在世界前沿。

1. 通信物理层技术

（1）同时同频全双工技术（CCFD）。

无线通信业务量的快速增长与频谱资源短缺的矛盾驱动无线通信技术的变革，提升频分双工（FDD）与时分双工（TDD）的频谱效率成为技术革新的目标。

CCFD突破了现有系统需要在时域或频域隔离上下行传输的双工方式，通信双方能够使用相同的时间和频率，同时发射和接收无线信号，频谱效率翻倍。2006年，北京大学率先提出同频同时隙双工概念，并于2009年实现双工干扰消除，证明CCFD的可行性。此后，斯坦福大学、莱斯大学等进行了单信道全双工（SCFD）的实验，提出基带干扰消除技术。

CCFD的关键在于有效消除了发射和接收信号的干扰，从设备层面看，自干扰抑制可以分别通过天线技术、射频技术和数字技术的优化升级实现。目前，CCFD主要应用于室内热点覆盖、室外中继、终端直连（D2D）等场景。

（2）新型多址技术。

从1G到4G，多址接入技术一直是移动通信系统演进的标志，4G基于正交发送和线性接收的思想采用OFDMA。未来，以叠加传输为特征的非正交多址技术能更好地实现5G性能要求，获得更高的系统容量、更低的时延，支持更多的用户连接。

目前，业界出现多种非正交多址技术，主要包括非正交多址（NOMA）、多用户共享接入（MUSA）、稀疏编码多址接入（SCMA）和图样分割多址接入（PDMA）等（见表1－6）。其中，NOMA是最基本的非正交多址技术，为5G系统规划设计提供帮助；PDMA是目前最复杂的非正交多址技术，能够适用5G的业务需求。

表 1-6   主要的非正交多址技术

项目	NOMA	MUSA	SCMA	PDMA
提出者	DoCoMo	中兴	华为	大唐
性质	功率域	码域	码域	空域、码域、功率域
在 5G 中的作用	距离基本要求有一定差距，对系统规划设计起到帮助	以降低系统性能为代价，提高同时频用户层数	多址接入量和业务调整方式适用于 5G 标准	寻址能力最强，信道容量最大，频谱利用率最高，满足 5G 业务需求

资料来源：IMT-2020（5G）推进组。
注：技术性能从左至右依次提高。

（3）新型多载波技术。

无线通信标准均需构建在特定的波形技术之上，波形对时延、吞吐量等性能指标起到重要影响。3GPP NR 标准确定为小于 53GHz 频段上的 eMBB 和 URLLC 业务的波形技术，其中下行采用正交频分复用（OFDM），上行同时支持 OFDM 和基于离散傅里叶变换扩展的正交频分复用（DFT-s-OFDM）波形。

在 4G 通信网中，CP-OFDM 具有有效对抗信道的多径衰落、较简单的均衡解调算法、成熟的多天线技术、支持频率选择性调度等优点，为了更好地支撑 5G 的新业务和新场景，OFDM 的一些特性需要进一步增强或改变。我国 IMT-2020（5G）推进组研究可以使用的技术包括 f-OFDM、UFMC、FBMC、FMT 技术和单载波技术（SC-FDE），华为、中兴、爱立信和上海贝尔等公司进行方案测试，验证新型多载波技术性能。有关 5G 的主要波形技术需求及改变方式如表 1-7 所示。

表 1-7   5G 的主要波形技术需求与改变方式

波形技术需求	改变方式
更高频谱效率	设计高性能滤波器
物联网业务支持	采用更低的 PAPR 设计，降低终端功耗
高速移动场景支持	采用更高的 numerology 设计，将时频域转换到时延多普勒域

波形技术需求	改变方式
灵活性	设计时考虑以人为中心的传统业务与以机器为中心的物联网业务之间的巨大差异
可扩展性	统一的波形实现架构
低复杂度	设计时考虑系统性能、基带实现、接收端波形检测的复杂度问题
与其他技术的良好兼容	设计时考虑融合新型调制编码、新型多址、Massive MIMO 等新技术

资料来源：IMT - 2020（5G）推进组，课题组制表。

（4）大规模天线技术（Massive MIMO）。

无线网络的丰富应用带动数据业务的快速增长，通信系统设计需要更加高效地利用带宽资源，提高频谱效率。

Massive MIMO 是对现有 4G 网络中 MIMO 技术的扩展和延伸，现有 4G 网络最多支持 8 天线端口并行传输，未来基站将配置从几十到上千的大规模天线阵列，利用空分多址技术（SDMA）在相同时频资源上同时服务多个用户，将带来巨大的阵列增益、分集增益和多用户复用增益，提升频谱效率。

2012 年，世界上第一款真正实现的多天线多用户波束成形系统 Argos 由美国莱斯大学、贝尔实验室和耶鲁大学开发完成。韩国三星、瑞典爱立信等公司也积极针对 Massive MIMO 进行研究和原型演示平台开发活动。2012 年起，我国国家重大专项、"863"计划等都开展了 MIMO 技术的研究工作。华为、清华、北京邮电大学等进行信道建模、信道估计、传输技术的研究工作，大唐电信、中兴通讯、中电 54 所、中国移动等单位开展了技术验证与样机的开发工作。中兴通讯是最早从事 SDMA 技术研发的，并分别于 2015 年和 2016 年在全球率先推出基于 TDD 和 FDD 的 Pre 5G Massive MIMO 方案，利用中兴的解决方案，运营商在进行网络部署时，既可以提前将 Massive MIMO 技术引入 4G 网络，成倍提升网络速率，又可以在 5G 时代直接过渡到 5G 标准，降低部署成本。

（5）新型调制编码技术。

好的编码调制和链路自适应方案可以为无线链路提供更大的数据吞吐量、更好的传输质量、更低的传输时延和能耗。从 2G 的卷积编码到3G、4G 的 Turbo 编码，从简单的可变码率的速率匹配到高级的自适应编码调制，调制编码技术不断演进。5G 场景的复杂化对调制技术提出差异化需求，例如 MTC 场景需要聚焦短码编码的性能，高清视频传输需要关注高吞吐量的编码调制技术，车联网需要研究降低译码延时、反馈延时和重传延时的编码调制技术。目前，3GPP 确定了 eMBB 应用场景中的信道编码方案（见表 1-8），即数据信道使用 LDPC 码，控制信道使用 Polar 码。此次华为主推的 Polar 码首次成为短码信令标准，代表中国在基础通信框架协议领域已经具备一定的话语权。

表 1-8　eMBB 应用场景的信道编码方案

项目	数据信道		控制信道
	长码	短码	
技术方案	LDPC	LDPC	Polar
主导	高通	高通	华为

资料来源：课题组制表。

2. 系统实现技术

（1）超密集网络技术（UDN）。

UDN 是满足 5G 系统容量需求的关键技术。通过无线接入点的规模部署，可以大大降低用户接入的距离，从而提高用户吞吐量以及区域的吞吐量。UDN 涉及的关键技术包括无线接入与回传联合设计、干扰管理与抑制和虚拟化技术。中兴从美国技术打压中迅速恢复，重回领先地位，已经率先通过国测三阶段所有项目，并在广州外场完成相关测试，其设备和技术可以支持中国移动的 5G 商用，应用场景包括 CBD、城中村、景区（人流量大）、购物中心、城市干道等（见表 1-9）。

表1-9　主要场景超密集网络部署

应用场景	流量密度需求特点		小基站覆盖	用户位置	各小区之间干扰情况	部署网络拓扑
	上行	下行				
办公室	高	高	室内	室内	大	
密集住宅	高	高	室外	室内、室外	大	
密集街区	高	高	室内、室外	室内、室外	大	
大型集会	高	低	室外	室外	大	
公寓	高	高	室内	室内	小	

资料来源：IMT-2020（5G）推进组，课题组制表。

（2）网络虚拟化（SDN/NFV）。

网络虚拟化可以最大限度地提高网络资源配置、开发最优的网络管理系统以及降低运营成本等。虚拟化后统一的硬件平台能够便利快捷地进行系统的管理、维护、扩容和升级，满足5G网络优质、灵活、智能、友好的整体发展趋势。当前，网络运营效率整体不高。运营商IP骨干网资源利用率约70%，非热点数据中心间的网络利用率不足30%。传统的运维模式不适应多业务、大连接和虚拟化的网络架构，70%的故障是手工配置错误，发生故障后维护成本很高，运营成本是基建费用的

3 倍以上。基站流量具有潮汐效应，忙闲时段有 4 倍差距，但由于对业务量没有精准预测，难以采用关停空闲基站等方法进行动态调整，运营商的电费支出约占网络运营总费用的 16%。

SDN（软件定义网络）和 NFV（网络功能虚拟化）是实现虚拟化功能的主要解决方案，受到主流运营商的高度重视，国内三大运营商分别提出网络重构目标（中国电信的 CTNet2025、中国移动的 NoveNet、中国联通的 CUBENet），核心是重新释放网络基础设施的巨大价值。NFV 已具备商用基础条件，将成为 5G 网络的底层技术。SDN 由于需要对整个网络架构进行重塑，短期内无法在运营商网络中进行商用，初期以在数据中心网络中应用为主。Google 公司已率先面向 SDN 转型，在多场景实现商业部署。中国移动的 SDN 方案分为 Overlay（层叠网）和 Underlay（底层网络）两种：Overlay 方案面向业务优化，无需大规模改造，灵活性较强可以高效响应业务需求；Underlay 方案面向网络能力提升，需要整网改造，规模效应明显，可以降低运营运维成本，形成运营商的核心竞争力。

3. 其他支撑技术

（1）移动云计算。

20 世纪 60 年代，美国科学家约翰·麦卡锡（John McCarthy）曾提出将计算能力作为公共设施提供给公众，使人们能像使用水、电那样使用计算资源。在谷歌、亚马逊等企业的大力推动下，云计算（Cloud-Computing）[①] 出现，涉及虚拟化技术、编程模式、数据存储管理技术、节能技术、云计算安全、资源调度等多项关键技术。随着开源技术的兴起，云计算向各个行业渗透融合，促进传统行业转型升级。近年来，国家给予支持政策助推产业发展，阿里巴巴、腾讯、华为等企业以及三大

---

① 在云环境下通过虚拟化技术建立的功能强大的、具有可伸缩性的数据和服务中心，为用户提供足够强的计算能力和足够大的存储空间。

运营商积极开展云计算服务，我国云计算正处于高速发展的阶段。信息通信技术（ICT）服务正在全面云化，企业上云成为重要趋势。预计到2025 年，85% 的企业应用将上云。在移动云计算中，每个移动终端都可以被视为接入基于云的资源池并提供服务的节点。移动云的技术分为软连接和硬连接两种（见表 1 - 10），前者以软件方式实现远程操控移动终端的技术，通常是利用应用程序实现用户远程与服务程序交互，并获取信息，后者通过硬件改造实现远程操控移动终端的技术，例如音视频编解码、触控及按键命令触发技术等。

表 1 - 10　移动云的关键技术

项目	软连接技术	硬连接技术
技术内容	远程控制服务，端口映射，屏幕分辨率适配等	音视频编解码与流媒体技术，触控及按键命令触发技术等
优点	改造较简单，上线周期短，成本低	理论上支持所有移动终端（智能、非智能），远程操控体验流畅，与移动终端本身硬件性能无关，支持音频交互
缺点	支持的移动终端少（仅限安卓、iOS、塞班智能终端），远程操控流畅性一般，主要受移动终端本身硬件性能影响，无音频交互	硬件改造复杂，上线周期长，成本高

资料来源：张传福，等 . 5G 移动通信系统及关键技术［M］. 北京：电子工业出版社，2018.

（2）网络切片技术。

网络切片是 NFV 应用于 5G 阶段的关键特征，通过一系列技术进行灵活定制，基于相同基础设施提供逻辑专有网络。3GPP 标准中定义了三种标准化切片/业务类型（见表 1 - 11）。

表 1 - 11　3GPP 定义的标准化切片/业务类型取值

切片/业务类型	SST* 取值	特性
eMBB	1	切片适用于处理 5G 增强型移动宽带，不限于一般消费空间移动宽带应用，包括高质量视频流、快速大文件传输等

续表

切片/业务类型	SST* 取值	特性
uRLLC	2	支持用户包括工业自动化（远程）控制系统在内的高可靠低时延通信
mIoT	3	支持大量和高密度的物联网设备

资料来源：中兴通讯。

注：SST* 为切片/业务类型。

通过网络切片，运营商只需结合不同业务需求，借助统一的虚拟化管理平台快速、动态地管理网络切片的具体配置，就可以在免受复杂的网路设计和部署困扰的同时，保证相关行业的业务竞争力（见图 1-7）。

2017 年，北京邮电大学的研究团队在 ITU-TSG13 全会上，展示了全球首个 5G 网络服务化切片管理编排原型系统，提交了 SBA 5G 网络切片标准化提案，这加速推进了网络切片管理编排系统在运营商网络的商用。

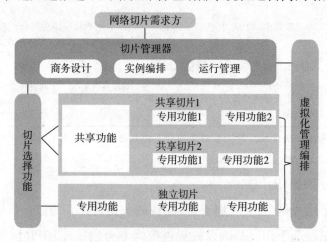

图 1-7 网络切片架构

资料来源：IMT-2020（5G）推进组。

（3）机器对机器通信技术（M2M）。

M2M 技术通过通信网络实现机器间的数据互联互通，是物联网现阶段最普遍的应用形式。目前，3GPP 标准以采用蜂窝网络承载 M2M 业务为主，未来更大份额的 M2M 市场是不适合采用蜂窝网络进行承载的，

M2M 数据业务较单一，多是周期性小数据包传输，用户低速或不移动，更重视的是网络的广覆盖、终端的低成本以及低能耗。目前，M2M 已在欧洲、美国、韩国、日本、中国等国实现了商业化应用，主要包括安全监测、机械服务和维修业务、公共交通系统、车队管理、工业自动化、城市信息化等领域。中国凭借全球制造中心的基础，以及国家政策和软件开发商的投资，将在全球 M2M 发展中发挥领先作用。

（4）终端直连技术（D2D）。

D2D 技术通过临近节点，使用授权频段、不经过基站的中继而使终端之间直接进行信息传输，为用户提供高速率、低功耗、低时延的近距离通信服务，提高系统频谱效率和能量效率，减轻基站的负载，降低运营商的运行成本。随着智能化终端的普及和基于用户地理位置信息业务（LBS）的兴起，D2D 应用将日益广泛，例如车辆通信、本地信息共享、紧急救援和公共安全等领域（见图 1－8）。酷派是最早进入 D2D 研究领域的移动终端公司，积极推动 D2D 技术的发展，截至 2018 年底获得 800 余项 5G 专利，其中 120 余项 D2D 专利，位居全球前列。

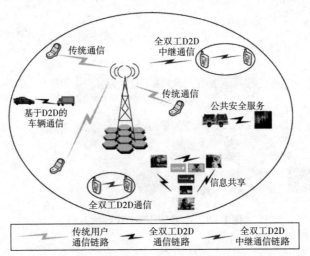

图 1－8　终端直连技术（D2D）技术的应用

资料来源：丁家昕，冯大权，钱恭斌，张楠. 全双工 D2D 通信关键技术及进展 [J]. 电信科学，2018，34（5）：107－114. 国家自然科学基金资助项目（No. 61701317）。

（5）边缘计算[①]。

边缘计算通过在终端设备和云之间引入边缘设备，将云服务扩展到网络边缘，具有实时数据处理和分析、安全性高、隐私保护、可扩展性强、位置感知及低流量的优势。

边缘计算可以在智能家居、车辆互联、医疗保健、移动大数据分析、智能建筑控制、海洋监测、智慧城市等多场景使用，目前处于发展初期阶段，全球边缘计算市场主要由欧美企业主导，亚马逊、谷歌和微软等云巨头位于前列，亚太地区的日本、韩国和中国也在积极布局相关应用，成为全球边缘计算研发、产业化的活跃地区。

由于小基站对于功率、覆盖、接入指标要求较低，部署更加靠近用户和场景，实现白盒化后适配开放的体系架构，可以拓展移动边缘计算（MEC）的功能，实现发生在站点覆盖范围内的业务处理和转发，数据流量不必经由核心网，用户时延缩短到毫米级，适合对本地处理要求高且场景较为封闭的业务，例如工业厂房内的数据交换，商业区的视频直播、AR/VR 等（见图 1-9）。

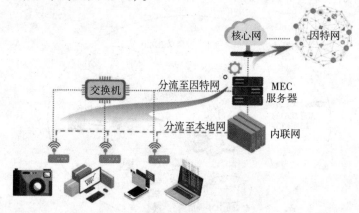

图 1-9　小基站作为 MEC 的入口

资料来源：课题组制图。

[①] 边缘计算产业联盟把边缘计算定义为：边缘计算是在靠近物或数据源头的网络边缘侧，融合网络、计算、存储、应用核心能力的开发平台，就近提供边缘智能服务，满足行业数字在敏捷连接、实时业务、数据优化、应用智能、安全与隐私保护等方面的关键需求。

(6) 情境感知。

情境感知是通过传感器及相关技术使终端设备具有感知当前情境的能力，通过获得的环境信息，进一步了解用户行为动机，主动提供服务。早期欧美国家开展了一系列情境感知服务的理论研究，实践应用涉及电子商务、新闻推荐、移动广告等领域。我国相关研究开展较晚，实践应用初步开展，阿里巴巴、豆瓣网、中科院图书馆等提供了基于情境感知技术的用户服务。情境感知技术的发展，一方面得益于终端设备内置高质量、多种类的传感器，另一方面基于设备情景感知框架的研发。在 5G 时代，传感器节点收集信息后，将通过云计算/边缘计算快速落实信息的处理和共享，更好地提供情景感知服务。

(7) 信息中心网络（ICN）。

ICN 颠覆了传统互联网以服务器和主机为中心的网络范式，是以信息内容为中心构建网络体系架构，解耦信息与位置关系，增加网络存储信息的能力，从网络层面提升内容获取、移动性支持和面向内容的安全机制能力。研究显示，ICN 在移动和约束场景下（如 IoT 应用），5G 网络的移动性支持、车载自组织网络、时延与中断容忍环境等均显示出优势。目前，ICN 处于发展初期阶段，存在多种技术方案，同时也在扩展性、移动性、安全性等问题上面临挑战，未来 ICN 将从局部的约束场景突破，对现有互联网进行补充并共存。

（三）5G 核心零部件：多数跟跑

5G 通信产业链涉及的元器件和芯片种类众多，我国 5G 零部件产业链具有较好的发展基础，但是部分领域亟待突破，处于"多数跟跑、部分并跑、个别领跑"的阶段。总的来看，基站、光纤建网和终端整机设备制造发展相对成熟，处于"领跑"阶段，少数零部件达到与国际"并跑"水平，以芯片、射频为代表的多数核心零部件仍处于"跟跑"阶段，国产程度较低，实力亟待加强。

从占全球市场份额和国产化程度两个维度来看，我国主要器件存在受制于人的风险问题。基站天线、基站滤波器等零部件处于低风险（具有国际竞争力），终端天线、光纤光缆等零部件处于中等风险（具备一定基础和国际竞争力），光器件等零部件处于中高风险（国产化技术初步突破），高端芯片等零部件处于高风险（国外垄断，近期难以突破）划分（见图 1－10、表 1－12）。

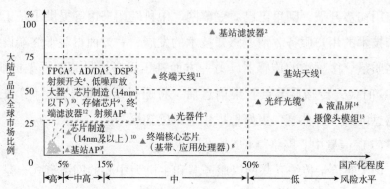

图 1－10　5G 通信产业部分器件竞争力及风险情况

资料来源：1. 市场份额来自 EJL Wireless Research LLC Estimates（July 2018）；2. 市场份额来自国人通信调研，国产化率来自中国信息通信研究院《我国 5G 通信产业链竞争力及风险性分析报告》；3. 市场份额来自 KnowMade《RF GaN Patent Landscape Analysis》；4. 市场份额来自中金公司《中国半导体—无线通信芯片：5G 推动射频前端结构性增长》，国产化率来自中国信息通信研究院《我国 5G 通信产业链竞争力及风险性分析报告》；5. 国产化率来自中国信息通信研究院《我国 5G 通信产业链竞争力及风险性分析报告》；6. 市场份额来自中投顾问《2017—2021 年光通信行业深度调研及投资前景预测报告》；7. 市场份额来自工信部《中国光电子器件产业技术发展路线图（2018—2022 年）》，国产化率来自中国信息通信研究院《我国 5G 通信产业链竞争力及风险性分析报告》；8. 市场份额来自芯谋研究 IC Wise，国产化率来自中国信息通信研究院副总工程师史德年演讲《智能终端发展态势》（第一届中国国际智能终端产业发展大会）；9. 市场份额来自芯谋研究 IC Wise，国产化率来自中国信息通信研究院《我国 5G 通信产业链竞争力及风险性分析报告》；10. 市场份额来自芯谋研究 IC Wise；11. 市场份额来自 Wind；12. 国产化率来自中国信息通信研究院《我国 5G 通信产业链竞争力及风险性分析报告》；13. 市场份额来自智研咨询《2018—2024 年中国双摄像头市场分析预测及投资前景预测报告》，国产化率来自中国信息通信研究院《我国 5G 通信产业链竞争力及风险性分析报告》；14. 国产化率来自中国信息通信研究院《我国 5G 通信产业链竞争力及风险性分析报告》；15. 其余数据来自课题组估算。

表 1-12 5G 通信产业链现状

产业链	器件类型	国外主要厂商	中国厂商	中国厂商基础实力	中国厂商中高频/高端发展能力	中国产业链风险
基站系统	天线	美国：康普、凯瑟琳	华为、京信通信、摩比发展	领先	领先	低
	滤波器	美国：康普 日本：村田、京瓷	国人通信、东山精密、大富科技、风华高科	领先	追赶	中
	功率放大器	荷兰：恩智浦 德国：英飞凌 美国：飞思卡尔、科锐、Qorvo、英特尔、MACOM 日本：住友电工	苏州能讯、三安集成、海威华芯、明夷	追赶	追赶	中高
	射频开关/低噪声放大器	荷兰：恩智浦 美国：Qorvo、ADI	声光电、明夷	追赶	受限	高
	驱动放大器	美国：ADI、德州仪器、Qorvo、MACOM	嘉纳海威、美辰微电子	追赶	受限	高
	AD/DA	美国：ADI、德州仪器、美信	声光电、航天时代	受限	受限	高
	FPGA	美国：英特尔、Altera、赛灵思	紫光国微、上海安路、复旦微	受限	受限	高
网络架构	光纤光缆	美国：康宁 意大利：普睿司曼 日本：住友电工、藤仓	长飞光纤、亨通光电、烽火通信、富通、中天	领先	并跑	低
	光模块	美国：Acacia 日本：住友电工、NTT电子、富士通		并跑	追赶	中
	光器件	美国：菲尼萨、博通、Lumentum、II-VI	光迅科技、昂纳科技、天孚通信	并跑	追赶	中
	DSP	美国：博通、英菲克	海思	受限	受限	高

产业链	器件类型	国外主要厂商	中国厂商	中国厂商/基础实力	中国厂商中高频/高端发展能力	中国产业链风险
终端设备	通信芯片	美国：高通、英特尔 韩国：三星	海思、紫光展锐、联发科	并跑	领先	中
	存储芯片	美国：美光、英特尔、MARVELL 韩国：三星、海力士 日本：东芝	紫光国微、长江存储、华澜微	追赶	受限	高
	芯片制造	美国：英特尔 韩国：三星	台积电、中芯国际、华虹	受限	受限	高
	CPU	美国：英特尔、AMD 日本：ARM	兆芯、龙芯	受限	受限	高
	天线	美国：莱尔德、安费诺、莫仕、Skycross 芬兰：普尔思	硕贝德、立讯精密、信维通信	追赶	并跑	中
	滤波器	美国：安华高、Qorvo 日本：村田 新加坡：RF360（TDK高通合资）	麦捷科技、德清华莹、好达电子	追赶	受限	高
	功率放大器	美国：Qorvo、思佳讯、安华高	紫光展锐、三安光电、海威华芯、稳懋	追赶	受限	高
	CMOS传感器	美国：索尼 日本：三星	豪威、思比科、格科微	并跑	追赶	中
	摄像头模组	韩国：LG、三星、高伟电子	欧菲光、舜宇光学、丘钛科技	并跑	并跑	低

128

产业链	器件类型	国外主要厂商	中国厂商	中国厂商基础实力	中国厂商中高频/高端发展能力	中国产业链风险
终端设备	图像数字化处理/视觉人工智能	以色列：Core photonics Ltd. ，EyeSight Technologies Ltd. 日本：Morpho, Inc.	虹软、华晶科技、商汤科技、旷视科技	并跑	并跑	低
	液晶屏	韩国：LG、三星 日本：JDI	京东方、华星光电、天马	并跑	并跑	低
	PCB	美国：迅达、新美亚	深南电路、东山精密、沪电股份、生益科技、华正新材、金像电子	并跑	追赶	中

资料来源：中国信息通信研究院，IHS Markit，各公司年报。

注：基础实力和中高频发展能力从高到低划分：领先、并跑、追赶、受限；大陆产业链风险从高到低划分：高、中高、中、低。

1. 基站系统中的核心零部件

（1）天线系统处中上游，天馈一体化受益充分。

天线系统[①]向 Massive MIMO 和天馈一体化方向发展。4G 时代首次引入 MIMO 技术，无线信道容量随着天线数量的增加而扩张，为满足5G 网络容量的需求，天线阵列运用了更先进的 Massive MIMO 技术。基站天线整体构造向集成化、轻型化演进，从 2G 到 4G 阶段主要为无源形态，4G 基站以"天馈系统 + RRU + BBU"为结构；在 5G 阶段，天线有源化、小型化可以极大地简化天面，提升部署效率和网络性能，3GPP（第三代合作伙伴计划）提出"AAU + DU + CU"结构（见图 1 – 11）。

---

① 天线系统包括天线和馈线，天线是接收或发射信号的直接工具，实现信号能量转换，馈线负责连接天线和射频系统。

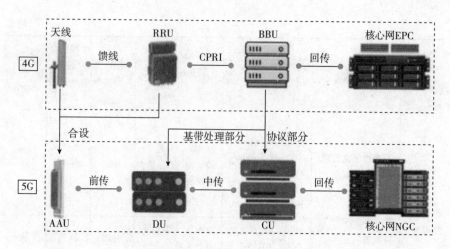

图 1 - 11　4G 和 5G 基站无线接入网架构对比
资料来源：中信证券。

国产天线行业伴随通信行业发展而快速崛起。从 1G 的空白、2G 的追赶到 3G 的突破，再到 4G 的并跑、5G 的引领，国外天线企业与国内龙头企业相比，已经没有技术与成本的优势。中兴通讯在 4G 时代率先提出并应用 Missive MIMO 技术，在 4G 基站实现包含 128 天线，设备重量仅 30 公斤。

2014 年开始，国产品牌天线全球发货总量占比超过 50%。根据 EJL 的数据，2017 年全球基站天线发货量为 453 万元，中国企业份额占比达到 63.3%，其中华为的天线市场份额约 32%，其次京信通信占 13%，摩比发展占 8%，通宇通讯占 7%（见图 1 - 12）。

天线系统的集成化带来加工工艺难度与附加值的同步提升。5G 的 AAU 中集成天馈系统和 RRU，将天线振子、滤波器、PA、连接器等器件集成在高频 PCB 上，取代 4G 的馈电网络。国内 PCB 产业发展迅速，根据 Prismark 的数据，大陆 PCB 产值逐年提高，到 2017 年占全球总产值的 50% 以上，东山精密（第 12 名）和深南电路（第 19 名）进入全球前 20 强。

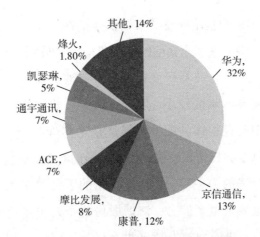

图1-12 2017年全球天线市场份额

资料来源：EJL Wireless Research.

（2）射频模块具备基础，部分器件国产化突破。

滤波器①低频实现国产化，高频产品受制于人。随着移动基站支持的网络频率提升，滤波器的制造工艺发生变化。3G、4G时期，金属滤波器由于具有成熟的技术和良好的性能成为主流技术方案。进入5G时代，在使用小型化金属腔体滤波器的同时，陶瓷介质滤波器凭借小型轻量、抗温漂②性能好等优势成为主要选择（见表1-13）。

表1-13 基站滤波器技术性能比较

类型	小型金属腔体滤波器	介质腔体滤波器	介质波导滤波器
承受功率大小	高	低	中
大小	大	小	小
成本	高	低	中
Q值	低	中	高

资料来源：灿勤科技、国华新材料、EMC-RFLabs、Lorch Microwaves.

注：Q值越大，则滤波器插入损耗越小，意味着选频特性越好，成本越低。

---

① 滤波器的主要作用是消除干扰杂波，让有用信号尽可能无衰减地通过，对无用信号尽可能地衰减。

② 温度漂移一般指环境温度变化时会引起晶体管参数的变化，这样会造成静态工作点的不稳定，使电路动态参数不稳定，甚至使电路无法正常工作。

全球 80% ~90% 的基站滤波器市场供应链在中国，国人通信作为龙头企业，是中兴、诺基亚、爱立信的第一供应商，分别占据 40%、22%、25% 的供应份额。国内滤波器厂商以生产金属滤波器为主，升级为生产小型金属腔体滤波器的难度较小。陶瓷介质滤波器性能由粉体配方和生产工艺决定，其中陶瓷粉体的配方和结烧是工艺难点。目前，介质滤波器供应商主要为日本的村田、京瓷，以及美国的 CTS、康普。国内陶瓷滤波器产业链企业以华为为主导，由山东精密的子公司艾福电子进行核心供应，大富科技也具备量产能力，鸿博股份的子公司弗兰德也正在研发和验证，中兴的核心供应商波发特（世嘉科技子公司）和爱立信的核心供应商国华新材料（风华高科）也具备陶瓷介质滤波器的供货能力。

功率放大器（PA）[①] 小批量供货，国产进度缓慢。目前，基站 PA 主要采用 LDMOS 和 GaAs 技术，未来中高频段将以 GaN 为主导。根据 Yole Développement 的数据，GaN 在基站功率器件市场占比逐步提高，2014 年仅占 11%，到 2017 年增加到 25%，预计 2025 年将主导基站功率器件市场。截至 2017 年底，GaN 射频市场总量接近 3.8 亿美元，预计到 2023 年，GaN 射频市场规模将增长到 13 亿美元，年复合增长率达到 22.9%（见图 1 −13）。

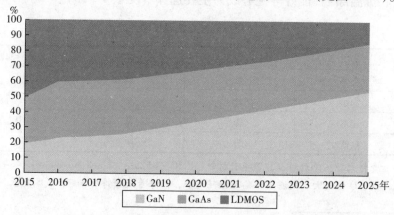

图 1 −13　2015—2025 年不同技术路线的基站功率放大器市场情况
资料来源：Yole Développement.

---

① 功率放大器是射频前端发射通路的主要器件，用于实现发射通道的射频信号放大。

　　基站射频 PA 由国际巨头垄断。传统 PA 主要由恩智浦（NXP）、飞思卡尔（Freescale）和英飞凌（Infineon）三家公司提供。GaN PA 的领先厂商包括科锐（Cree，旗下 Wolfspeed）、住友电工（Sumitomo Electric）、Qorvo 等。在专利方面，以碳化硅为基底的 GaN 的关键工艺专利主要由科锐掌握，东芝（Toshiba）、富士（Fujitsu）、三菱电气（Mitsubishi Electric）、Qorvo、雷神（Raytheon）和住友电工也拥有部分专利，以硅为基底的 GaN 专利则主要在英特尔（Intel）和 MACOM。大陆 GaN 射频产业链中，IDM 公司有苏州能讯，设计公司包括安普隆半导体（Ampleon，前身为 NXP 射频部）、海思半导体和中兴微电子，代工企业包括三安集成和海威华芯（见图 1 - 14）。

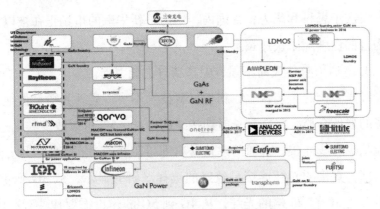

图 1 - 14　射频产业供应链情况

资料来源：Yole Développement.

2. 网络架构中的核心零部件

（1）通信网络设备快速发展，白盒化开启新时代。

　　网络白盒化伴随 SDN/NFV 的兴起而生。SDN 实现数据面与控制面分离，NFV 从黑盒设备中解耦出网络功能软件，支撑了数据面与用户面的分离，实现了硬件的白盒化。2018 年成立的 O - RAN 联盟[①]以网络

----

　　① 2018 年 2 月，在世界移动通信大会上，中国移动、美国 AT&T、德国电信、日本 NTT docomo 以及法国 Orange 等五家电信运营企业联合成立了 O - RAN 联盟。

智能化、接口开放化、硬件白盒化和软件开源化为目标，提升下一代无线通信网络的开放性。

白盒与开源给产业格局带来冲击。交换机是网络传输的核心，交换机硬件和软件的绑定一直是其价格昂贵的原因之一。与传统交换机不同，白盒交换机与软件解耦，企业只需购买硬件搭载第三方操作系统或原厂的开源系统即可使用，品牌价值被大幅弱化。除了节约成本，白盒交换机还具有提升网络编程性、增加网络自动化、增加网络覆盖面、更加灵活等多种优势。在海外，以思科（Cisco）为首的品牌交换机厂家垄断的市场，在数通领域遭到以 Arista 为首的白牌交换机厂家的猛烈冲击，2018 年 Arista 占据以太网交换机市场份额的 6.5%，跃升到全球第三位，仅次于思科和华为；在国内，华为、新华三的市场正在被以星网锐捷为首的白牌厂家快速蚕食。

（2）光通信整体大而不强，中高端自主能力差。

光纤光缆核心工艺自主，新型材料技术不足。光纤光缆是占绝对主导地位的通信介质，将在较长时期持续高增长。5G 可以改变移动连接，但不能减少有线连接，普通的建筑材料即可阻挡高频的 5G 信号。对于建筑内部，直接的光纤连接是较好的选择。研究显示，从 3G 到 4G 的建设需要比 3G 多 25 倍的光纤，从 4G 到 5G 的建设需要比 4G 多 16 倍的光纤。考虑我国 4G 基站密度已很高，光纤用量可按 4G 的 2 倍估算（见图 1 - 15）。

我国是全球最主要的光纤光缆市场。根据 CRU 的数据，2007—2016年中国光纤需求总量增长 6.5 倍，全球市场占有率达到 57.3%。通过光网改造工作，4G 移动网络向纵深覆盖，完成骨干网 IPv6 部署，构建云网互联平台，夯实为各行业提供服务的网络能力。通过光纤宽带升级，接入网络基本实现全光纤化，三家基础电信企业的固定互联网宽带接入用户总数达 4.07 亿户，其中光纤接入用户占 90.4%，100Mbps 及以上接入速率的用户占 70.3%。

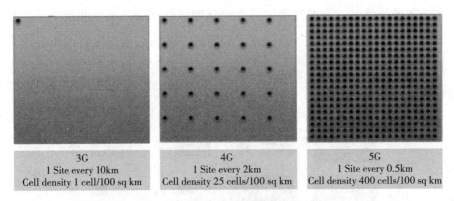

3G	4G	5G
1 Site every 10km	1 Site every 2km	1 Site every 0.5km
Cell density 1 cell/100 sq km	Cell density 25 cells/100 sq km	Cell density 400 cells/100 sq km

图 1-15　3G、4G、5G 覆盖密度对比

资料来源：Fiber Broadband Association.

我国掌握核心技术成为全球最大的光纤光缆制造国。中国裸纤产量占全球总产量的 65%，光缆产量则占世界光缆产量的 62%。经过 30 余年的研发，打破了之前光纤预制棒烧制技术被美国康宁、日本住友、欧洲普睿司曼等国外少数制造巨头垄断的局面。通过国产全套光棒生产工艺，光棒年生产量达 2200 吨，利用自主研制的石英退火管，拉丝速度提升 40%，每分钟超过 3000 米，是全球最快的光纤拉丝速度。中国将国际市场光纤价格从每芯公里上千元人民币，降低到每芯公里 80 元左右。国产光纤市场主要以长飞光纤、亨通光电、富通、中天和烽火通信五巨头为主，在满足国内基本需求的同时向国外扩张。

新型光纤光缆的研发和制造仍存在困难和挑战。一方面，制备超低衰减光纤芯棒的高纯度硅料和锗料基本依赖进口，高性能光纤涂覆材料也被国外垄断；另一方面，国外公司在新型光纤的研究上起步较早，相关知识产权已进行细致布局，给国内企业后续研发增加了难度。

光器件以低端市场为主，中高端产品刚起步。国产光通信器件占全球 25%~30% 的市场份额，但技术与国际领先水平还有较大差距。在光通信系统设备领域，华为、中兴、烽火通信等企业已成为行业的引领者。在器件领域，全球光通信行业的高端器件产品几乎全部由美国、日本的厂商主导，国内处于空白或研发阶段，国内厂商以民营中小企业为主，规模较小，研发和投入的实力较弱，主要集中在中低端产品的研发和制造（见图 1 - 16）。

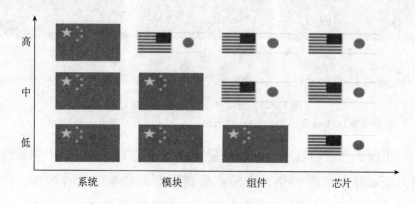

图 1 - 16 光通信产业领域的市场竞争力

资料来源：中国电子元件行业协会在 2017 年 12 月发布的《中国光电子器件产业技术发展路线图》（2018—2022）。

核心光芯片整体落后，发展受到严重制约。国内企业目前只掌握 10Gb/s 速率及以下的激光器、探测器、调制器芯片，以及 PLC/AWG 芯片的制造工艺和配套 IC 的设计、封测能力，整体水平与国际标杆企业有较大差距，尤其是高端芯片能力比美、日发达国家落后 1～2 代以上。我国光电子芯片流片加工严重依赖美国、中国台湾等国家和地区，缺乏完整、稳定的芯片和器件加工平台，难以形成完备的标准化光通信器件研发体系，给核心芯片和器件的研发效率也带来影响。工信部的研究显示，10Gb/s 速率的光芯片国产化率接近 50%，25Gb/s 及以上速率的国产化率远远低于 10Gb/s 速率，国内供应商可以提供少量的 25Gb/s PIN 器件/APD 器件，25Gb/s DFB 激光器芯片刚刚完成研发。25Gb/s 速率模块使用电芯片基本依赖进口（见图 1 - 17）。

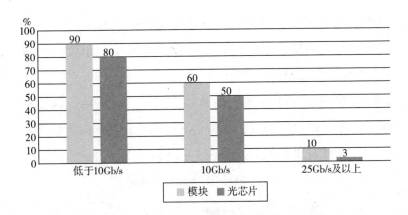

图1-17 2017年光收发模块及芯片国产化率
资料来源：工业和信息化部。

3. 终端设备中的核心零部件

（1）通信芯片设计能力领先，制造水平落后两代。

芯片是实现通信至关重要的部分，我国是芯片需求大国，但芯片相关技术与国际先进水平相比仍有较大差距。2019年，国产半导体收入将从2018年的850亿美元增长到1100亿美元。目前，国产芯片仅能满足自身需求的30%，每年进口芯片达2000多亿美元。

半导体行业通常有两种商业模式：第一种是集成器件制造（IDM），这类企业拥有从设计到制造、封装测试以及市场销售等全部职能，以英特尔为代表厂商。第二种是相关产业分工模式，由设计公司和代工厂分工协作，其中芯片设计公司只做设计，没有加工制造的能力(Fabless)，以高通、联发科、英伟达等为代表企业；代工厂（Foundry）则专门提供晶圆代工制造的服务，以台积电、格罗方德、中芯国际等为代表厂商。除此之外，还有一类企业聚焦IP设计领域，以ARM等为代表。

芯片设计的研发成本和技术壁垒相对稍低，是相对容易突破的环节。一款28纳米芯片设计的研发投入约1亿~2亿元，14纳米约2亿~3亿元，研发周期为1~2年。当前，我国芯片设计水平提升了3代以上，中星微、华为海思均已具备独立完成通信专用芯片设计能力，海思巴龙 5000 芯片采用的是全球最先进的 7 纳米工艺。

高通公司是基带芯片市场的领导者，2018 年三季度，高通公司占基带芯片市场份额的 48.7%，其次是联发科（12.5%）和英特尔（12.2%）。5G 基带芯片需要同时兼容 2G/3G/4G 网络，以及兼容全球不同国家、不同地区的频段，所需要支持的模式和频段大幅增加，目前已有多家厂商具有供货能力（见表 1-14）。

表 1-14　5G 基带芯片情况

公司	产品	发布时间	尺寸	意义
高通	Snapdragon X55	2019 年 2 月	7 纳米	
	Snapdragon X50	2016 年 10 月	7 纳米	全球首款 5G 基带芯片（支持 NSA 组网模式）
海思	Balong5000	2019 年 1 月	7 纳米	全球首款支持 SA 和 NSA 组网模式的芯片
	Balong5G01	2018 年 2 月	7 纳米	
联发科	Helio M70	2019 年 2 月	7 纳米	
三星	Exynos5100	2018 年 8 月	10 纳米	
英特尔	XMM 8160	2018 年 11 月	10 纳米	
	XMM 8060	2017 年 11 月	10 纳米	
紫光展锐	春藤 510	2019 年 2 月	12 纳米	

资料来源：各企业官网，课题组制表。

芯片制造工艺的国产化门槛更高，短期难以突破。目前，组建一条 28 纳米工艺的生产线约 50 亿美元，20 纳米工艺生产线高达 100 亿美元。根据摩尔定律，芯片上晶体管数每 18 个月增加 1 倍，性能提升 1 倍，成本降低一半。因此制造研发非常重要，只有掌握最领先的技术才能获取丰厚盈利。目前国内制造工艺提升了 1.5 代，32/28 纳米工艺实现规模量产，16/14 纳米工艺进入客户导入阶段。中芯国际是国内芯片制造厂商的突出代表，2019 年上半年可以实现 14 纳米的大规模量产，同时，12 纳米的工艺开发也取得突破。相比之下，台积电作为全球最大的独立半导体代工制造商，10 年前就推出了 28 纳米工艺，已经完成 7 纳米量产，预计 3 纳米工厂将于 2021 年投产并在 2022 年实现大规模生产，2019 年 6 月初台积电更是宣布正式启动 2 纳米工艺的研发。

截至 2018 年底，我国 12 英寸晶圆制造厂装机产能约 60 万片；8 英寸晶圆制造厂装机产能约 90 万片；6 英寸晶圆制造厂装机产能约 200 万片；5 英寸晶圆制造厂装机产能约 90 万片；4 英寸晶圆制造厂装机产能约 200 万片；3 英寸晶圆制造厂装机产能约 50 万片。虽然我国具有一定的晶圆制造能力，但是工艺线从设备到程序全部需要进口，并且受到美国的控制，以集成电路制造中的关键设备高能离子注入机为例，我国对该机器的使用受到美国的严格监管。

（2）通信模块实力提升显著，向多领域延伸突破。

通信模块[①]高度依赖上游芯片厂商，同时为下游各类终端设备提供多样化服务。5G 时代万物互联，每增加一个物联网连接数，就需要增加 1~2 个无线通信模块。全球物联网连接量从 2018 年至 2025 年将增加两倍至 250 亿个，物联网蜂窝模块销量在 2025 年将超过 1.9 亿个，智能制造、智能公用事业和智能移动应用将成为未来主要增长动力。

物联网向 4G/5G 和低功耗广域连接（LPWA）转变，带动相应模块升级。目前，国内 2G 模组市场份额占据 30%~40%，随着三大运营商逐步退出 2G 网络，模组出货呈现下降趋势，未来两三年以 4G 模组为主，5G 模组从 2019 年底开始销售，将在 2024 年超越 4G 模组的销量。NB–IoT 快速发展，到 2025 年将有 50% 的物联网采用 LPWAN 连接。我国已建成全球规模最大的通信网络，截至 2018 年底，我国 NB–IoT 基站约 100 万个，连接数为 5000 万个，按照规划到 2020 年，NB–IoT 基站数将达到 150 万个，连接数达到 6 亿个。

模组的价格是企业选择的关键因素。以 NB–IoT 为例，2G 模组单价约 3 美元，4G 模组单价 15~30 美元，价格根据不同的频段、使用地

---

① 通信模块是指将芯片及各类元器件集成，提供标准化接口的功能模块，终端设备连接模块后即可实现数据传输、处理等功能。

区、认证标准等因素浮动。高通的 5G 芯片和 5G 模组于 2019 年底上市，5G 模组单价为 3000 ~ 9000 元人民币。模组厂商的主要采购成本来自芯片，以移远通信为例，2018 年度芯片采购金额为 17.5 亿元，占总采购金额的 82%，其中主芯片（记忆芯片、射频芯片和基带芯片）占总采购金额的 75%。

从全球来看，通信模块市场长期由中国的芯讯通（日海智能收购）和加拿大的司亚乐（Sierra）两大供应商主导，其中司亚乐占据较多的利润。此外，泰利特（Telit）、金雅拓（Gemalto）、u - blox 等企业也拥有一定的市场份额。国内企业移远通信凭借低成本迅速崛起，2018 年从产品出库量、销售额和团队人数来看，都已成为全球第一的模块公司，广和通在智能 POS 市场快速发展，高新兴物联更加聚焦车联网的应用，从模组到 V2X 全方位协助吉利汽车进行网联化，合作车型超过21 种（见图 1 - 18）。

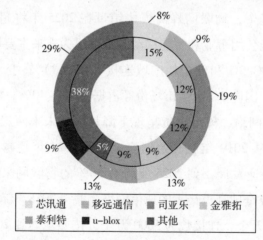

图 1 - 18　通信模块全球市场份额

资料来源：Counterpoint.

注：内环为出货量，外环为营收。

（3）射频前端基础薄弱，多数产品依赖进口。

在由 4G 到 5G 的演进过程中，射频前端模块需要处理的频段数量大幅增加，以及高频段信号处理难度的增加都会进一步提升终端内部射频器件复杂度，天线、滤波器、功率放大器等器件存在结构性增长机会（见图 1–19）。

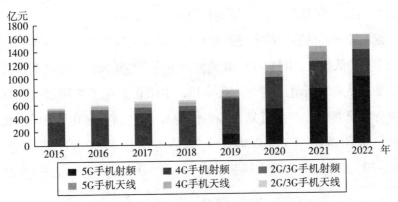

图 1–19　2015—2022 年全球终端射频与天线市场规模

资料来源：IHS Markit.

　　终端天线产品定制化明显，国产厂商依托下游崛起。从设计来看，终端厂商会在支持之前所有通信频段的基础上，针对 5G 新频段引入新的天线。最先应用的 Sub–6GHz 是 5G 中的低频频段，天线尺寸较 4G 不会有明显区别。Missive MIMO 技术的应用将增加终端天线的数量，但设计层面不会有本质变化，仅在 4G 天线的基础上进行性能的提升。从制造工艺和材料来看，手机的天线主要采用 FPC，为提高天线的性能，LCP、MPI 材料由于低介电系数和高频性能的优势将用于 5G 终端。在 4G 手机中，苹果公司已经开始使用 LCP 天线替代原有的 PI 天线，2017 年推出的 iPhone 手机均以 LCP 制作天线。

　　终端天线的定制化特点明显，大部分的天线由天线厂商和终端厂商合作参与设计、开发全过程，技术领先的供应商可以与下游客户保持稳定的供应关系，其创新驱动力也由下游客户的需求推动，并跟随客户的成长分享供应链成长红利。目前，以莱尔德（Laird）、普尔思（Pulse）、安费诺（Amphenol）、莫仕（Molex）、斯凯科斯（Skycross）为主的国际厂商占据全球移动终端天线市场主要份额，国内以硕贝德、立讯精密、信维通信（收购了莱尔德·北京）占据领先地位。伴随中国品牌手机份额的持续提升，国产天线厂商依托下游终端厂商的崛起，以及本地化的资源配合，市场规模呈现上扬态势。

　　滤波器等其他器件技术突破难度大，产品呈现集成化。SAW 滤波器一般工作于中低频段，BAW/FBAR 滤波器更适于高频通信。滤波器最关键的工序是高品质的压电层均匀一致淀积，中国企业在工艺层面与国际领先企业有明显差距，产品可靠性较低。SAW 滤波器主要由村田（MuRata）、TDK、太阳诱电（TaiyoYuden）、博通等美国和日本厂商供应（见图 1-20）。BAW/FBAR 市场基本被 Avago、Qorvo 垄断（见图 1-21）。

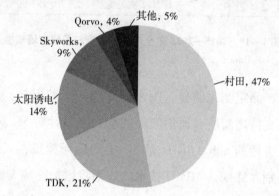

图 1-20　2017 年 SAW 滤波器的市场份额

资料来源：中金公司研究部。

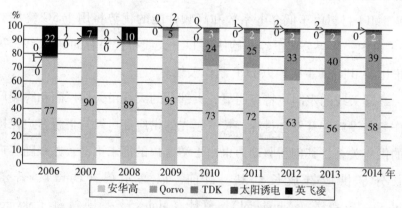

图 1-21　2006—2014 年 BAW/FBAR 滤波器的市场份额

资料来源：IHS Markit.

通信频段的增加和提高，射频器件的难度和价值也随之提升，但终端设备的空间有限，射频器件出现整合趋势，其中 PaMiD 模式具有高集成度，通常被旗舰款手机采用。由于射频前端集成化和全网通的技术趋势，射频行业从以功率放大器为核心的价值模式向"功率放大器 + 滤波器"的双重点演进，不同射频器件的供应商通过并购等模式互相渗透整合。从全球来看，思佳讯（Skyworks）、Qorvo、安华高（Avago）、村田、太阳诱电、TDK 等射频龙头都具备较全面的射频能力，既可以提供单一产品，也可以提供打包模组，并向全面的射频解决方案不断发展。此外，以高通为代表的基带厂商也进入前端市场，以更高集成度的模式吸引下游厂商。

三、5G 设备制造、关键技术和零部件面临的挑战

尽管我国不断加大 5G 的推进力度，但是目前产业链还是整体落后，呈现"多数跟跑、少数并跑、个别领跑"的状况。具体来讲，整机设备制造处于"领跑"阶段，通信网络的关键技术研究位列世界前沿，处于"并跑"阶段，多数零部件制造处于"跟跑"阶段，同时部分核心材料无法自给。5G 产业链整体上落后最直接的原因是长期以来我国在 5G 涉及的通信领域和半导体领域受制于人，在很多关键共性技术发展上落后于世界顶尖水平，有部分领域甚至完全空白，极大地影响了我国 5G 及相关产业的发展。虽然在设备制造环节，我国整机能力世界领先，华为更是做到了全球第一，但是 5G 设备制造中涉及的关键技术和零部件却在相当大的程度上被国外企业控制，有的甚至被单一来源控制。同时，在物联网等 5G 相关领域，特别是在车联网、高清视频等产业上，涉及的 FPGA 芯片、GPU 等零部件短期内难以突破，这也成为悬在我国 5G 建设头上的"达摩克利斯之剑"。

（一）芯片受制于人

在 5G 网络的构建过程中，涉及芯片设计（前端设计及后端设计）、

芯片制造、通信物理层核心技术和系统实现技术，其中通信物理层技术和系统实现技术是我国历来的强项，在核心技术上国内产业链受制于人最严重的是从原料到芯片的过程。在 5G 整机设备中涉及非常多的芯片，包括射频芯片、功放 mmW、中频芯片、主控芯片、多模软基带芯片等。"缺芯"难题是 5G 核心技术受制于人的关键。从产业链来看，从 IP、EDA 等设计工具到光刻胶等材料以及光刻机等设备都被国外企业控制。

1. 芯片设计能力严重落后

我国的芯片设计产业整体落后，主要表现在高端芯片设计受制于人，而且设计芯片用的 EDA 工具被国外企业垄断，同时存在对产业链 IP 严重依赖的情况。芯片设计从模式上分为 Fabless 和 IDM，IDM 是集设计、制造、封测为一体的企业，而 Fabless 只做芯片设计。随着芯片制造技术的提升，有能力承担巨额投资的企业越来越少，很多 IDM 企业纷纷剥离制造业务，专注于芯片设计。随着产业分工进一步细化，目前产业链形成了 IP、设计、晶圆、封装的上下游体系（见图 1-22、图 1-23）。

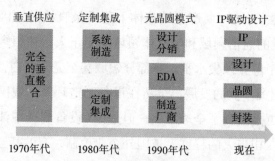

图 1-22 集成电路产业发展历史
资料来源：课题组整理。

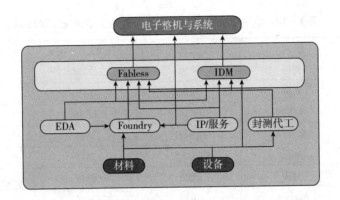

图1-23 芯片设计产业链现状

资料来源：王阳元. 集成电路产业全书［M］. 北京：电子工业出版社，2018. 课题组整理。

从全球芯片设计产业市场占有率来看，美国公司在全球芯片设计中的产值销售额占比领先地位非常稳固，2018年占比为68%，与2010年相比仅低了一个百分点（见图1-24）。全球前十的Fabless模式IC设计公司有6家美国企业（见表1-15）。

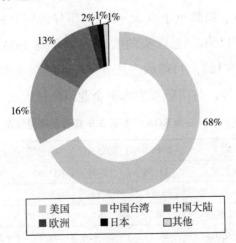

图1-24 Fabless公司按总部分地区IC销售额占比（2018年）

资料来源：IC Insights.

表 1-15　全球 Fabless 模式 IC 设计公司排名情况（2018 年）

排名	公司	总部	销售额/百万美元	同比增长/%
1	博通	美国	21754	15.6
2	高通	美国	16450	-4.4
3	英伟达	美国	11716	20.6
4	联发科	中国台湾	7894	0.9
5	海思	中国大陆	7573	34.2
6	AMD	美国	6475	21.5
7	Marvell	美国	2931	21.7
8	Xilinx	美国	2904	17.3
9	Novatek	中国台湾	1818	17.6
10	Realtek	中国台湾	1519	10.9
前十合计			81034	12

资料来源：IC Insights，WSTS.

（1）芯片设计工具受制于人。

IC 设计的各个环节均需要用到 EDA 工具，EDA 行业现在已形成了新思科技（Synopsys）、铿腾电子（Cadence）和明导国际（Mentor Graphics）三足鼎立之势。2017 年，三巨头的收入占据全球 EDA 行业总收入的 70% 以上（见表 1-16）。目前国内从事该行业的企业主要有华大九天、广立微、芯禾科技等，与国际顶尖水平企业差距极大。

表 1-16　三大 EDA 厂商近 5 年营收及研发情况

EDA 厂商		2014 年	2015 年	2016 年	2017 年	2018 年
明导国际	营业收入/亿美元	11.56	12.44	11.81	12.82	—
	研发支出/亿美元	3.49	3.81	3.81	4.12	—
	研发支出比重/%	30.2	30.6	32.3	32.1	—
新思科技	营业收入/亿美元	20.57	22.42	24.23	27.25	31.21
	研发支出/亿美元	7.19	7.76	8.57	9.09	10.85
	研发支出比重/%	35.0	34.6	35.4	33.4	34.8

EDA 厂商		2014 年	2015 年	2016 年	2017 年	2018 年
铿腾电子	营业收入/亿美元	15.81	17.02	18.16	19.43	21.38
	研发支出/亿美元	6.03	6.38	7.35	8.04	8.85
	研发支出比重/%	38.1	37.5	40.5	41.4	41.4
合计	营业收入/亿美元	47.94	51.88	54.20	59.50	—
	研发支出/亿美元	16.71	17.95	19.73	21.25	—
	研发支出比重/%	34.9	34.6	36.4	35.7	—

资料来源：各公司财报。

我国的 EDA 工具软件受制于人主要有几个原因：第一，产品线不够齐全。以华大九天为例，目前只有 3 个产品，没有能力支撑整个集成电路产业发展。第二，与先进工艺结合较弱。EDA 增长的根本驱动因素是设计复杂性，主要包括三个方面：一是先进的流程转向更小、更密集的技术节点（7 纳米、5 纳米和 3 纳米）转移；二是在更成熟的节点中优化设计，降低成本，同时提高速度和降低功耗；三是大量的软件内容正在成为芯片设计的一部分。整体而言，系统面临的挑战是确保芯片和软件能够很好地协同工作。这使 EDA 公司多与晶圆代工厂合作开发先进制程技术，依照制程通过代工厂验证后，EDA 公司则可开始接洽客户，进行设计开发。也就是说，国际巨头对于先进制程的技术熟悉度高，国内企业接触先进工艺机会较少。第三，资金投入不足。新思科技、铿腾电子及明导国际三家企业每年都投入巨额的研发费用，三家企业合计研发费用支出从 2014 财年的 16.71 亿美元上升到 2017 财年的 21.25 亿美元，占总营收的比重从 34.9% 上升到 35.7%。① 与之相比，我国自主的 EDA 软件企业投入远远不足，目前国内最大的 EDA 软件企业华大九天，从 2009 年独立至今总融资额不足 5 亿元，甚至不足国际顶级厂商一个月的研发投入。第四，研发人才缺失。据估算我国约有

---

① 数据来自三家企业的年报，因为明导国际被西门子收购，其 2018 财年以后的财务数据并未披露，故只统计至 2017 财年。

1500 人从事 EDA 研发，其中约有 1200 人在国际 EDA 公司的中国研发中心工作，真正为本土 EDA 做研发的人员只有 300 人左右。与此同时，全球最大的 EDA 公司研发人员大约有 7000 人，其中 5000 多人专做 EDA 工具，力量对比悬殊。

（2）对产业链 IP 的严重依赖。

随着芯片的设计从最早的晶体管集成到后来的逻辑门集成，发展到现在的 IP 集成，即 SoC（System on a Chip）设计技术，90% 以上需要 IP 授权或者通过自有 IP 进行集成设计。以高通骁龙的 820 芯片为例，其多核子系统中的 CPU 就源自 ARM。目前，国内的设计厂商很难绕过包括 CPU、DSP 核、总线及各种外设接口等外购 IP。对产业链 IP 的严重依赖是制约我国芯片产业发展的重要因素。

（3）IP 市场虽然不大，却是芯片产业极其重要的一环。

从产品特性上看，设计 IP 的主要应用产品分为处理器 IP①、有线接口 IP、物理 IP（Physical IP）和其他数字 IP，处理器 IP 主要用于微处理器；有线接口 IP 就是类似 SATA/以太网之类的 IP；物理 IP 主要用于模拟及混合信号、物理接口、存储单元和其他的数字 IP。根据 IP - Nest 的数据，2017 年全球 IP 产业贡献了 35.96 亿美元的营收，其中处理器 IP 是全球最大的 IP 族群，市场占有率高达 57.6%，占主导地位；有线接口 IP 占 18%，物理 IP 占 17.5%（见图 1 - 25）。虽然与整个芯片产业上千亿美元的销售额相比，IP 产业规模并不大，但是这些 IP 却是现代芯片运行的基础。以 ARM 为例，它们提供的 Coterx 系列和 Mali 系列 IP，就是 MCU 和移动处理器的关键组成。

---

① CPU、DSP、GPU、ISP 都属于处理器 IP。

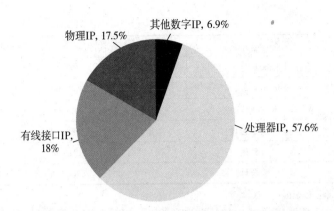

图 1 – 25　2017 年全球不同类别设计 IP 市场占有率

资料来源：IP – Nest.

（4）设计 IP 是一个被高度垄断的市场，国内企业几乎没有涉足。

根据 IP – Nest 的数据，ARM 已连续多年成为全球最大的设计 IP 供应商，而且 IP 供应逐渐向前十聚拢。根据 IP – Nest 数据，2018 年 ARM 的市场占有率高达 44.7%，排名第二的新思科技的市场占有率达 17.5%，全球前十位 IP 供应商占了 80.1% 的市场份额，市场高度垄断（见表 1 – 17）。在传统的 IP 方面，我国本土厂商基本上能提供的都是一些接口 IP，处理器 IP 等其他 IP 几乎是零产出。而在本土资本凯桥（Canyon Bridge）收购了 Imagination 之后，从某种程度来讲填补了 GPUIP 的空白，但市场占有率不足 5%，不足以扭转受制于人的基本情况。

表 1 – 17　2018 年全球设计 IP 供应商排名前十位

排名	企业名称	国家/地区	销售额/百万美元	市场占有率/%
1	ARM	英国	1610	44.7
2	新思科技（Synopsy）	美国	629.8	17.5
3	铿腾电子（Cadence）	美国	188.8	5.2
4	Imagination（国资收购）	中国	119.7	3.3
5	Ceva	以色列	77.9	2.2
6	芯原（Verisilicon）	中国	66.3	1.8
7	Achronix	美国	52.5	1.5

续表

排名	企业名称	国家/地区	销售额/百万美元	市场占有率/%
8	Rambus	美国	52.1	1.4
9	eMemory	中国台湾	47.9	1.3
10	Waves（Ceva 收购）	以色列	41.0	1.1
前十合计			2886.0	80.1
其他			716.6	19.9
合计			3602.6	100.0

资料来源：Gartner.

注：各企业提供 IP 类别：ARM 是 CPU、GPU、VPU 和 DPU 等产品的供应商，尤其是其 CPU 和 GPU，在移动市场和嵌入式市场有很强大的影响力；新思科技（Synopsy）是一家 EDA 厂商，同时也是有线接口 IP 的主要供应商。博通通过并购 LSI 和 Avago，获得不少 IP；Imagination 在几年前收购了 MIPS 之后，建立了 GPU 和 CPU 产品线的巨大影响力；铿腾电子（Cadence）和新思科技（Synopsy）一样，都是 EDA 供应商，在产品方面除了提供 DSP IP 之外，还提供模拟物理 IP、接口 IP 和验证 IP 等产品；Ceva 是一个专业的 DSP 供应商，此外还有 5G NR IP 和 NB－IoT IP 以及 AI 处理器 IP Neu-Pro；芯原（Verisilicon）提供了视频、通信和数字处理等 IP，在收购图芯之后，还可以提供 GPU 的 IP；Rambus 是一个专业的 DRAM IP 设计厂商；eMemory 是全球最大的逻辑制程非挥发性记忆体硅智财厂商；Waves 是蓝牙和 Wi－Fi 的半导体 IP 授权许可行业的领先者，由 Ceva 收购。

（5）国内对 IP 重视程度不够。

第一，半导体产业投资大多来自重视产值的政府投资。IP 虽然重要且技术含量高，但在产值上难以爆发，所以在地方政策支持上没有优势。第二，国内外资本偏好存在差异，国外资本市场相对来说更偏好公司的技术能力而不仅仅看产值，而国内正好相反。第三，相对领先的工艺从历史上看主要在海外，导致国内缺乏高端 IP 培育的土壤。第四，国内绝大多数的 IP 团队人员规模较小，在融资、发展、运营上都没有优势，很难创造出高价值的 IP。

2. 高端芯片制造能力亟待提升

紧随芯片设计之后的芯片制造也是产业链的重要环节。近年来，随着中芯国际的发展以及全国对芯片制造的重视程度越来越高，大陆的芯片制造能力有一定的发展，但是高端芯片制造仍然受制于台湾。

从产能上看，2018 年全球晶圆月产能为 1890 万片（等效于 8 英寸晶圆，以下相同），比 2017 年增长 5.5% 。中国台湾的晶圆产能规模最大，达到 410 万片／月；韩国次之，拥有 400 万片／月；日本为 320 万片／月；美国为 250 万片／月；中国大陆为 240 万片／月；欧洲最少，仅为 110 万片／月（见图 1−26）。

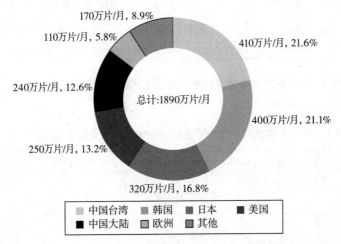

图 1−26　2018 年各地区晶圆产能规模（等效于 8 英寸晶圆）
资料来源：IC Insights.

尽管从产能上看我国的制造能力已经具备相当规模，但是 28 纳米以下的晶圆产能主要是由在华投资的三星（西安）和 SK 海力士（无锡）等外资晶圆制造厂商贡献的。本土晶圆制造厂商拥有的最先进技术的主体还处于 28 ~ 65 纳米的范围（见图 1−27）。

随着先进制程的持续演进，研发成本大幅增加，具备先进制程的厂商数量越来越少。2018 年，具备 28 纳米以下先进制程技术的纯晶圆代工厂仅剩台积电、联华电子、中芯国际、和舰芯片、华力微和格芯 6 家，16/14 纳米以下厂商仅有台积电、格芯、联华电子 3 家。三星于 2018 年四季度实现了 7 纳米的量产，台积电也于 2019 年一季度实现了 7 纳米的量产（见表 1−18）。从全球范围来看，半导体先进制程的竞赛体现了资本和技术的双维度角逐。

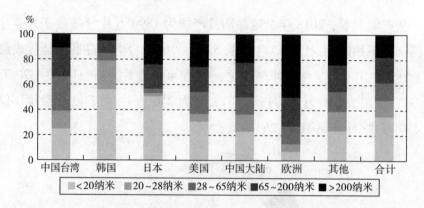

图 1 - 27 2018 年各地区特征尺寸晶圆产能占晶圆总产能比重
资料来源：IC Insights.

表 1 - 18 28 纳米以下工艺节点的半导体企业（含研发及量产）

22/20 纳米	16/14 纳米 FinFET	10 纳米 FinFET	7 纳米 FinFET	5 纳米
华力微	中芯国际			
格芯	联华电子			
台积电	格芯		中芯国际	
意法半导体	台积电	台积电	台积电	台积电
三星	三星	三星	三星	三星
Intel	Intel	Intel	Intel	Intel

资料来源：中芯国际《集成电路产业全书》。
注：灰色为 IDM 企业。

表 1 - 19 130 ~ 28 纳米工艺节点的半导体企业（含研发及量产）

130 纳米	90 纳米	65/55 纳米	45/40 纳米	32/28 纳米
其他	其他			
华润微	武汉新芯			
X - Fab	三重富士通			
世界先进	世界先进			
东部高科	东部高科			
华虹宏力	华虹宏力	其他		
TowerJazz	TowerJazz	武汉新芯		
力晶	力晶	华力微		

130 纳米	90 纳米	65/55 纳米	45/40 纳米	32/28 纳米
中芯国际	中芯国际	三重富士通	其他	
联华电子	联华电子	力晶	武汉新芯	
格芯	格芯	中芯国际	华力微	
台积电	台积电	联华电子	三重富士通	
精工爱普森	精工爱普森	台积电	力晶	
英飞凌	英飞凌	英飞凌	中芯国际	
德州仪器	德州仪器	德州仪器	联华电子	华力微
索尼	索尼	索尼	格芯	力晶
恩智浦	恩智浦	恩智浦	台积电	中芯国际
瑞萨	瑞萨	瑞萨	瑞萨	格芯
富士通	富士通	富士通	富士通	台积电
IBM	IBM	IBM	IBM	IBM
东芝电子	东芝电子	东芝电子	东芝电子	东芝电子
意法半导体	意法半导体	意法半导体	意法半导体	意法半导体
三星	三星	三星	三星	三星
Intel	Intel	Intel	Intel	Intel

资料来源：中芯国际《集成电路产业全书》。

注：灰色为 IDM 企业。

3. 芯片产业发展存在的问题

芯片产业是个庞大的系统工程，我国在争取解决"缺芯"难题的同时，还面临产业结构性问题凸显、投入规模与强度不够、人才数量与质量不足等其他问题。

（1）产业结构性问题凸显。

第一，从产品角度看，国内芯片产业的产品结构与需求之间出现了失配的现象。从服务器到个人电脑、可编程逻辑设备、数字信号处理设备、储存器以及终端 IP 核，国产品牌的市场占有率几乎为零，这就意味着国内芯片产业发展水平、设计能力与需求相比还有相当大的差距。第二，我国芯片产业的制造能力与设计需求之间也存在失配现象。以

14 纳米生产线为例，中芯国际量产时间落后于台积电约 4 年，但是华为海思、中兴的部分芯片设计能力已经达到全球领先水平。第三，在设计领域我国目前也存在结构性问题，我国部分企业已经掌握整个通信产业链中最复杂的数字芯片设计，但是模拟芯片和模数混合芯片的设计能力与国外最先进水平相比还有特别大的差距。

（2）投入规模与强度不够。

半导体是一个资金密集型产业，据统计 2018 年全球半导体资本支出为 774 亿美元，除了 2008 年和 2009 年受金融危机影响以外，大部分年份都在 500 亿美元以上，最近这几年甚至都在 700 亿美元以上（见图 1 - 28）。

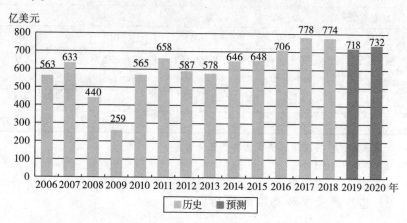

图 1 - 28　2006—2020 年全球半导体资本支出情况
资料来源：Wind.

近几年，我国半导体产业投入有所改观，根据 IC Insights 数据，2018 年我国半导体产业资本支出从 2015 年的约 22 亿美元跃升至 110 亿美元，占全球总支出比例从 3.4% 上升到 14.2%。① 尽管支出总规模还是比较落后，但是新增支出占比巨大。2015—2018 年，全球新增资本支出为 126.93 亿美元，我国新增支出为 88 亿美元，占全球新增支出的 69%。

① 根据 Wind 及 IC Insights 公布的数据计算。

除了投资总规模落后，投资强度不足也是一个重要的制约因素。半导体产业是高强度投资产业，三星、英特尔每年的研发投入都超过百亿美元。近年来，促进半导体产业发展已经是各界的共识，但带来的一个副作用是全国各地大造半导体。虽然我国的总投资也达到百亿美元的规模，但是投资分散使半导体产业资本支出难以形成合力，投资强度远远不够。

（3）人才质量与数量不足。

芯片产业是技术密集型产业，人才成为重要的制约因素。目前，我国芯片产业相关人才在数量和质量上都难以满足发展需求。根据《中国集成电路产业人才白皮书（2018—2019）》统计，截至 2018 年底，我国集成电路产业从业人员规模约为 46.1 万人，其中设计业有 16.0 万人，制造业有 14.4 万人，封测业有 15.7 万人，半导体设备和材料业有 3.9 万人。我国集成电路从业人员虽然持续增多，但总体人才缺口依然较大，预计到 2021 年，我国仍然存在 26.1 万人的缺口。与欧美发达国家相比，我国从业经验为 10 年以上的人员更少。高端人才、基础性人才的需求都得不到满足，巨大的人才缺口成为制约中国集成电路产业发展的关键之一。人才的缺乏最直接的结果是导致目前国内半导体产业互相挖人，严重影响产业生态。此外，据统计大陆从事芯片设计的工程师平均薪酬已经高于台湾，但整体的设计能力还比较弱，这意味着半导体企业面临产品质量不高但成本更高的局面，不利于产业的长期发展。

就存量市场而言，目前半导体行业工资没有竞争力是另外一个痛点，主要原因是互联网行业拉高行业工资水平，在芯片领域出现招人难、留人难的状况。半导体行业的薪资水平与互联网企业的热门岗位，尤其是大数据、人工智能等岗位的薪资相比明显逊色不少。计算机专业本科毕业，有几年工作经验的人工智能人才，月薪最高可以拿到 4 万元，考虑到许多互联网公司都会发 12 个月以上薪酬，最终年薪可能超过 50 万元。明显的薪资差异导致一些在基础架构领域具有深厚积累的芯片研发人才开始向互联网应用领域转型。人才短缺还有其他方面的因素，当下一些有国资背景的芯片企业在用人机制和引进人才方面，也不如互联网行业相关民营企业灵活。

（二）基础软件被"卡脖子"

除了 EDA 工具外，我国还有很多领域存在基础软件被"卡脖子"问题。主要表现在两个方面，一是供应风险，如谷歌曾对华为停止更新安卓系统；二是安全风险，实际上安全风险造成的问题在某种程度上比供应风险更加严重。2014 年，习近平总书记曾表示"没有网络安全就没有国家安全"，基础软件被"卡脖子"的现状急需扭转。

1. 基础软件被"卡脖子"现状

核心操控软件长期受制于人的现实是我国工业基础、产业基础面临的严峻问题。在中美贸易摩擦的背景下，这一问题随着安卓对华为的封禁彻底暴露出来。具体分别见表 1 - 20、图 1 - 29 和图 1 - 30。

表 1 - 20　我国基础软件被"卡脖子"现状

基础软件	名称	公司	国别	替代方案*
芯片设计	EDA 工具	新思科技	美国	无
		铿腾电子	美国	
		明导资讯	德国	
	通信 IP	ARM	英国	无
		新思科技	美国	
		博通	美国	
基础操作系统	Windows 操作系统	微软	美国	Linux 等
	安卓系统	谷歌	美国	无
企业应用	企业开源软件	IBM	美国	无
	数据库软件	甲骨文	美国	无

资料来源：课题组整理。

注：＊基本无法国产替代或者因高端而无法国产替代。

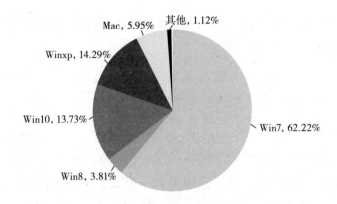

图 1 - 29　2018 年底我国桌面操作系统市场份额

资料来源：Wind.

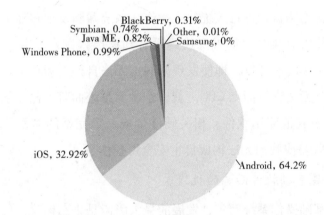

图 1 - 30　全球智能手机操作系统市场份额

资料来源：Wind.

2. 基础软件被"卡脖子"带来的安全问题

以基础软件中最为广泛的桌面操作系统为例，在长期被"卡脖子"之下安全问题尤为突出。

第一，存在被监控的风险。被监控就像"棱镜门"所表示的，是极其严重的安全风险。2018 年 3 月，美国通过"CLOUD 法案"允许政府跨境调取数据，这就意味着监控可能非常容易实施。如果用了美国的一些软件和设施，就存在被监控的风险。

第二，存在被劫持的风险。各种形式的"后门"可以使电脑黑屏、停止工作或者不正常工作。

第三，存在被停止服务或者禁售的风险。近期华为一度被安卓封禁，使华为手机的海外业务面临停摆风险，这样的事件还有再次发生的可能。

第四，存在证书、密钥失控的风险。我国的电子证书按照《中华人民共和国电子签名法》应该由国家统一发放，但在 Windows 10 操作系统中由于把可信计算整合在系统里，证书的发放及密钥管理均不在境内。

第五，无法自行进行系统补丁操作。系统漏洞发现和补丁更新与源代码的开放很有关系。如果源代码没有知识产权则没法共享，进一步地，如果源代码不开放，即使发现漏洞也无法自行更新补丁。

第六，无法支持国产CPU。就一个生态系统而言，操作系统必须要和 CPU 以及其他应用软件、相关硬件形成一个完整的体系。目前形成的 Wintel 联盟使我国无法构成自主安全可控体系。

3. 发展基础软件面临的挑战

对于基础操作系统而言，发展的最大障碍是生态构建，包括向下与CPU 形成生态，向上与应用软件形成生态。同时，聚焦操控软件的国内企业很少。以华为为例，华为企业业务主要聚焦企业 IT 解决方案，上游主要为网络设备、服务器和存储产品等。华为的专注力仍在网络设备领域，而服务器所需要的 CPU、GPU、存储器和操作系统较少涉及。华为基于手机芯片的基础也发布了 ARM 架构的服务器芯片鲲鹏 920，但目前基于 ARM 的服务器生态尚未建立起来，暂时难以替代目前的X86 体系，而且 ARM 授权也存在一定的风险。

（三）部分关键零部件被国外控制

我国以芯片、射频为代表的多数关键零部件仍处于"跟跑"阶段，国产化程度较低，实力亟待加强。为了满足5G中高频的特性，所涉及的材料、器件发生了巨大变革，部分变化导致材料、器件受制于人的状况更为严峻，甚至部分相关材料及器件短时间内没有替代方案（见表1-21）。

表1-21　材料、器件受制于人现状

材料、器件	公司	替代方案*
通信用模拟器件	ADI	无
FPGA芯片	赛灵思、英特尔	无
AD/DA	亚德诺、德州仪器、美信	无
DSP	博通、英菲克	无
滤波器	村田、RF360、安华高、Qorvo	无
功率放大器	Qorvo、思佳讯、安华高、稳懋	无
光器件	朗美通、贰陆红外、菲尼萨	无
氮化镓（GaN）	恩智浦、飞思卡尔、英飞凌	无
光刻胶	JSR、TOK、罗门哈斯	无
高纯氢氟酸	瑞星化工、大金、森田化学	无

资料来源：课题组整理。

注：＊基本无法由国产替代或者因高端而无法由国产替代。

1. 部分关键材料无法自给

半导体光刻胶。半导体光刻胶是光刻胶中最高端的产品，我国企业高端半导体光刻胶市场占有份额低。2017年，我国半导体光刻胶市场份额占全球32%，居全球第一位，但适用于6英寸硅片的g/I线光刻胶的自给率约为20%，适用于8英寸硅片的KrF光刻胶的自给率不足5%，适用于12英寸硅片的ArF光刻胶则完全依靠进口。国内市场为日本、美国企业所占据，尤其是高分辨率的KrF和ArF光刻胶核心技术基本被垄断，产品也出自垄断公司（见图1-31）。

高纯氢氟酸。氟化氢（HF）也称为"氢氟酸"。电子级氢氟酸是半导体行业中的关键辅助材料之一，在集成电路制造过程中用于晶圆表面清洗、芯片加工过程的清洗和腐蚀等。目前，电子级氢氟酸主要运用在集成电路、太阳能光伏和液晶显示屏等领域，其中第一大应用领域是

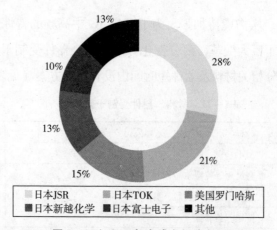

图 1-31　2018 年全球光刻胶市场份额

资料来源：任雪艳，李亭亭. 我国 OLED 显示配套关键材料技术及产业发展挑战［J］. 新材料产业，2018（2）.

集成电路，约占电子级氢氟酸总消耗量的 47.3%；太阳能光伏领域占比约 22.1%；在液晶显示器领域占比约 18.3%。根据富士经济预测，2019 年全球高纯氢氟酸销量为 11.2 万吨，销售额约 14 亿元。从应用领域来看，高纯氢氟酸的 70% 用于清洗，30% 用于蚀刻。在全球高纯氢氟酸市场中日本企业居于绝对主导地位，瑞星化工、大金、森田化学三家日本企业合计市场份额超过 93%，高度垄断市场（见图 1-32）。

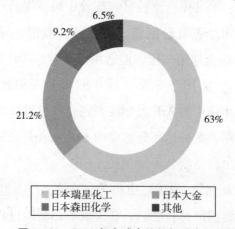

图 1-32　2018 年全球高纯氢氟酸市场份额

资料来源：任雪艳，李亭亭. 我国 OLED 显示配套关键材料技术及产业发展挑战［J］. 新材料产业，2018（2）.

2. 部分关键器件被垄断

（1）FPGA 芯片被"卡脖子"问题严重。

FPGA 具备可编程、灵活性高、开发周期短、并行计算效率高的优点。随着 5G 网络的发展，FPGA 将在人工智能、大数据、云计算、智能汽车、物联网和边缘计算中普遍应用，FPGA 市场将迎来需求高峰。根据 Global Market Insights 的预测，FPGA 市场在 2015—2022 年将保持8.4% 的年复合增长率，到 2022 年市场总规模有望超过 99.8 亿美元。目前，该市场主要被赛灵思与英特尔占领，这两大巨头垄断全球市场份额约87%，形成这种局面的原因主要是 FPGA 开发技术门槛非常高，赛灵思与英特尔相关的专利达到 6000 余项，形成了较强的壁垒。我国是FPGA 消费的大市场，规模占全球市场的 1/3，而国产 FPGA 市场占有率不到 3%，政府部门国产应用率不足 30%，且主要是以兼容产品替代为主。国产 FPGA 则基本分布在中低端市场。

（2）高端光器件仍是空白。

目前，高端光模块中芯片成本占比超过 70%，而随着光器件集成度的提升，这个比例有望继续提升。光模块内的芯片分为发射端的光芯片和接收端的电芯片。光芯片又分为 DFB、EML、VCSEL 三种主要类型，分别应用于不同传输距离和成本敏感度的应用场景。高端光电芯片的技术基本被掌握在美国和日本厂家手里，以 Finisar、Lumentum、Avago、Oclaro、Inphi 和博通等为首的北美企业与三菱、住友和瑞萨等日本企业在高速光芯片方面占据了技术制高点。其中，美国厂商在高速率电芯片方面实力较强，目前难以找到替代厂商。在国产芯片方面，目前 10Gb/s 速率的光芯片国产化率接近 50%，25Gb/s 及以上速率的国产化率远远低于 10Gb/s 速率，国内供应商除可以提供少量的 25Gb/s PIN器件/APD 器件外，25Gb/s DFB 和 EML 激光器芯片刚刚完成研发。25Gb/s 以上速率模块使用电芯片基本依赖进口。

（3）国产滤波器亟待突破。

在 SAW 滤波器方面，滤波器的供应商主要是美国和日本厂商，包括 Qorvo、博通（收购 Avago）、Skyworks、村田、TDK 和太阳诱电。其中，村田占据了 SAW 滤波器 50% 的市场，紧跟其后的是 TDK。而 BAW 滤波器基本上是由 Qorvo 和安华高垄断。中国企业面临专利和工艺两大难题，目前只在低端的 SAW 滤波器市场上有量产，供应商有麦捷科技、中电德清华莹、华远微电和无锡好达电子，其中只有无锡好达和华远微电打入了手机市场。目前，国内厂商的滤波器都无法做进集成模块，只能做成低端外挂的分立器件，滤波器成为中国厂商进军手机射频前端的最大门槛。

（四）5G 企业频频被外国政府恶意打压

自 5G 产业发展以来，特别是在中美贸易摩擦的背景下，美国为了遏制我国 5G 发展的领先态势，采取了一系列措施造成我国企业面临不公平竞争的状况。

1. 切断我国上游供应链

借助销售禁令对个别企业进行精准打击。2018 年 4 月 16 日，美国商务部发布禁令，禁止美国公司在 7 年内向中国中兴通讯公司销售零部件、商品、软件和技术。在美方禁售令下，中兴公司包括生产、销售、售后等在内的经营活动几乎完全陷入停滞。美国借销售禁令对中兴实施精准打击，进一步压制我国 5G 产业发展。

利用出口管制切断重点企业的上游供应。2019 年 5 月 15 日，美国商务部把华为及其 68 家关联企业列入出口管制"实体清单"，美国企业要和"实体清单"上面的企业合作，就需要向美国政府申请许可证，否则不合法。美国此举旨在切断华为等我国主要 5G 企业得到生产产品所需的来自美国公司的软件和硬件供应。随后，英特尔、高通、赛灵思、博通等芯片厂商中止向华为供货。此后，美国还不断扩大"实体清单"范围：6 月 21 日，将中科曙光等 5 家科研机构列入；8 月 19 日，将 46 家华为旗下子公司列入；10 月 8 日，将海康威视、科大讯飞等 8 家企业列入。

2. 压缩我国企业市场空间

禁止采购华为、中兴的设备。美国联邦通讯委员会（FCC）于 2018 年 4 月抛出了一份禁购令：将禁止美国运营商使用联邦补贴购买可能对国家安全造成威胁的公司的设备。2018 年 4 月 19 日，美国国会美中经济与安全审查委员会发布报告称，中国政府"可能支持某些企业进行商业间谍活动，可能对国家安全造成威胁"，华为赫然在列。2019 年 5 月 15 日，美国总统特朗普签署行政命令，宣布进入国家紧急状态，允许美国禁止被"外国对手"拥有或掌控的公司提供电信设备和服务。2019 年 11 月 22 日，美国联邦通信委员会（FCC）刊发文件禁止其通用服务基金（USF）资助的项目中使用华为和中兴的设备。除了在本国市场对我国企业进行打压阻遏外，美国还唆使其传统盟友以及由美国、英国、澳大利亚、加拿大和新西兰的情报机构组成的"五眼联盟"共同抵制我国企业的 5G 产品。

3. 迫使我国部分企业外迁

使用关税政策迫使我国企业外迁。在中美贸易摩擦中，美方针对 2000 亿美元中国出口美国的商品提高关税，从 10% 上调至 25%，对通信产业链上的企业造成很大影响。出于对未来国际形势的不确定性考虑，一些国内企业以及国际厂商都准备将生产基地转移到东南亚国家，在产品的供应链上"去中国化"。

通过产业链上下游关系游说我国企业外迁。目前，我国已经在部分零部件上实现了从"跟跑"到"并跑"的跨越，而且有相当一部分产业链上的专业化企业通过全球的市场竞争获得了发展的机遇，最终达到了全球一线的水平。然而在中美贸易摩擦的背景下，产业链上部分企业面临国外客户采取不公平竞争措施的形势，包括劝说我国企业外迁研发中心、制造中心，否则将在采购中进行限制，同时在谈判名录中强行加入韩、日等其他国家竞争力不强的同行企业，对我国产业链上部分企业造成严重的困扰。据部分企业反映，苹果公司要求主要供应商将15%～30%的产能从中国转移到东南亚地区。

（五）5G 产业发展面临欧美技术遏制

2018 年以来，美国强化了对我国科技交流、敏感技术出口、投资等方面的管控，中美经贸摩擦不断向高科技领域攀升，我国 5G 产业发展的国际环境发生了显著变化，而且还有进一步恶化的趋势。

1. 欧美对我国长期实施技术遏制

1949 年 11 月，为了在经济上遏制社会主义阵营，美国和西欧一些国家联合成立了一个多边出口控制协调委员会，因总部设在巴黎，又称为"巴黎统筹委员会"，简称"巴统组织"。日本后来也加入进来。"巴统组织"有三份控制清单，即国际原子能清单、国际军品清单和工业清单。这些清单具体规定何为有战略意义的货物和技术，范围包括工业机械、电子设备、运输设备、金属、矿物及其制成品、化学类和石油产品、武器军火和海空军装备、原子能物质和设备等领域。

从一开始，中国就在"巴统组织"技术封锁的对象之列，对华高技术禁运基本上贯穿了整个冷战时期。在西方的歧视和遏制下，新中国在独立自主地建设现代工业体系的几十年里，许多我们亟须的先进技术装备、精密工作母机从西方国家那里都是买不到的。

改革开放使中国赢得了千载难逢的发展机遇，但是西方对中国的限制、遏制、围堵并没有停歇。冷战后，美国以及西欧各国又联合出台"瓦森纳协议"，继续封锁中国，规定了继续禁运范围，某些国际合作项目不让中国参加，如国际空间站项目，连俄罗斯都是重要成员国却偏偏不让中国加盟。同时，美国还对其欧洲盟友与中国开展技术合作百般阻拦，如欧盟于 2005 年就曾尝试取消相关政策，但因美国对其施加强大压力而失败。

2. 国外技术遏制出现新变化

新变化的主要特征为：在法律的框架下不断扩大遏制范围，遏制手段逐渐丰富，遏制目标更加精准，遏制行动国际化。

第一，美国对科技和经济活动的干预是以法律的形式贯彻实施的，包括《经济间谍法案》《出口管制改革法案》。对中兴、华为的制裁从表面上看都是美国依法行事，但实际上贯彻了美国的政治意志。

第二，技术遏制的范围不断扩大，表现为出口管控范围的扩大①及对外国投资审查范围②的扩大。

第三，技术遏制手段五花八门。在特定领域禁用中国技术与产品③；在政府研发方面终止向参与中国的人才计划个人提供资助；在国内舆论方面积极引导对中国技术、产品、企业不利的不信任。

第四，遏制目标更加精准，先后将华为、海康威视等多家中国高科技企业列入"实体名单"。

第五，美国非常重视与盟国在国家安全领域的合作，与盟国沟通或者施加压力，将中国通信企业排除在采购名单之外。

综上，美国逐渐加强对科技和经济领域的国家安全管控，同时试图利用超级大国的地位、优势以及长臂管辖原则，联合盟国遏制以中国为首的其他竞争对手。

（六）我国的 5G 人才面临国际干扰

特朗普政府自上台以来，逐步收紧对华科技人员交流已成趋势。根据美国国务院临时事务局发布的"月度非移民签证发放数据"，自 2017 年 3 月以来，平均每个月美国对华发放签证总量减少 1013.8 件。印证

---

①　参见美国商务部工业与安全局于 2018 年 11 月发布的《针对某些新兴技术的管控审查》。
②　自 2018 年 11 月 10 日起，美国外国投资委员会扩大其管辖及审查范围。
③　《2019 财年国防授权法案》禁止美国联邦机构使用华为和中兴提供的技术和设备。

了近期频繁出现的我国学者赴美遭受签证拖延乃至拒签的现象。同时，美国还加强对华裔科学家参与我国人才计划或联合研究等学术活动的监控。此外，美国还重点限制我国公民短期赴美访问及我国学生赴美攻读理工类学位或参加相关研究。根据美国国务院临时事务局数据，2018年5月起，美国突然收紧了对华学生（F1 类）签证，当月从过去单月最高超 10000 件下滑至不足 6500 件。但在 2019 年 G20 大阪峰会上，特朗普又公开表示欢迎中国留学生，这种摇摆的政策对我国赴美留学生造成了较大的困扰。与此同时，美国仍然继续吸引我国优秀技能人才赴美工作，甚至相关签证还有所放松。

四、5G 设备制造、关键技术和零部件的发展策略

（一）加大投入，突破关键技术、零部件受制于人的瓶颈

习近平总书记在 2018 年 5 月的两院院士大会上明确指出："实践反复告诉我们，关键核心技术是要不来、买不来、讨不来的……以关键共性技术、前沿引领技术、现代工程技术、颠覆性技术创新为突破口，敢于走前人没走过的路，努力实现关键核心技术自主可控。"在 5G 产业链中，从材料到零部件、设备、软件等都存在被"卡脖子"的现象，急需实现科学的追赶。

针对不同情况采取差异化策略。鉴于我国无法在短期内实现全部核心零部件国产替代，有必要根据不同情况采取差异化替代策略。对于像组网用光学元件以及 DSP 等完全依赖美国的关键零部件，要加快组织实施技术攻关，大力推进自主创新及替代应用。同时，有效管控中美经贸摩擦向科技等领域蔓延，提前进行采购储备，为我国摆脱依赖争取时间。对于有替代方案的新材料，要充分利用好我国超大规模市场对国际领先企业的吸引力，鼓励相关企业、研究院所与其开展国际合作，支持其研发、生产落户境内，降低被美国拉拢对我国实行联合断供的风险。

对于我国具备优势的领域，如封测环节，要"长板加长"，采取多种方式形成垄断局面，打造反制裁撒手锏，形成有力威慑。

1. 集中突破被美国垄断的关键技术和零部件

所谓"被美国垄断"即指除了美国，没有任何可替代方案的技术。以 EDA 工具为例，尽管除了新思科技及铿腾电子外还有明导资讯，但是目前全球手机、通信芯片的设计软件几乎都是使用新思科技的 EDA 工具，在这种情况下受制于人的形势非常严峻。与此不同的是存储芯片，目前全球存储芯片总体上呈现韩国主导的局面。这意味着即使中美贸易摩擦继续恶化，如果美光、英特尔、西部数据被排除在中国市场之外（见图 1 – 33），那么韩国的同行将会迅速填补这一部分市场空白。

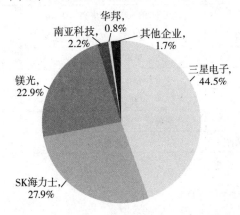

图 1 – 33　2017 年三季度末全球 DRAM 市场份额

资料来源：IHS Markit.

尽管模拟和模数混合的芯片在国内才刚刚起步，与国外最先进的水平相比还有特别大的差距，但是在模拟芯片市场上，除了德州仪器、亚德诺、思佳讯等美国企业外，还有英飞凌、意法半导体、恩智浦等其他来源。因此，聚焦单一来源的关键核心技术是一个比较合适的策略（见表 1 – 22）。

表 1 - 22　单一来源的关键技术

	关键技术	公司	是否为单一来源
基础软件	EDA 工具	新思科技、铿腾电子、明导国际	美国
	手机安卓系统	谷歌	美国
	Windows 操作系统	微软	美国
	数据库软件	甲骨文	美国
	通信 IP	高通	美国
	企业开源软件	IBM	美国
零部件	通信用模拟器件	ADI、德州仪器等	否
	FPGA	赛灵思、英特尔	美国
	AD/DA	亚德诺、德州仪器、美信半导体	美国
	DSP	博通、英菲克、德州仪器	美国
	滤波器	村田、RF360、安华高、Qorvo	否
	功率放大器	Qorvo、思佳讯、安华高、稳懋	否
	LCD/OLED	三星电子、京东方	否
	PCB	Rogers、生益科技	否
	硬盘	希捷、西部数据	美国
	光器件	朗美通、贰陆红外、菲尼萨	美国
	组网用光学元件	应用材料	美国

资料来源：课题组整理。

（1）大力发展国产 EDA。

以 EDA 工具为例，伴随着新思科技对华为断供，如何解决 EDA 软件被"卡脖子"成为关注的焦点。实际上此刻发展国产 EDA 确实正当其时。根据 DIGITIMES Research 的数据，2018 年在全球十大 Fabless 企业半导体营收排名中，海思排在第 5 名，前 4 名分别是博通、高通、英伟达和联发科。而且在前十大厂商中，华为海思营收增速最快，达到 34.2%。根据 IC Insights 的数据，在全球前 15 位半导体供应商中，华为海思排名第 14，同时也是唯一进入该名单的大陆企业。2019 年一季度，海思半导体销售额达 17.55 亿美元，同比增长 41%，为前 15 位中增长最快的厂商，而全球前 15 位半导体厂商总的销售额同比下降

16%。随着我国芯片设计行业的增长，预计 2020 年我国 EDA 市场将超 10 亿美元，并保持两位数以上的增长。由于国内 EDA 工具企业的落后，我国 EDA 市场基本被三大厂商瓜分。据统计，2017 年我国 EDA 市场份额共 5 亿美元，三大厂商占 95% 以上，国产 EDA 只能在夹缝中求生存。同时，三大厂商来自大陆市场的营收也逐渐增加。以铿腾电子为例，从 2016 年到 2019 年一季度，其来自中国大陆的营收占比从 8% 提高到 10%。① 同时，随着 5G 技术的发展，芯片设计将得到越来越广泛的应用。新思科技在台积电的 7 纳米 FinFET 工艺中赢得了 250 多项 IP 奖项，涵盖了广泛的应用领域，提供业界最广泛的构建模块，满足了当今人工智能、汽车、物联网、云计算等最复杂的设计要求。这意味着潜在的 5G 应用厂商习惯使用既有的 EDA 软件，国产 EDA 工具在 5G 时代将彻底丧失话语权。可以说，发展自主产权的 EDA 软件时不我待。

（2）在开源 IP 上努力追赶。

近来受海内外开发者欢迎的 RISC – V 会是我国厂商的一个机会。国家应该给予支持，把从事基于 RISC – V 开发的企业纳入政策扶持的半导体企业名录。正如 2018 年 3 月中国科学院微电子研究所辛卫华主任在 Tech Shanghai IC 设计论坛上表示，开源 IP 为 IP 供应商既带来挑战也带来机遇。以 RISC – V 为例，越来越多的新兴企业和芯片企业加入 RISC – V 的设计和实现中，必然会对市场上处于垄断地位的 MCU IP 企业带来挑战。但一个成熟的 IP 首先要被充分地验证，避免给芯片厂商带来巨大风险；同时，还要拥有相对完备的生态系统，降低芯片和系统后期开发的难度和额外成本。IP – Nest 也在其报告中指出，RISC – V 正在对 ARM 的产品构成威胁，对于高度依赖 ARM 的我国芯片厂商来说，这是一个自主 CPU IP 的机会。但正如前面所说，需要面临的挑战不小。IP – Nest 根据各种协议进行了非常全面的分析，包括该细分市场

---

① 2019 年 4 月 22 日，铿腾电子 2019 年第一季度业绩电话会议披露。

上活跃的 IP 供应商、IP 供应商的排名和竞争力分析。调查发现，一家 IP 供应商总是可以找到一个利基市场，它不一定能成为该市场上的领导者，但能很好地发展业务。对国产 IP 从业者来说，这算是一个不错的消息。IP－Nest 还分析了各个细分市场的趋势，以预测未来会在哪些新应用中采用某个特定协议，这会是 IP 供应商寻找未来机会的参考。在他们看来，汽车方向会有很大的机会。2019 年 7 月 25 日，阿里平头哥发布了目前业界性能最强的一款 RISC－V 处理器"玄铁 910"，预示我国有望在该领域实现进一步的发展。

2. 实现芯片产业的跨越式发展

（1）更好地发挥新型举国体制优势。

集成电路已经成为全国认同的重要产业，也因此带来了一个副作用——全国各地大造集成电路。2014 年，我国成立国家集成电路产业投资基金以后，更多的地方政府相继建立地方性促进基金。各地产业基金指导思想不一、主要投资领域不一，固然有部分基金可能投入相同的标的，但更多的资金被分流，不仅不利于形成合力，还在一定程度上对我国现有的稀缺的半导体产业人才等资源形成分流。由于半导体产业投资具有规模大、强度高的特性，建议国家主管部门出台具体指导方案，全国上下一盘棋，使大基金与各地方性产业基金形成合力。各地方集成电路产业基金概况如表 1－23 所示。

表 1－23　各地集成电路产业基金概况　　　　单位：亿元

省市	基金名称	目标规模/首期规模
北京市	北京市集成电路产业发展股权投资基金	300/
湖北省	湖北省集成电路产业投资基金	300/
贵州省	贵州华芯集成电路产业投资有限公司	—
上海市	上海市集成电路产业基金	500/285
福建省	福建省安芯产业投资基金	500/75.1
湖南省	湖南国微集成电路创业投资基金	30~50/2.5
厦门市	厦门国资紫光联合发展基金	160/

省市	基金名称	目标规模/首期规模
辽宁省	辽宁省集成电路产业基金	100/20
四川省	四川省集成电路与信息安全产业投资基金	120/60
广东省	广东省集成电路产业投资基金	150/
深圳市	深圳市集成电路产业投资基金	50~100/
陕西省	陕西省集成电路产业投资基金	300/60
昆山市	海峡两岸集成电路产业投资基金	/10

资料来源：课题组不完全整理，包括 2014 年以前成立的。

（2）扩大国家集成电路产业投资基金（"大基金"）规模。

截至 2018 年底，大基金一期投资基本完毕，公开信息显示，投资总金额约 1047 亿元，撬动约 5145 亿元地方以及社会资金，投资于集成电路行业及相关配套环节取得了积极进展。按照基金实际出资结构，中央财政资金撬动各类出资放大比例约为 1∶19，对提升行业投资信心发挥了重要作用。但 4 年的"大基金"投资额仅与英特尔一年的研发支出差不多。2019 年，全球半导体公司研发支出有 20 家超过 10 亿美元，合计达到 563 亿美元，其中研发支出前十大半导体公司合计 428 亿美元。英特尔的研发支出高达 134 亿美元，占公司营业收入的 19%。高通的研发支出为 54 亿美元，占公司营业收入的 22%。目前，国家集成电路产业投资基金（二期）的募资工作已经完成，规模在 2000 亿元左右，注册资本为 2041.5 亿元，需要及时到位并尽快启动，同时继续发挥带动社会投资的重要作用。如能按"大基金"一期的带动率，二期及带动投资的总规模可达 10000 亿元，将有力地促进集成电路产业的发展。

（3）进一步用好用活国家集成电路产业投资基金。

根据公开消息，大基金一期公开投资公司 29 家，累计有效投资项目达到 70 个左右，投资覆盖了集成电路制造、封装的龙头公司，部分覆盖了设计、设备、材料类上市公司（见表 1 - 24）。

表 1-24　国家集成电路产业投资基金已投资标的

业务领域	被投企业
设计	紫光晨讯、中兴微电子、艾派克、湖南国科微、北斗星通、深圳国微、盛科网络、硅谷数模、芯原微电子、纳思达、景嘉微
晶圆	中芯国际、长江存储、华力、士兰微、三安光电、耐威科技、晶方科技
封测	长电科技、通富微电、华天科技、中芯长电、华虹半导体、先进半导体
装备	中微半导体、沈阳拓荆、长川科技、上海睿利、北方华创
材料	上海硅产业集团、江苏鑫华半导体、安集微电子、烟台德邦、万盛股份、雅克科技、创达新材
基金	地方子基金、龙头企业子基金、绩优团队子基金、芯鑫融资租赁

资料来源：课题组不完全整理。

中国半导体企业正处于起步成长阶段，由于产业链条较长，各个企业的需求千差万别。大基金根据企业自身情况，进行了有针对性、差异化的支持。经过梳理，大基金的投资模式主要有以下几种方式：一是跨境并购。在国际并购方面，大基金主要采用"上市公司 + PE"模式，其中长电科技和通富微电的案例最为经典。二是定向增发。三是协议转让。四是增资，主要包括 IPO 前增资及增资子公司。五是设立合资公司。经过梳理可以发现，大基金投资标的主要为国内企业，国际化投资水平不高，建议大基金下一步可以引进外资投资者，以消除国际社会将大基金等同于国家主权基金的忧虑，进而减少投资壁垒。同时，大基金要充分发挥自身优势，相较于地方基金，大基金有着投资额度大、投资限制少等特点，要加强在关键共性技术及单一来源核心技术上形成高强度的投资。

（4）鼓励企业扩大 R&D 费用支出。

在半导体产业整体落后的情况下，我国相关企业的 R&D 费用呈现总规模不足并且占营收比重不高的局面。根据申万二级分类，目前我国主板上市的 43 家半导体企业 2018 年合计研发费用为 72.44 亿元，占总营收比重为 7%。与之相比，2018 年三星投入 134 亿欧元，约合 1057 亿元人民币。英特尔同期的研发支出为 109 亿欧元，总额上略不足三星，但占营收比重超过20%。因此，我国对于重点半导体企业除了既有的研发费用加计扣除优惠政策，还可以给予更大的政策支持，建议对占营收比重超过15%的研发费用进行补贴。

（二）强化引导，保持设备制造领先优势

1. 维持完备的产业链配套

完善的产业配套优势，一方面使设备制造有其上下游辅助配套和需求市场，优化了产品结构；另一方面则意味着不同类型、不同要素密集度的加工、生产、组装等制造环节相辅相成并各自发挥作用。完备的产业链配套，显著缩短了创新的产业化周期，能让技术创新成果更快地"开花结果"。目前，我国有上千个中小企业活跃于5G产业链上，有部分企业是华为、中兴的核心供应商，有的是诺基亚、爱立信的核心供应商，我国整机制造的优势扎根于此。但是在中美贸易摩擦的背景下，部分企业面临资金周转、外迁压力、订单下滑等困境，在国际贸易局势不佳，国内5G建设仍然处在上马阶段的交接时刻，深入调研5G产业链上的企业现状，"一企一策"给予精准政策帮扶，维持产业链配套的完备，是维持我国设备制造优势的关键。

2. 大力扶持5G关键技术持续攻关

尽管目前5G的建设推进有条不紊，中国移动发布《2019年智能硬件质量报告》，针对主流5G芯片在5G协议栈完善度、MIMO吞吐量性能、功耗性能等方面进行测试，海思Balong5000、高通X50、联发科Helio M70仍需要在技术特性、吞吐量等方面持续攻关，功耗在小包流量场景以及高带宽高吞吐量场景方面仍需要持续优化。此外，由于终端设备天线密集等原因，5G终端对征集散热设计提出了更高的要求。在目前制造领先的情境下，仍需要持续攻关，继续保持优势。

3. 巩固5G标准专利的领先地位

从标准的贡献量来看，中国是5G科技的绝对领导者，把竞争对手

远远地甩在了后面（见图 1 – 34）。

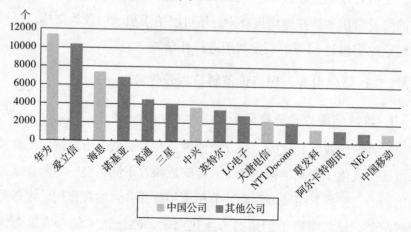

图 1 – 34　5G 标准的技术贡献量
资料来源：IPlytics.

从企业 5G 标准必要专利声明占比上看，截至 2019 年 3 月，华为所占比例位居第一。中国华为、中兴、大唐总和约占 30%，是全球 5G 专利占比最大的国家，韩国三星和 LG 总和为 24%，与我国的差距并不大（见图 1 – 35）。

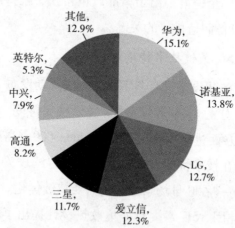

图 1 – 35　企业 5G 标准必要专利声明占比
资料来源：IPlytics.

除了专利外，5G 标准竞争的重点领域还有信道编码。2015 年前后，世界上一共有三种编码方案作为 5G 信道编码方案的候选，分别是欧洲主导的 Turbo 码、美国主导的 LDPC 码和中国主导的 Polar 码。后来，美国主导的 LDPC 码率先战胜了另外两个方案，被采纳为 5G eMBB 场景的数据信道编码方案。而到了 2016 年 11 月，华为主推的 Polar 码在 3GPP 会议上被确定为 5G eMBB 场景的控制信道编码方案。

（三）积极探索，促进产业链协同发展

当下，我国 5G 产业链已经具备了 5G 商业化的基本条件，电信运营商、芯片厂商和终端厂商都已进入测试密集期并结束了部分测试。纵向已经形成一条完整的合作产业链，横向则是以竞争促发展。由于 5G 产业链链条很长，涉及相关产业多，只有快速商用，产业链上的企业才能迅速积累技术、资本、人才。在中美贸易摩擦的背景下，如果商业化进程迟滞，产业链上大中小企业都将面临财务风险，影响前瞻性投资，最坏的可能是导致我国 5G 优势的丧失。从商业化角度出发，在 5G 建设成本巨大的背景下运营商渴望寻求传统业务之外的增收点。根据 5G 的技术特性，区别于传统业务的增收应以应用驱动为先。在整个移动通信的产业链上，运营商处于上游，也是整个资金的入口。设备厂商的钱来自运营商，同时设备厂商又是其上游元器件商的客户，只有商业市场的确定性才能更好地推进运营商大规模建设 5G 网络的进程。

积极探索新型 5G 产业链协同方式。5G 建设面临基站建设成本、功耗、组网及运维等诸多挑战和困难。这些挑战也是从运营商到设备商以及整个产业链共同关注和研究的重点。5G 商业成功的关键需要依赖 5G 产业链各方大力协同，逐步建立一个开放、共赢、良性成长的生态圈。此前，江苏省产业技术研究院移动通信技术研究所联合中国联合网络通信有限公司南京市分公司、南京江宁开发区、东南大学推出的"5G 产业技术创新服务基地"值得推广。"5G 产业技术创新服务基地"是华东地区第一家 5G 产业技术创新服务基地，是 5G 商

用前夕一个创新的合作模式。据悉，该基地通过汇聚政府机构、运营商、科研机构、产业、企业、基金等多方力量，将 5G 的测试、验证、技术研发、人才培养以及产业应用联结在一起，形成一个商业闭环。5G 产业技术创新服务基地在早期的规划中，主要以工业互联网和智能网联汽车为重点。

（四）加强合作，积极拓展国际市场

1. 创造更多的国际合作机会

在美国不断压缩我国 5G 企业市场的形势下，仍然有其他的国际合作机会，应当充分把握。英国是抵制范围扩大与否的风向标，是争取的关键。英国将 5G 技术作为技术赶超的重要抓手，致力于实现在自动驾驶、物联网等领域全球领先。英国在 5G 基础研究和商业应用方面均有一定优势，基础设施建设也有大量设备需求，与我国企业 5G 设备发展能形成良好的互补。中、英两国在此前 5G 发展中拥有良好的合作基础，华为等中国企业与英国的研究机构、运营商均有紧密的合作。在美国施压后，英国通过其"供应链审查"仍然同意华为参与其 5G 建设。目前除了安全性外，更多的还是出于成本以及兼容的考虑。中国企业在欧洲的竞争优势在于成本低而且技术成熟，这对注重投入产出效益的私营企业极具吸引力。沃达丰曾警告禁止华为可能"极具破坏性"，会破坏欧洲的供应链竞争。在双方都有需求的背景下，积极切入英国市场，意义重大。令人振奋的是英国新首相公开表示不会拒绝华为参与英国的5G 建设，同时华为在加拿大的 5G 建设也已经落地。除了以英国为首的西方国家，还可以充分依托现有的"一带一路"发展基础，积极做好沿线国家工作，做到"东方不亮西方亮"。具体来讲，东盟拥有约 6 亿人口的大市场，同时非洲及拉丁美洲也是潜在的 5G 市场。

2. 多措并举消除国际社会对我国 5G 企业的安全忧虑

在市场上开拓时还需要充分结合网络安全，积极开展措施消除国际

社会对安全问题的忧虑。在当前 5G 国际竞争政治化和网络信息安全受到各国高度重视的形势下，我国 5G 的安全问题与 5G 产业能否"走出去"密切相关，并且深刻影响我国的国家声誉。我国应该积极扭转不利的网络安全国际舆论，通过积极沟通、主动澄清等手段，塑造我国网络技术和设备的良好声誉。

国家出面澄清有关事实。外交部发言人已经对所谓的"后门"问题给予了回应，下一步可以由相关管理部门对涉及此问题的法律、法规做出更明确的解释，主动声明我国政府和法律从未要求本国通信设备制造商为国家提供情报。

争取国际机构为我国企业发声。积极争取权威的有影响力的第三方国际机构对我国 5G 设备进行全面检测，证明其设备的安全性。并且，以此次危机为契机，加强与各国进行网络信息安全的沟通和合作，逐步建立多边的通信安全国际互信机制。

积极推进国内商用以抵消国际负面影响。积极推进国内 5G 商业化进程，将对抵消国际负面影响起到积极作用。根据工信部数据，2018 年我国 4G 基站总数达到 372 万个，4G 用户总数达到 11.7 亿户，普及率接近 84%。尽管普及率低于国际领先的日本和韩国等国，但是绝对数量却是全球第一。

鼓励中国企业签订安全协议。正如任正非在接受采访时所说：华为愿意与所有国家签订"无后台"合同。应该积极鼓励我国企业与各个国家签订安全协议或者"无后门"协议，逐步建立我国企业与各国网络安全的互信。

3. 充分利用产业链上下游合作缓解目前存在的困难

在美国对我国 5G 产业链持续打压的背景下，我国企业应当争取美国的上下游企业积极在其本国发声，缓解目前存在的外部困难。从数据上看，全球最主要的八个半导体供应商及七个半导体设备供应商 2018 年对华销售总额都超过美国。八大半导体供应商 2018 年对华销售额达

811.1 亿美元，同期对美销售额仅有 385.4 亿美元（见图 1-36）。七大半导体设备供应商 2018 年对华销售额达 127.5 亿美元，同期对美销售额仅有 66.8 亿美元（见图 1-37）。美国的对华不友好政策不仅对我国企业造成了实质性伤害，也必然影响其本国企业的收入，进而影响这些企业的前瞻性投资和研发支出，因此产业链上下游有足够的动力为缓解中美贸易冲突发声。

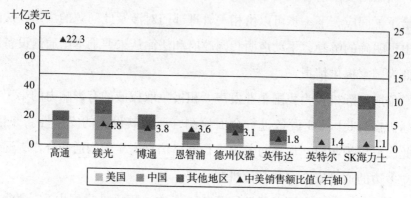

图 1-36 2018 年主要半导体企业中美销售额对比
资料来源：各企业财报。

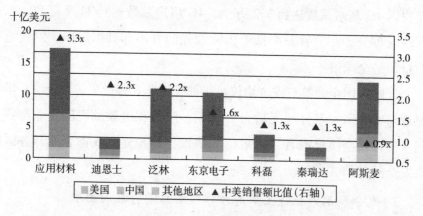

图 1-37 2018 年主要半导体设备商中美销售额对比
资料来源：各企业财报。

（五）创新机制，集聚国内外 5G 人才

1. 增加对技术人才的补助

加大对基础性人才从业补贴，减少人才流失。对于同样的较为高端的人才需求，互联网、人工智能企业给予的年薪与芯片企业相差将近 20 万元。与悬殊的待遇相比，各地半导体基础性人才引进政策力度略显不足。以成都半导体人才引进政策为例，给予的租房补贴为本科生 800 元/月、硕士 1500 元/月、博士 2000 元/月。在无锡市的半导体人才引进政策中甚至没有对基础性人才的补贴。根据科技部公布的数据，在我国重视半导体产业发展的背景下，我国规模以上企业中计算机、通信和其他电子设备制造业拥有的博士、硕士比重近年来并没有显著提高（见图 1-38）。因此，要加大对基础性人才的从业补贴，推动半导体产业的人才引流。

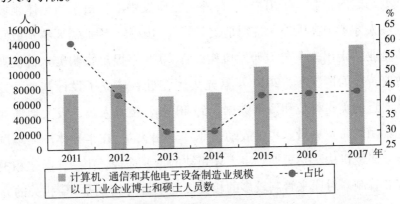

图 1-38 计算机、通信和其他电子设备制造业占规模以上企业博士、硕士人员总人数比重

资料来源：科技部。

2. 积极推广协同培训平台

借鉴美国经验，推广协同育人平台。得益于产业起步较早，美国有着大量具有丰富经验的技术人员在离开企业后去高校任教，这些技术人员大多曾长期在领先半导体企业担任关键岗位。此外，美国半导体企业

内部已经形成了一套非常完善的培训机制，这也与美国高校输送的人才背景有关。国内有一个误区，就是去集成电路公司必须是微电子专业出身，但美国高校就比较少有专门的微电子专业和院系。半导体企业需要的是方方面面的人才，包括材料、化学、物理等众多背景。鉴于此，可以在全国各半导体产业集群推广建立协同培训平台，培训相关专业的学生加入集成电路产业，扩大人才输入的维度，如将材料学、光学、化学、自动化等专业人才引进微电子与集成电路行业。对企业而言，半导体人才的培养是一个漫长的过程，尤其在先进工艺、先进技术方面，更是花费巨资也难以有明显成效。由此，半导体产业的人才特别是高端人才流动非常剧烈。在此背景下，争取更多的高端人才为我国所用成为破解人才问题的重要举措。

3. 鼓励企业设立海外研发中心

鼓励国内企业"走出去"，在外设立研发中心。由于半导体领域主要高端人才集中在国外，特别是欧美等发达国家，因此需要特别鼓励半导体企业"走出去"外设研发机构。在 2015 年提出收购美光科技被美国政府否决的情况下，2016 年紫光集团在硅谷建立了设计基地，并顺利从附近的美光科技和西部数据挖到 40 多名技术人员，极大地增加了紫光集团的研发力量。积极鼓励企业"走出去"，在半导体产业集群高地设立研发机构，是短期解决人才短缺的重要途径。第一，简化相关审批有效管制。对原来管制较多的相关投资项目（特别是 5G 相关的）实行负面清单管理模式，实行"非禁即入"，为企业设立海外研发机构畅通渠道。第二，培育和发展相关中介服务机构。大力发展面向 5G 企业的公共技术服务机构、政策服务机构和科技政策咨询中介机构。第三，加大金融支持力度。在境外建立研发机构，除了采取新建的方式外，并购和投资一些高科技类公司也是时间成本相对较低的高效率方式。我国 5G 企业可以把握机遇，抄底并购海外企业或者并购某些核心技术项目。政府利用庞大的外汇储备支持和鼓励大型国企在海外继续并购的同时，应拨出专项资金加大对企业参与海外高科技企业并购和投资的金融支持力度，在融资、保险担保、信贷额度、外汇管理、税费减免甚至无偿资助等方面为企业提供实质性支持。第四，完善便利科技人员进出交流机制。5G企业不仅要引入先进技术，更要引进境外高端技术人才和派出大量国内研发人员，促进技术人才的交流和提升。政府部门要为高端技术人才进出国境创造条件，简化境内人员出境审批手续，为境外专家和科技人才提供"绿色通道"和提供永久居住证等多方面的便利措施。

4. 完善引进全球5G人才的所得税政策

主动参与国际人才竞争，利用美国当前在科技人才领域排华势头上升机遇，以出台针对高端人才个税优惠政策为抓手，大力吸引华人科学家回国创业发展。高端人才普遍有高薪的特点，在个人所得税的征收上给予一定的优惠，是吸引人才为企业减负的好办法。目前，我国个人所得税率共分七级，最高为45%，即月薪超过80000元的部分按照45%征收计算。如果扣除各项社保，以10万元月薪为例，在不考虑其他扣除项的情况下，最终个税接近3万元，实际个人所得税税率接近30%。相比之下，日本个人所得税最高一档的税率为40%，美国最高档为35%，英国个人所得税基本税率为20%，而俄罗斯则实行13%的单一税率。由此可见，我国45%的最高个税率对人才吸引十分不利，制定更有利的个税优惠政策，增加国际5G人才吸引力显得迫在眉睫。作为目前中国开放程度最高、经济活力最强、创新活动最活跃的地区之一，深圳明确提出对在大湾区就业的境外高端短缺人才实行15%的税收优惠，应该照此力度给予从事5G的高端人才税收优惠政策。

5. 激励高校重视成果转化

解决集成电路产业人才短缺的问题，需要把研发和企业发展联系在一起。在集成电路领域的高校研究，要更加注重解决企业的发展需求，做真正有用的科研，而不是为写论文而写论文，为晋升而写论文。我国目前普遍存在的现象是"评职称唯论文论"，既不重视科研成果转化，也不重视市场。在芯片研发生产领域，实践是决定芯片设计创新能否落地的关键因素。只有将科技成果转化为生产力，论文才会有价值。在半导体领域应积极探索如何使用科研转化成果评职称。除此之外，芯片等底层技术有较高门槛，只有顶尖院校才培养得出来。因此，在拓宽人才培养渠道的同时，更要大力度支持有实力的高校加强人才培养，并加强与国外高校的合作。

（执笔人：李志鸿、翟羽佳）

专题报告二
5G 产业发展运营商相关问题研究

2019 年 6 月 6 日，工信部举行 5G 发牌仪式，中国移动、中国电信、中国联通、中国广电四家企业获得 5G 营业许可证，中国自此加速进入 5G 商用时代。苗圩部长在发牌仪式上要求基础电信企业加快 5G 商用步伐，推进 5G 网络共建共享。

一、运营商 5G 网络建设情况

3G 网络全球部署前后经历了 10 年（2001—2010 年），4G 网络部署也经历了 5 年时间（2009—2014 年）[①]，而 5G 网络部署预计只需要 3 年时间（2019—2022 年）就能覆盖全球亿万用户。[②]

（一）部署 5G 网络的基础条件较好

1. 4G 网络基础设施为 5G 网络提供强大支撑

（1）4G 网络基础设施和用户世界第一。

根据 GSMA（全球移动通信协会）《2019 年全球移动经济报告》的

---

① Grudi Associates,"G Whiz",Accessed April 29, 2019.
② 华为发布的《2025 十大趋势:智能世界,触手可及》。

数据，截至 2018 年底，全球有 51 亿用户订购了移动服务，占全球人口的 67%。2018 年，4G 全球范围内拥有 34 亿个连接，占全部 79 亿个连接的 43%（不包括许可的蜂窝物联网），渗透率达到 67%。据 GSMA 预计，4G 将保持快速的增长，特别是在发展中地区将成为主导的移动技术，在 2023 年达到全球移动连接的 60%。截至 2018 年底，中国 4G 基站总数达到 372 万个，远超美国和欧盟等国家基站的总和。中国 4G 用户从 2015 年的 4 亿户增长到 2018 年的 11 亿户，占全球 4G 用户的一半（见图 2 - 1）。

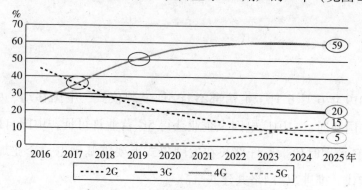

图 2 - 1　多种通信方式发展及预测

资料来源：GSMA 发布的《2019 年全球移动经济报告》。

目前，4G 成为我国运营商"现金牛"业务，借助 4G 带来的充足现金流，国内三大运营商紧锣密鼓地进行 5G 试验及网络建设。

（2）4G 与 5G 将并存相当长一段时间。

据 GSMA 预测，2025 年全世界 2/3 的移动连接（除去物联网）会承载在高速网络上，其中 4G 将在所有移动终端占比约 53%，5G 占比约 14%。全球范围内，4G LTE 仍处于生命周期的中期，其采用水平尚未达到高峰。全球主要国家和地区 4G 网络情况如表 2 - 1 所示。

表 2 - 1　全球主要国家和地区 4G 网络情况

国家/地区	基站人均拥有量/（个/万人）	每 500M 移动宽带资费/（% of GNI p. c.）	平均下行网速/Mbps	4G 用户数/亿人	人口覆盖率/%	4G 用户渗透率/%
中国	34.27	0.61	28.89	11.70	98	77.60
美国	4.70	0.45	34.55	3.65	99.8	—

国家/地区	基站人均拥有量/（个/万人）	每500M 移动宽带资费/（% of GNI p. c.）	平均下行网速/Mbps	4G 用户数/亿人	人口覆盖率/%	4G 用户渗透率/%
欧盟	—	0. 12（波兰） 0. 47（德国） 0. 71（法国）	23. 67	2. 85 （2017 年底）	99. 70	—
韩国	161. 60	0. 99	54. 89	0. 50	99. 90	98
日本	—	1. 47	31. 39	1. 20	99	

注：中国 4G 用户数截至 2018 年 12 月 31 日；移动网络下行速度：根据 Speedtest 的 2019 年 3 月统计数据，欧盟的挪威 67. 54Mbps，爱尔兰 23. 59Mbps；中国 4G 基站数、4G 用户渗透率数据来源于工信部《2019 年上半年工业通信业发展情况》，截至 2019 年 6 月底；每 500M 移动宽带资费（% of GNI p. c. ）数据来源于国际电信联盟（https：//www. itu. int/net4/ITU－D/ipb/），数据基于 2017 年；人口覆盖率数据来源于国际电信联盟《2018 年衡量信息社会报告：第 2 卷》，数据基于 2018 年 5—6 月。

2. 光纤基础设施世界领先

5G 与光纤息息相关，并严重依赖光纤（见图 2－2）。超高带宽和数以十亿计的 5G 设备数量将加剧处理极大数据量和实现预期性能的挑战。光纤作为回程线路和前向回传的优先技术以及支持物联网低时延网络的关键元素，将发挥极大的作用。与 4G 网络相比，5G 基站网络密度将提高数倍，这将令无线接入网络（RAN）连接到分组核心网的传输网络面临压力，需要前向回传、回程线路以及各种混合架构等来实现具

图 2－2 5G 严重依赖光纤

资料来源：高通、安永。

成本效益、向后兼容和高密度的网络基础设施部署，这对提供5G系统的宽带和低时延需求来说是必要的。因此，拥有和建设光纤网络对于激活小型基站站址非常重要。除网络密度外，云无线接入网（Cloud RAN，即C–RAN）等新的网络技术也在涌现，预计C–RAN网络架构将在接入层面消耗大量光纤资源。因此，当5G部署加快时，将出现巨大的光纤资源需求。

大规模光纤部署的成本是一项需要考虑的重要因素。事实上，建设光纤网络的成本与光纤本身并不同，安装和审批过程也十分耗时，还可能需要法律方面的支援。运营商必须提前规划，通过自建或主干网批发商等，获得充足的光纤资源，避免使传输网络成为5G服务交付的瓶颈。根据德勤研究的数据，美国在光纤布线部署的投资将在未来5～7年达1300亿～1500亿美元，否则难以真正落实5G（众说纷纭的美国"假5G"的原因就在于其回传不是通过光纤，不能实现真正5G的应用）。

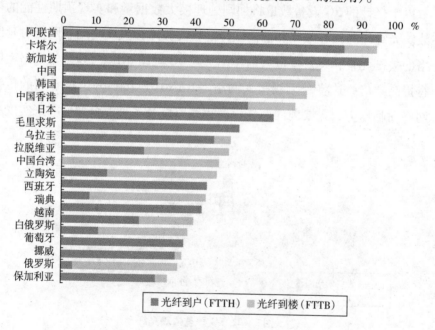

图2–3　2018年全球光纤到户覆盖率排名

资料来源：Idate for FTTH Council Europe.

我国的光纤到户率世界领先（见图2-3）。截至2018年底，我国固定宽带用户光纤占比超过90%，位居全球第一，成为建设5G的良好基础，节约了大量的时间和投资成本。最近两年，我国政府一直在投资建设光纤网络，提高互联网连接率。三家运营商都在固网宽带领域积极运营，并在扩大光纤网络覆盖，这些网络可成为其5G网络回程线路。

3. IPv6部署进展良好

我国政府积极推动IPv6的规模化部署为5G打基础，为物联网打基础[1]，为工业4.0打基础，为全面实现"中国制造2025"做好充分的准备。2017年11月，中共中央办公厅、国务院办公厅印发了《推进互联网协议第六版（IPv6）规模部署行动计划》，2018年4月，工信部发布关于落实《推进互联网协议第六版（IPv6）规模部署行动计划》的通知，提出具体举措，敦促手机终端、承载网络、数据中心等全面支持IPv6。

推进IPv6规模部署专家委员会的最新数据表明，目前IPv6部署进展情况良好。已分配IPv6地址的用户数快速增长，IPv6活跃用户数显著增加。但是与IPv4流量相比，IPv6流量依然较少，有待进一步提升。IPv6地址数量能满足当前发展需求，且拥有较丰富的储备。IPv6地址数量能够满足当前IPv6规模部署的要求，但是随着物联网、车联网、工业互联网快速发展，我国未来对于IPv6地址的需求量依然较大。骨干网全面支持IPv6，LTE网络和宽带接入网络大规模分配IPv6地址。数据中心和域名服务系统改造较快，内容分发网络和云改造速度有待提升。政府和央企网站积极发挥示范引领作用，新闻媒体网站改造亟待提速。商业网站及应用改造明显加速，其广度和深度有待提升。[2]

---

① 物联网现在进入高速发展阶段，地址需求量非常大。根据预测，2025年物联网的连接数将超过270亿个，迫切需要IPv6。

② 参见推进IPv6规模部署专家委员会于2019年7月发布的《中国IPv6发展状况》。

专栏 2-1　关于 IPv4、IPv6 的情况介绍

IPv4 迄今为止已经使用了 30 多年。在 IPv4 阶段，全球 DNS 根服务器一共只有 13 台，1 台主根服务器，12 台辅根服务器。其中，13 台里面，10 台在美国，另外 3 台分别在英国、瑞典和日本。早期，互联网只是设计给美国军方用，没有考虑到它会变得如此庞大，成为全球网络。尤其是进入 21 世纪后，随着计算机和智能手机的迅速普及，互联网开始爆发式发展，越来越多的上网设备开始出现，越来越多的人开始连接互联网。这就意味着，需要越来越多的 IP 地址。根据互联网数据研究机构的统计，全世界 76 亿人口中网民总数已经超过了 40 亿人（2018 年 1 月）。IPv4 一共有 42.9 亿个 IP 地址。IPv4 地址池接近枯竭，无法满足互联网发展的需要。迫切需要更高版本的 IP 协议，更大数量的 IP 地址池。

IETF（互联网工程任务小组，成立于 1985 年底，是全球互联网最具权威的技术标准化组织）在 1998 年正式推出 IPv6，其地址达到 2128 亿个，即使给地球上每粒沙子都分配一个 IP 也足够。2017 年 11 月 28 日，由下一代互联网国家工程中心牵头发起的"雪人计划"，已在全球完成 25 台 IPv6 DNS 根服务器架设，中国部署了其中的 4 台，由 1 台主根服务器和 3 台辅根服务器组成。相对 IPv4 阶段，我国在一定程度上拥有了"网络安全感"。

4. 5G 网络组网技术加速推进

5G 技术首次实现全球统一标准，但 ITU 根据 5G 技术应用场景需求不同，组网方式变为两种，即独立组网（SA）和非独立组网（NSA），这也是与以往移动通信技术不同的地方。SA 通过自建核心网和基站，完成整个网络构架，不依赖 4G 网络基础设施（见图 2-4）。

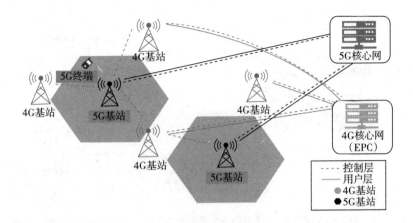

图2-4 5G SA网络架构及覆盖范围示意图

资料来源：IHS Markit "5G Best Choice Architecture White Paper".

NSA分为两个阶段，第一阶段通过依赖4G基站站址部署5G基站、4G核心网（升级版）完成网络构架（见图2-5）；第二阶段则是将4G核心网升级到5G核心网（见图2-6）。

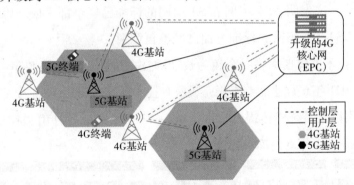

图2-5 5G NSA第一阶段网络架构及覆盖范围示意图

资料来源：IHS Markit "5G Best Choice Architecture White Paper".

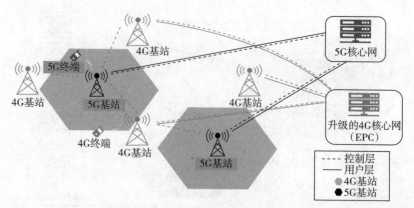

图2-6 5G NSA 第二阶段（即向 SA 演进阶段）网络架构及覆盖范围示意图
资料来源：IHS Markit "5G Best Choice Architecture White Paper".

（1）5G 相关标准全部冻结还需近两年时间。

在 5G 相关国际标准方面，3GPP 于 2018 年 3 月完成 NSA 组网标准（见图 2-7）；2019 年 6 月最终完成 SA 组网标准，Rel-15 标准至此已完全冻结，这表明 NSA 组网和 SA 组网的标准已经全部完成。因此，目前对于 NSA/SA 组网，标准方面已经不再掣肘。

5G 技术整体要面临一个较为长期的技术进化过程，按照 3GPP 的计划，到 2021 年 6 月才能够真正完成所有技术标准。Rel-16 主要完成相关行业应用以及系统整体提升标准；Rel-17 主要完成各种增强技术标准，预计需到 2021 年 6 月冻结标准。

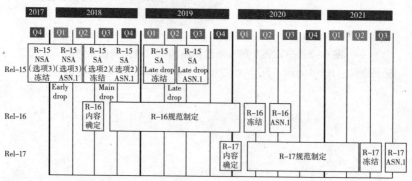

图2-7 3GPP 5G 标准的时间表（Rel-15/16/17）
资料来源：3GPP blog, https：//blog.3g4g.co.uk/search.

专栏2-2 3GPP 5G 标准的进展情况

Rel-15：已经全部完成并冻结。Rel-15 作为第一阶段 5G 的标准版本，按照时间先后分为 3 个部分。Early drop（早期交付）：即支持 5G NSA（非独立组网）模式，系统架构选项采用 Option 3，对应的规范及 ASN.1[①] 在 2018 年第一季度已经冻结；Main drop（主交付）：即支持 5G SA（独立组网）模式，系统架构选项采用 Option 2，对应规范及 ASN.1 分别在 2018 年 6 月及 9 月已经冻结；Late drop（延迟交付）：是 2018 年 3 月在原有的 R15 NSA 与 SA 的基础上进一步拆分出的第三部分，包含了考虑部分运营商升级 5G 需要的系统架构选项 Option 4 与 7、5G NR 新空口双连接（NR-NR DC）等，其标准冻结比原定计划延迟了 3 个月。

Rel-16：正在进行中，冻结时间推迟。Rel-16 作为 5G 第二阶段标准版本，主要关注相关行业应用及整体系统的提升，主要功能包括面向智能汽车交通领域的 5G V2X，在工业 IoT 和 URLLC 增强方面增加可以在工厂全面替代有线以太网的 5G NR 能力，如时间敏感联网等，包括 LAA 与独立非授权的非授权频段的 5G NR，其他系统提升与增强包括定位、MIMO 增强、功耗改进等。2018 年 6 月已确定 Rel-16 的内容范围。目前 Rel-16 规范正在制定过程中，计划在 2020 年 3 月完成物理层规范。受 Rel-15 Late drop 版本冻结时间推迟的影响，Rel-16 规范冻结时间由原定 2019 年 12 月推迟至 2020 年 3 月，ASN.1 冻结推迟到 2020 年 6 月。

Rel-17：已经启动准备工作。3GPP 标准制定工作都是这一版还在进行中，下一版就已开始准备了。主要针对中档 NR 设备（例如

---

① 在电信和计算机网络领域,ASN.1 是一套标准,是描述数据的表示、编码、传输、解码的灵活计法。

MTC、可穿戴等）运作进行优化设计；小数据传输优化：小数据包/非活动数据传输优化；Sidelink 增强：Sidelink 是 D2D 直联通信采用的技术，Rel – 17 会进一步探索其在 V2X、商用终端、紧急通信领域的使用案例，实现这几个应用中的最大共性，并包括 FR2（>6GHz）频段的部分；Rel – 17 中将对 52.6GHz 以上频段的波形进行研究；多 SIM 卡操作；NR 多播/广播：驱动来自 V2X 和公共安全应用；覆盖增强；定位增强；RAN 数据收集增强；NB – IoT 和 eMTC 增强；IIoT 和 URLLC 增强；MIMO 增强；综合接入与回传增强；非授权频谱 NR 增强；节能增强。2021 年 6 月冻结规范。

（资料来源：3GPP 官网、中国无线电管理官网）

（2）采取 NSA 和 SA 混合组网的 5G 发展路径。

我国运营商不约而同地全部采用以 SA 为目标，NSA 先行，NSA 和 SA 混合组网的 5G 发展路径，这也是全球其他国家运营商的选择。选择这种组网方式的原因主要有两方面：一是从商业逻辑角度考虑，NSA 技术、产业链更早地成熟，eMBB 带来更高传输效率，可让消费者更快接受 5G 时代的到来，这是 NSA 核心优势所在。二是由于 SA 包含大量新的 5G 技术，目前 SA 部署技术还不成熟，SA 网络意味着整个核心网络的重建，也将有服务化的架构，甚至涉及用户数据库、格式、字段的变化，要想实现 SA 商用，不仅需要搬移大量数据库，还需要大量实践。有业内专家表示，SA 从建立到真正成熟需要一个循序渐进的过程，将经历 1 ~ 2 年时间。未来 4 ~ 5 年内 SA 和 NSA 将是并存状态（见表 2 – 2）。

表 2 – 2　5G SA 和 NSA 网络构架的比较

项目		SA	NSA
投资	短期	高	中低
	长期	中低	高

	项目	SA	NSA
频谱	6GHz以下频段	网络覆盖的最佳选择	依靠LTE网络进行网络覆盖
	毫米波频段	热点网络与SA协同工作	热点网络
服务		URLLC、mMTC、eMBB	eMBB
网络能力评估	数据速率	20Gbps/10Gbps	20Gbps/10Gbps
	时延	1毫秒	4毫秒
	网络密度	100万台设备/平方千米	100万台设备/平方千米
标准成熟时间		2019年6月	2018年3月

资料来源：IHS Markit.

注：手机在NSA网络下需要同时连接4G和5G网络，耗电也比在SA网络下高。

（3）华为、中兴SA组网技术已达预商用要求。

中国移动作为5G SA商用的引领者，与其战略合作伙伴中兴通讯成功完成5G核心网SA模式规模用户性能测试，对5G核心网的大容量数据转发和稳定性的设备性能验证，充分验证了中兴通讯5G核心网系统的成熟度，在5G商用进程中迈出坚实的一步。中兴通讯5G SA核心网系统在业务成功率、稳定性、时延等实际测试结果上，均达到了5G SA核心网整系统设备预商用的目标要求，已经具备面向规模商用的部署能力。

广东移动携手华为成功打通基于SA的高清语音和视频通话，标志着广东移动在5G SA商用能力验证上又迈出了关键一步。广州联通携手华为采用最新5G商用手机Mate20 X成功接入SA网络，实测下行速率超过1Gbps。这是中国联通5G SA架构网络下首次成功接入5G商用手机，标志着中国联通朝着SA目标架构组网的步伐再跨一大步。

任正非公开表示，5G SA组网全世界只有华为一家已经做好。华为5G智简核心网以原生云、"联接+"和边缘计算技术为基础，支持软件三层解耦、无状态设计、跨DC部署、微服务、灰度升级等全云化关键技术。这也是业界首个真正支持2G/3G/4G/5G NSA/5G SA深度全融合的核心网。2019年6月，在英国伦敦举行的5G全球峰会上，华为

5G智简核心网解决方案获得了"最佳5G核心网技术（Best 5G Core Network Technology）"奖。

5. 电信运营商盈利能力较强

中国移动和中国电信净利润位于全球运营商前十，分别位列第三、第七（见图2-8）。四家运营商在5G建设方面则各有所长（见表2-3）。

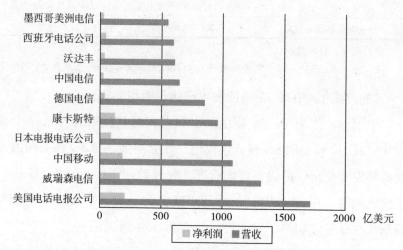

图2-8　2018年全球十大电信运营商营收及利润

资料来源：各公司财报及《福布斯》排行榜。

注：因为软银的运营商部分应收及利润没有拆分数据，故未列上。

表2-3　我国四家运营商建设5G的基础条件情况简表

运营商	5G频谱	净利润/亿元	4G基站数量/万个	移动用户数（4G用户数）/亿人	优势
中国移动	2.6GHz~160MHz 4.9GHz~100MHz	1179	241	9.2（7.1）	基站数量、资金、用户规模
中国联通	3.5GHz~100MHz	103	99	3.2（2.4）	5G频段、产业链落地
中国电信	3.5GHz~100MHz	213	138	3.0（2.2）	5G频段、区域业务
中国广电	700MHz	—	—	—	5G频段、内容运营

资料来源：各上市公司2018年年报。

相比中国联通、中国电信，中国移动的优势主要体现在基站数量、资金投入和用户规模方面。5G 网络需要强大的基站建设能力和巨额的资金投入，在这两方面中国移动具有显著优势。截至 2018 年 12 月 31 日，中国移动 4G 基站数达到 241 万个，比中国电信与中国联通总和还要多 4 万个。

中国电信的优势主要体现在频段和区域业务方面。经专家计算，5G 最合适的频率在 3.5GHz 左右，是成本和效率最佳的频率。中国电信和中国联通恰好位于 3.5GHz 两侧，获得了最成熟的频段。但相对于中国移动的频段，3.5GHz 频段并不"干净"①，给运营商布网造成了比较大的阻碍，优势变劣势。同时，就中国通信业的势力划分而言，中国电信在比较富裕的南方区域有主干网优势，也有利于 5G 商用服务的拓展。

中国联通的优势主要体现在频谱和产业链落地方面。一方面，中国联通与中国电信一样，获得了国际上最成熟的 5G 频段；另一方面，作为第一家央企集团层面的混改试点企业，中国联通拥有众多股东盟友，既包括互联网领域的 BATJ，也包括中国人寿、用友、中金车证等行业巨头，形成的"智慧联盟"可协助推动 5G 建设、促进 5G 产业链落地。

中国广电则是拿到数字红利频段 700MHz 来部署 5G 网络。工信部给全国有线电视行业和全国广电行业颁发 5G 牌照，全国广电行业可利用这次契机建设一个汇集广播电视、现代通信和物联网服务的高起点高技术的 5G 网络，使广大用户真正体会到现代超高清电视、现代物联网带来的智慧广电服务，甚至是社会化的智慧城市服务。

中国铁塔于 2019 年 8 月发布的中期业绩报告显示，其前 6 个月的营收是 379.80 亿元，同比增长 7.5%；净利润为 25.48 亿元，同比增长 110.6%。从业务类别看，占据主营业务 94.3% 的塔类业务收入为 358.08 亿元，同比增长 5.1%；室内分布式天线系统业务收入为 12.54 亿元，同比增长 52.2%；跨行业站址应用与信息业务收入为 8.43 亿元，

---

① 来自课题组在中国联通、中国电信的调研资料。

同比增长 125.4%。5G 网络建设为中国铁塔带来发展机遇，公司将推动综合解决方案落地，重点聚焦 5G 共享室分、5G 电源等关键领域，支撑 5G 建设降本增效。①

（二）运营商积极制定 5G 发展战略

1. 中国移动"5G+"计划

中国移动在 2019 年 3 月发布其 5G 战略——"5G+"计划。② "5G+"计划体现在四个方面：一是"5G+4G"，5G 和 4G 将长期并存，中国移动将推动 5G、4G 协同，满足用户数据业务和话音业务需求；二是"5G+AICDE"，推动 5G 与人工智能、物联网、云计算、大数据、边缘计算等新信息技术紧密融合，提供更多、更丰富的应用；三是"5G+Ecology"，5G 不仅仅是运营商的事，也不仅仅是设备厂商的事，而是整个社会的事，通过丰富多彩的相关行业应用，一起构建 5G 生态系统；四是"5G+X"，赋能相关行业，推动相关行业发展。

（1）"5G+4G"协同发展。

一是建设全球最大规模 5G 网络。中国移动拥有全球规模最大的 4G 网络，4G 基站数量占全国一半以上，利用这些已有站址资源、频率优势 2.6GHz+4.9GHz，低成本高效建网。5G 牌照发放后，建网目标是 2019 年建设超过 5 万个 5G 基站，为超过 50 个城市提供 5G 商用服务，到 2020 年为所有地级以上城市提供 5G 商用服务。

二是提升 5G 端到端网络品质和服务能力。中国移动进行了 CT 与 IT 融合的颠覆性创新③，过去的移动通信网络是连接导向，是一种确定性的封闭网络，5G 时代中国移动为了让网络更开放，提出了基于服务

---

① 佟吉禄. 把握 5G 机遇 推动公司向高质量持续发展［EB/OL］. Techweb, 2019 – 08 – 07. http://www.techweb.cn./it/2019 – 08 – 07/2748180.shtml.

② 杨杰. 实施 5G+，共迎新未来［EB/OL］. 搜狐网，www.sohu.com/a/323457451_331838.

③ 中国移动黄宇红：中国移动要做 5G 赋能各行业的开拓者［EB/OL］. 新浪 – 财经，2019 – 08 – 08. https://finance.sina.com.cn/stock/relnews/us/2019 – 08 – 08/doc – ihytcitm7836652.shtml.

化的网络构架。2.6GHz + 4.9GHz 双频协同，打造立体化、智慧化、高性能的无线网络。构建云网融合的领先基础网络，网络云化虚拟化，加快 SA 新网络、SPN 新传输等技术成熟。建设新型智慧网络运营体系，实现质量优先、网业协同、敏捷高效。做好 5G 网络安全保障，网络安全核心技术研发评估和防范。

三是推动 5G 技术标准发展。协同产业各方实现 5G 技术标准的突破，确保 5G 网络技术先进。已经牵头制定新一代全球移动通信技术应用需求，牵头关键标准项目，网络领域、无线领域提案数名列前茅，牵头制定的 5G SA 网络构架标准是首次由中国公司主导制定的标准。下一步是推动 5G R16 标准成熟，协同产业加强 5G 相关基础性技术研究。

（2）"5G + AICDE" 融合创新。

推动 5G 与人工智能、物联网、云计算、大数据、边缘计算等新信息技术紧密融合，提供更多、更丰富的应用，打造以 5G 为中心的泛在智能基础设施，以及新能力、新应用、新场景、新业态。

"5G + AICDE" 中主要包括 5 个能力：一是推进 5G 与人工智能技术紧密融合，构建连接与智能融合服务能力。二是推进 5G 与物联网技术紧密融合，构建产业物联专网切片服务能力。三是推进 5G 与云计算技术紧密融合，构建一站式云网融合服务能力。四是推进 5G 与大数据技术紧密融合，构建安全可信的大数据服务能力。五是推进 5G 与边缘计算技术紧密融合，构建电信级边缘云服务能力。

（3）"5G + Ecology" 生态建设。

5G 不仅仅是运营商的事，也不仅仅是设备厂商的事，而是整个社会的事，应通过丰富多彩的相关行业应用，一起构建 5G 生态系统。

一是构建 5G 开放型生态体系。协同信息通信上下游企业，推动 5G 芯片、终端、设备、应用成熟。重点相关行业开展跨产业领域联合研发和应用创新，社会多方创新力量通过股权投资等深化产融结合，高校科研院所共建联合实验室等协同创新平台，其他电信运营企业推进行业合作和 5G 共建共享。

二是推进 5G 产业合作。在推动终端成熟方面，建立 5G 终端先行者产业联盟，推出多模（SA/NSA 双模）、多频（实现 2.6GHz、3.5GHz、4.9GHz 全网通）、多形态终端（智能手机、CPE、模组、云 XR 等）。在开展应用创新方面，打造 5G 联合创新中心和中国移动雄安、成都、上海产业研究院；打造 5G 产业数字化联盟，百家伙伴优先计划、百亿资金腾飞计划、千场渠道推广计划、优惠资源享有计划；设立 5G 联创产业基金，总规模为 300 亿元，首期为 70 亿 ~ 100 亿元。在打造精品内容方面，成立 5G 多媒体创新联盟，汇聚 44 家产业伙伴，覆盖内容生产、传输、传播、消费等数字内容全产业链环节。

三是推出 5G 新商业计划。打造基础服务模式、使能服务模式、专属服务模式等三种服务模式。基础服务模式：推出标准化服务，合作伙伴可调用中国移动代计费、上网加速等平台能力；使能服务模式：推出"5G + AICDE"能力服务，开发者可结合应用需求调用相关能力做定制开发；专属服务模式：开放 5G 底层网络能力，为合作伙伴定制网络、共同做优产品提供深度定制化服务。

（4）"5G + X"行业应用。

"5G + X"是指 5G 相关应用，推动 5G 融入百业、服务大众，着力促进产业数字化。"网络 + 中台 + 应用"5G 产品体系：应用层——深度嵌入生产管理流程，提供定制化行业应用；中台层——提供网络运营管理、深度连接管理、生态系统服务；网络层——打造"5G + 新型基础设施"。

瞄准 15 个重点行业，包括工业、农业、交通、能源、医疗、教育、金融、媒体、智慧城市等，创建 100 个示范应用。在工业互联网领域，如搬运机器人、视频质检、远程现场。在智慧交通领域，如全球首款量产 5G 乘用车，国内首辆商用 5G 自动驾驶园区车。在智慧医疗领域，如全国首例 5G 远程脑外科人体手术。在智能能源领域，如 5G 智能电网，全国首个5G智能电厂。

2. 中国联通"5G[n]"让未来生长

2019年4月，中国联通正式发布了5G品牌标识"5G[n]"及主题口号——"让未来生长"，诠释联通5G致力于科技创新、赋能行业，给用户带来无限精彩体验的品牌精神和品牌态度。

对中国联通而言，5G是自身实现"弯道超车"的关键。在3G时代，中国联通优势明显，但进入4G时代后，中国联通的步伐慢了半拍。中国联通董事长王晓初曾坦言，中国联通在4G时代的建网速度远远落后于其他两大运营商，时间掌握出现重大失误，"5G时代的到来是中国联通扳回一局的关键机会，中国联通绝不会再犯4G时代的错误"。

（1）联通新运营。

在网络建设运营方面，中国联通以CUBE－Net2.0为目标网络架构[①]，向云化、泛在化、开放化、智能化的未来智能网络演进，助推5G发展（见表2－4）。这有两方面的驱动因素：业务驱动（三大5G业务场景）的网络重构、技术驱动的网络变革（AI、云计算、大数据）。

表2－4　中国联通5G建网发展计划

时间	具体目标
2019年	"7＋33＋n"：7城（北、上、广、深、南、杭、雄）实现连续覆盖；33城（其他省会、重要城市）实现热点区域覆盖；n城实现依据行业需求定制5G网中专网
2020年	聚焦重点城市：一线城市实现县城以上连续覆盖；新一线城市城区连续覆盖，县城热点覆盖；省会、计划单列市城区连续覆盖；其他城市示范部署
2020—2022年	依据业务需求拓展5G覆盖：一线城市实现乡镇及以上连续覆盖；新一线实现发达乡镇及以上连续覆盖；139个重点城市、县城及以上连续覆盖；其他城市城区连续覆盖
2020—2024年	5G达到现有移动网覆盖水平，实现主要行政村及以上连续覆盖

资料来源：中国联通。

---

① 资料来源于调研期间召开的内部会议相关文件。中国联通马红兵的发言资料《5G开启新纪元，端管云共建新生态》，2018年12月14日。

在运营方面，联通新运营[①]有三重角色：资产提供者、连接服务者、合作或独立形式的新形态服务提供者，形成闭环。在功能方面，提供大宽带管道流量（4K/8K，AR/VR 等消费级数据需求；智能工厂、公共视频监测、自动驾驶等产业级数据需求）；数据储存及大数据服务（海量数据带来的数据储存和分析需求，包括云计算、边缘技术服务）；相关行业平台的合作运营（直播云平台、教育云平台、远程医疗、智能工厂）；应用、内容、产品的合作开发。

（2）推动 5G 创新应用。

在推动应用合作方面，与国内外知名芯片、模组、终端、解决方案以及渠道代理商等多家合作伙伴共建了 5G 终端创新联合实验室、5G 终端创新联合研发中心与 5G 体验中心，并在新媒体、工业、医疗等多个行业领域取得了重大进展及突破。成立的"中国联通 5G 创新中心"，推动相关行业创新，布局重点战略合作（见表 2 - 5）。与合作伙伴成立5 家战略合作中心，具体负责相关领域的 5G 业务产品孵化、标准制定、5G 行业生态合作建设等工作。成立的"中国联通 5G 应用创新联盟"是创新孵化器。

表 2 - 5　中国联通 5G 创新中心

相关行业创新	重点战略合作
智能制造创新合作中心	百度战略合作中心
智能网联创新合作中心	阿里战略合作中心
智慧医疗创新合作中心	腾讯战略合作中心
智慧教育创新合作中心	京东战略合作中心
智慧城市创新合作中心	华为战略合作中心
智慧体育创新合作中心	
新媒体创新合作中心	
智慧能源创新合作中心	
公共安全创新合作中心	
泛在低空创新合作中心	

资料来源：内部调研资料，张涌《5G 行业应用，新生态，新运营》。

---

① 资料来源于调研期间召开的内部会议相关文件。张涌《5G 行业应用，新生态，新运营》。

（3）与 BAT 共同推动行业应用研究。

中国联通与腾讯成立 5G 联合创新实验室，进行基于 MEC + 网络切片的强应用型平台研究，以及高精度定位算法、智能网联车关键技术、远程医疗、智能工厂等领域研究；与百度联合成立 "5G + AI" 联合实验室，进行车联网、AI、大数据等领域的创新产品、商业模式研究；与阿里巴巴形成 "5G + 8K" 创新业务合作，研究 4K、8K 高清视频直播、5G 智慧医疗（见表 2 - 6）。

表 2 - 6　中国联通 5G 应用创新联盟

序号	赋能	依托能力及技术
1	网络和平台赋能	依托中国联通的 "5G + AI" 能力、边缘计算能力、物联网使能平台能力、云网融合能力
2	产品孵化赋能	网络及产品开发测试，原型产品可以在中国联通 5G 试验网下进行数据打通，输出专业 5G 网络技术及行业发展洞察等能力
3	服务支撑赋能	依托中国联通 5G 创新中心、整合全国 "20 +" 专业子公司及产互公司（产业互联网公司）
4	商业创新赋能	构建商业模式，联合创新研究中心，与合作伙伴一起探索 5G 时代新兴业务的商业模式
5	营销资源赋能	具备潜力和商业价值的产品与项目，全国四级营销网络，60000 多支营销队伍
6	创投资本赋能	组织百亿级资金用于孵化 5G 项目联合投资及运营，择优进行资本引入，加速产品孵化

资料来源：内部调研资料，张涌《5G 行业应用，新生态，新运营》。

3. 中国电信 "Hello 5G" 战略

中国电信在已经实行转型 3.0 战略两年多的基础上，正向综合智能信息服务运营商的方向迈进。2018 年 9 月发布 "Hello 5G" 战略，旨在利用 5G 的发展，深入推进网络智能化、业务生态化、运营智慧化（"三化"），致力于打造 5G 智能生态，为企业转型升级赋予新的内涵。5G 智能生态涉及标准和技术创新、5G 网络建设、5G 业务和使能平台、5G 应用场景以及 5G 终端发展等诸多方面，需要相关方共同努力。

（1）共同促进 5G 标准成熟。

中国电信一直深度参与 5G 国际标准制定，重点在 5G 业务和商业模式、网络智能化、网络融合等方面开展深入研究，已先后在 ITU、ETSI、3GPP 等国际标准组织牵头了多项标准制定。

（2）共同打造 5G 智能网络。

中国电信在业界首次提出了"三朵云"的 5G 网络架构，由接入云、控制云和转发云共同组成。接入云实现业务的接入和流量吸收，控制云实现网络功能集中控制和能力开放，转发云则实现流量高速转发、流量直达。未来的 5G 网络是全面云化、应用融合的智能新网络，基于 NFV/SDN 架构，支持网络切片、边缘计算等新特性。成立 5G 创新中心，全力做好 5G 研究创新，按照总体规划加快各项准备，力争到 2020 年实现 5G 规模商用。

（3）共同创新 5G 应用模式。

5G 以应用为本，中国电信与合作伙伴全力打造 5G 应用的新动力、新模式、新高度。在应用合作上，强化固移融合、云网融合，培植 5G 应用的新动力。成立 5G 应用创新联盟，重点加强与业界标杆企业合作，有效聚合产业力量。

（4）共同繁荣 5G 终端产业。

中国电信将突出"大带宽、大连接、准实时"等特性，加快 5G 终端多元化。中国电信将联合终端芯片、品牌厂商、仪表厂商等成立 5G 终端研发联盟，发布"中国电信 5G 终端白皮书 1.0"，并启动行业终端研究。目前，中国电信的移动 4G 网、光纤宽带网和物联网等"三张精品网"已基本建成。同时，在引入 SDN、NFV、云网一体等新技术推进网络重构方面也取得了阶段性成效，如在主要的云资源池部署了 SDN，资源池内的网络配置周期已从周缩短到分钟。

4. 中国广电 5G 协同发展战略

协同发展战略是广电 5G 的实施路径，广电 5G 的新发展则体现在完成"四全媒体"融合时代的媒体融合使命。[①] 首先，要通过协同发展战略打造媒体融合背景下的合格市场主体；其次，通过协同发展战略构建极简、高效的媒体融合能力平台；最后，通过协同发展战略保障媒体融合的内容安全，提升运营效率，形成广电 5G 差异化竞争优势。

广电 5G 在为用户提供基础无线通信业务服务的基础上，将着重在以下五个方面发力。一是交互广播电视业务：向用户提供广播电视节目和大型活动/赛事、热点事件直播、点播，以及各类影视、娱乐、体育、音乐等音视频内容点播、下载等服务。二是高新视频业务：发挥广电文创科创优势，提供 4K/8K、3D、VR/AR/MR 等创新应用场景的高新视频服务。三是融合媒体云播控业务：汇聚有线电视网、广播电视台、IPTV 和 OTT 播控平台内容资源和流量资源，向用户提供互联网新媒体业务，为内容生产者提供生产、交易、发布所需的基础设施服务，为相关管理部门进行内容管控和技术管理决策提供支撑。四是万物互联业务：承载政务、商务、教育、医疗、交通、能源、旅游、金融、智慧城市、智慧家庭、智慧园区等领域业务应用。五是公共服务：承载公共安全、应急通信、应急广播、主题宣传、公益资讯等。

中国四大运营商 5G 发展计划汇总如表 2－7 所示。

表 2－7 中国四大运营商 5G 发展计划

运营商	计划投资	近 1~2 年网络部署计划	5G 发展战略
中国移动	240 亿元（2019 年）	2019 年建 5 万个 5G 基站，50 个城市实现商用服务；2020 年将在全国所有地级以上城市城区提供 5G 商用服务	"5G＋"战略："5G＋4G"协同发展，打造覆盖全国、技术先进、品质优良的 5G 精品网络
中国联通	80 亿元（2019 年）	2019 年在国内 40 个城市开通 5G 试验网络；2020 年实现一线城市县城以上连续覆盖	"5G"品牌战略；定位：资产提供者、连接服务者、合作或独立形式的新形态服务提供者

---

① 中国广播电视网络有限公司总经理梁晓涛于 2019 年 7 月 30 日在"推进智慧广电建设高峰论坛"上的发言《加快有线 5G 融合发展,推动广电网络转型升级》。

续表

运营商	计划投资	近 1~2 年网络部署计划	5G 发展战略
中国电信	90 亿元 （2019 年）	2019 年在 40 多个城市建设混合组网的精品网络； 2020 年启动向 SA 升级	"Hello 5G" 战略； 定位：综合智能信息服务运营商
中国广电	24.9 亿元 （16 个试点城市）	2019 年实施试验网建设； 2020 年底实现商用； 2021 年完成全国所有城市的覆盖	协同发展战略，形成 5G 差异化竞争优势

资料来源：课题组调研及根据公开信息整理。

（三）运营部署 5G 网络进展良好

5G 牌照发放后，为稳步推进我国 5G 网络部署，四大运营商分别发布其未来建网计划。赛迪研究认为，在网络建设方面参照国内外 3G/4G 建设周期，并考虑到 5G 投资强度更大、早期运营成本更高、最终版标准仍未冻结，以及运营商尚未收回 4G 成本等因素，预计中国 5G 投资将达 1.2 万亿元，投资建设周期可能至少需要维持 7~8 年。

1. 全国首批 5G 试点城市发展较快

2018 年，工信部连同三大运营商公布 5G 试点城市，进行 5G 试验网测试。国家发展改革委从国家层面要求 5G 规模组网建设及应用示范工程要以直辖市、省会城市及珠三角、长三角、京津冀区域主要城市等为重点进行建设[①]，以推动 5G 产业的发展。综合相关方面要求，5G 首批 18 个试点城市主要以东部城市为主。5G 牌照发放后，部分省市 5G 网络建设任务超额提前完成。以北京为例，截至 2019 年 10 月底，北京 5G 基础设施建设提前超额完成计划，北京联通已开通超过 6000 个 5G 基站，五环内已实现连续覆盖，六环内已覆盖超过 70%，六环以外重点区域也已连续覆盖。北京移动截至 2020 年 2 月已开通 5G 基站 6000

[①] 国家发展改革委于 2018 年 2 月公示的"2018 年新一代信息基础设施建设工程拟支持项目名单"。

个，实现了对东、西、北五环和南四环内以及郊区城区的覆盖。北京电信也披露 2019 年底实现了五环内 5G 信号在室外的连续覆盖，2020 年起加快五环外重点区域的信号覆盖。

2019 年 10 月 31 日，三大运营商宣布正式商用 5G，从发牌到正式商用不到 5 个月的时间，已开通 8 万个基站，5G 手机已经有 18 款完成入网，提出 5G 套餐，5G 商用的三大基础环节：网络、终端、资费全部完成。工信部副部长陈肇雄介绍，截至 2019 年 11 月初，北京、上海、广州、杭州等城市城区已实现连片覆盖。截至 2019 年底，全国已开通 5G 基站 13 万个。

2. 东部地区是 5G 网络建设的首选区域

当前，全国已有部分省（市）公布了 5G 产业发展的三年行动计划。5G 商用牌照发放前，河南省就已出台《河南省 5G 产业发展行动方案》。北京、成都、杭州等地紧随其后；5G 商用牌照发放后，上海、湖南两省市以及济南等城市陆续出台了 5G 发展方案，对未来 5G 产业的布局做出了规划。规划都聚焦于对 5G 基站建设、应用创新场景等核心内容的部署。各地出台的 5G 产业发展规划中，在信号覆盖、商用节奏、产值规模等方面，呈现出南方领先于北方的特点，与区域经济发展水平梯度基本一致。位于内陆的河南省，以及四川省成都市出台的 5G 产业发展规模和速度均不及东部沿海地区。

我国各地区 5G 建设规划汇总如表 2-8 所示。

表 2-8　我国各地区 5G 建设规划

省市	网络部署计划	重点应用	出台 5G 相关计划
上海	2019 年累计建设 1 万个 5G 基站，实现中心城区和郊区覆盖；2020 年累计建设 2 万个 5G 基站，实现全市域覆盖；2021 年累计建设 3 万个 5G 基站	"5G+4K/8K+AI" 应用示范、超高清视频、城市精细化管理、智慧医疗、智慧教育、智慧安防、文化旅游	《上海市人民政府关于加快推进本市 5G 网络建设和应用的实施意见》（2019 年 6 月 27 日）

省市	网络部署计划	重点应用	出台 5G 相关计划
广州	2019 年累计建成 1 万个 5G 宏基站（广州电信建成 2500 个，广州移动建成 4500 个，广州联通建成 3000 个），实现主城区和重点区域 5G 网络连续覆盖，率先实现 5G 试商用； 2021 年将建成 6.5 万个基站，覆盖主城区、重点区域	无人驾驶、智慧物流、智慧城市、智慧金融、工业互联网、智能装备、高清视频等	《2019 年广州市 5G 网络建设工作方案》（2019 年 6 月 1 日） 《广州市加快 5G 发展三年行动计划（2019—2021 年）》（2019 年 6 月）
杭州	2022 年累计建设 3 万个 5G 基站； 2020 年重点区域 5G 全覆盖，实现大规模商用	工业互联网、超高清视频、智能网联车、智慧安防、智慧物流、智慧医疗、电竞、商贸、教育	《杭州市加快 5G 产业发展若干政策》（2019 年 4 月 25 日）
苏州	2019 年底完成 5000 个 5G 基站，2021 年底建成 23000 余个 5G 基站，实现苏州全市范围 85% 以上的覆盖率	智能制造、工业互联网、交通物流、教育教学、健康医疗、广播电视、文化娱乐、城市管理、应急指挥； 智能网联车应用基地、"5G＋工业互联网"应用示范城市	《苏州市关于加快推进第五代移动通信网络建设发展的若干政策措施》（2019 年 8 月 2 日）
成都	2020 年实现城区重点区域连续覆盖，在全国率先实现 5G 规模商用； 2022 年累计建设 4 万个 5G 基站，成为中国 5G 创新名城	超高清视频、智慧医疗、智能驾驶、无人机、工业互联网、智慧城市	《成都市 5G 产业发展规划纲要》（2019 年 2 月 27 日）
济南	2020 年重点区域全覆盖，实现大规模商用	超高清视频、智慧医疗、智慧教育、智能网联汽车、智慧社区、智慧政务、无人机、工业互联网、智慧物流、智慧旅游	《济南市促进 5G 创新发展行动计划（2019—2021 年）》（2019 年 6 月 6 日）

续表

省市	网络部署计划	重点应用	出台5G相关计划
北京	2019年底五环内5G基站全覆盖； 2022年实现首都功能核心区、城市副中心、重要功能区、重要场所的5G网络覆盖	自动驾驶、健康医疗、工业互联网、智慧城市、超高清视频	《北京市5G产业发展行动方案（2019—2022年)》（2019年1月21日)
河北	2019年先在雄安新区、2022年冬奥会崇礼赛区建设5G试商用网络；2020年起，启动5G规模化商用，完善城市及热点地区5G网络覆盖，逐步向农村地区延伸；2020年底完成1万个；2022年底完成7万个		《关于加快推进第五代移动通信基站规划的通知》（2018年6月7日)
河南	用3~5年时间，实现河南中心城市和重要功能区5G全覆盖	医疗应用、自动驾驶、超高清视频、VR/AR（虚拟现实/增强现实)、物联网	《河南省5G产业发展行动方案》（2019年1月8日)
重庆	到2020年，实现基于路灯杆、监控杆、标识杆等社会杆塔设施资源的"多杆合一"； 5G宏基站达到1万个；基于上述设施的5G微/皮基站站址达到5万个		《重庆市人民政府办公厅关于推进5G通信网建设发展的实施意见》（2019年1月11日)
武汉	2019年面向武汉军运会提供5G网络商用； 2020年建成覆盖全市的5G网络并全面商用		《武汉市5G基站规划建设实施方案》（2018年4月3日)
湖南	2021年，全省基本完成5G规模组网并实现商用；长株潭建成5G宽带城市群，其他市州（县市）主城区、重要功能区、重点应用区实现5G网络覆盖，能够满足典型相关行业的5G网络商用需求	工业互联网、自动驾驶、超高清视频、网络安全、医疗健康、智慧城市、数字乡村、生态环保	《湖南省5G应用创新发展三年行动计划（2019—2021)》（2019年6月20日)

省市	网络部署计划	重点应用	出台 5G 相关计划
四川	2019 年底将基本实现成都市主城区及全省部分政府机关、景点等重点区域 5G 覆盖	超高清视频、智慧交通、车联网和无人机货运	《5G 产业发展三年行动计划》（即将出台）
贵州	2019 年实现 5G 试商用；2020 年建成覆盖各市（州）主要城区的 5G 网络并规模商用；2022 年力争实现 5G 全面商用		《贵州省推进 5G 通信网络建设实施方案》（2019 年 7 月 15 日）
甘肃		工业互联网、城市综合治理、智慧物流、智慧旅游、远程医疗、远程教育、车联网等	《关于进一步支持 5G 通信网建设发展的意见》（2019 年 8 月 2 日）

资料来源：根据政府官网等公开信息整理。

3. 中国联通和中国电信共建 5G 接入网络

运营商在集体业绩阵痛期开启 5G 建设，共建共享成为可能的路径。2019 年 9 月 9 日，中国联通和中国电信签署《5G 共建共享框架合作协议书》。根据合作协议，中国联通将与中国电信在全国范围内合作共建一张 5G 接入网络，双方划定区域分区建设，各自负责在划定区域内的 5G 网络建设相关工作，谁建设、谁投资、谁维护、谁承担网络运营成本。另外，中国移动也与中国广电接触讨论寻求搭建"共建共享"的合作模式，[①] 但目前尚无结论。

（四）5G 终端设备加快成熟

从全球来看，随着 5G 终端的加快成熟，韩美两国运营商全球首批商用 5G 时在终端方面捉襟见肘的状况已大大得到改善。近期，公布商

---

① 中国移动杨杰：正与中国广电探讨 5G 共建合作［EB/OL］. 财新网，2019 - 08 - 08. http://www.caixin.com/2019 - 08 - 08/101448860.html.

用的运营商大多能提供多款5G终端供用户选择。全球移动供应商协会（GSA）发布最新的《5G终端设备生态系统报告》显示，截至2020年2月，全球78家供应已推出208款5G终端，其中至少60款已经商用上市，这其中包括62款手机、69款CPE终端、35款模组、14款移动热点设备以及28款其他终端（如机器人、无人机、电视机、自动售货机、头戴式显示器、笔记本电脑等）。如果从2019年3月底开始查看GSA数据，则只有19家供应商宣布即将推出5G终端，其中33款已经正式确认。根据2020年1月底的数据，这些数据现已大幅增加——目前已正式确认的设备数量是2019年3月统计数量的7倍多。

随着5G基站部署和网络建设的铺开，已有多家设备商提供或即将提供5G手机，到2019年底，国内5G手机上市新机型35款，出货量达到1377万部。预计到2020年底，国内5G手机出货量有望达到1亿部，全球5G手机出货量将达到2亿~3亿部。

（五）5G网络部署国际市场前景广阔

当今世界市场极不平衡，欧亚大陆两端的欧洲西面和亚洲东面发展水平高，而中间则是一块极大的洼地。基础设施的连通对于激发区域经济市场的活力有着非常重要的作用。GSMA《2019亚太地区移动经济报告》指出，2018年4G成为亚洲最主要的移动技术（占总连接数的52%），到2025年占区域总连接数将超过2/3。届时，大约18%的连接将通过5G网络运行。截至2018年底，亚洲地区单独的移动用户数量已达到28亿人，相当于该地区人口的67%。到2025年，移动用户数量预计将增加到31亿人（占人口的72%），如图2-9所示。但是随着众多关键市场趋于饱和，增长速度将放缓。2018—2025年，亚太地区几乎所有新增用户都将来自6个国家：中国、印度、巴基斯坦、印度尼西亚、孟加拉国和菲律宾。亚太地区的移动生态直接和间接地为1800多万人提供了就业，并通过一般税收（不包括监管和频谱费用）为公共部门贡献了1650亿美元的资金（见图2-10）。

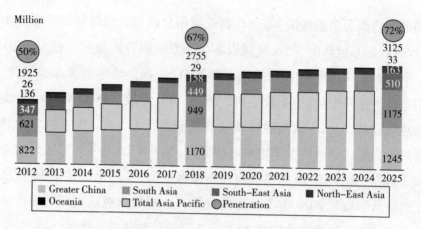

图 2 - 9 2012—2025 年移动用户增长趋势预测
资料来源：GSMA《2019 亚太地区移动经济报告》。

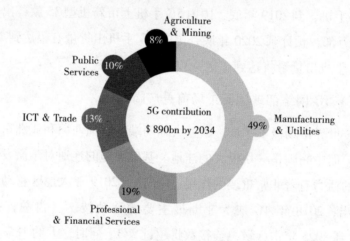

图 2 - 10 预计 2034 年 5G 为亚太地区的经济贡献分布
资料来源：GSMA《2019 亚太地区移动经济报告》。

在"一带一路"的倡议下，通信作为互联网时代的新型基础设施，能够将先进的通信技术和通信体验带入新兴市场，创造更广泛地区的经济社会繁荣。"一带一路"建设为我国通信运营商提供了一个推广中国 5G 经验的机会，将运营中国巨大市场的经验带入"一带一路"沿线国家，帮助中国企业完成海外业务的信息化建设，促使更多的国家和运营商加入5G 发展生态，建立世界范围内更为广阔的 5G 基础建设和应用市场。

1．通信产业国际化合作机遇无限

5G 建设期，我国运营商应积极推进"一带一路"沿线国家运营商、企业在 5G 技术、标准、协议等方面的合作，在"一带一路"沿线部署标准统一的、互联互通的 5G 网络。中国移动在全球成立的 TD-LTE 国际产业联盟 GTI，可在 5G 产业生态构建、推动 5G 发展应用、推进 5G 规模经济发展方面进一步发挥产业联盟的作用。中国移动表示，GTI 将推动 2.6GHz 等核心 TDD 频谱成为全球统一 5G 主流频段，GTI 将与国际相关行业伙伴共同探索 5G 商业模式和创新应用，并将进一步助力我国产业"走出去"，实现我国 5G 国际化推广。

2．中国企业国际化发展前景广阔

随着虚拟专线连接服务、广域网软件解决方案、智能办公等系列应用陆续推出，中国企业也能充分利用先进的信息通信技术手段"走出去"。通信运营商可为企业"走出去"解决信息问题，如网络安全管理、备份等支撑性服务。同时，作为中国企业的合作伙伴，三大运营商于 2017 年纷纷下调了"一带一路"沿线国家的漫游资费。

国际主要运营商在发展中市场的业务收入快速增长。根据国际领先运营商 2016 年财报，新兴市场的发展潜力要远大于发达国家。沃达丰（Vodafone）2016 年在英国市场的业务收入增速为 -3.3%，而其在土耳其的业务增速却高达 16%（见表 2-9）。同样，在拉美国家、西亚、非洲和南美等地区也存在巨大的发展空间，这些新兴市场为国内运营商提供了开拓新市场的机遇。

表 2-9 2016 年部分国际运营商在本土市场和发展中国家市场的业务收入增速（%）

项目	Vodafone		Telefonica		Orange		AT&T	
国家	英国	土耳其	西班牙	拉美	法国	非洲、西亚	美国	墨西哥
增速	-3.3	16.0	1.1	7.5	-1.0	2.6	9.8	20.8

资料来源：Strategic Analytic.

3. "一带一路"沿线国家通信基础设施建设需求巨大

"一带一路"沿线多数国家通信水平落后，缺少先进的网络运营经验，很难有效管理项目，需要引入国外的运营经验，提升通信服务质量和通信运营水平。中国的运营商可以通过与当地通信运营商和其他企业合作，为沿线国家提供更好的解决方案，针对资金、建设、运营、维护等方面的问题予以有效合作和帮助。

"一带一路"沿线国家在宽带接入和移动宽带普及方面存在巨大的发展空间。国家信息中心发布的《"一带一路"沿线国家信息基础设施发展水平评估报告》统计结果显示，在宽带接入方面，42.19%的国家提供的宽带接入速度小于或等于1Mbit/s；阿富汗、孟加拉国等国家可提供的宽带速度最慢，仅为0.25Mbit/s，宽带速度有待进一步提高（见图2-11）；在宽带普及率方面，64个国家的固定带宽普及率普遍较低，平均仅为11.67%；与高速增长的移动电话用户相比，"一带一路"沿线国家的移动宽带发展相对滞后，在移动电话普及率高于100%的国家中，仅有20%的国家移动宽带普及率高于80%（见图2-12）。

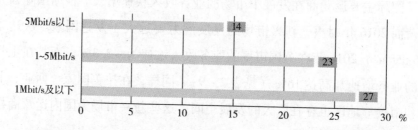

图2-11　"一带一路"沿线国家宽带接入速度各区间占比分布情况

资料来源：国家信息中心发布的《"一带一路"沿线国家信息基础设施发展水平评估报告》。

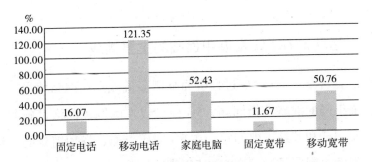

图 2-12　"一带一路"沿线国家信息基础设施应用平均普及率情况

资料来源：国家信息中心发布的《"一带一路"沿线国家信息基础设施发展水平评估报告》。

4. 运营商"走出去"的优势突出

建设运维经验丰富。中国拥有全球最大的固定和移动通信网络，移动互联网应用水平在全球具有领先地位，电子商务、共享经济等信息化经验丰富。运营商具备建设巨大市场、运营复杂情况的实践经验。

TD-LTE 具有一定的国际影响力。中国移动充分发挥其在通信领域的国际影响力，推动 TD-LTE 技术标准成为全球主流 4G 技术，牵头发起成立 GTI，促进 TD-LTE 国际化推广。目前，全球已经有 53 个国家和地区部署了 99 张 TD-LTE 网络，其中"一带一路"区域的 21 个国家和地区建设了 39 张 TD-LTE 网络。

跨境通信干线网络建设规模可观。中国移动在香港建成中国移动环球网络运营中心，可为共建"一带一路"国家和地区的产业合作伙伴提供国际专线、国际互联网接入等一站式全面服务。在东北亚、中亚、南亚、东南亚四大周边区域建成开通 8 条陆地光缆，陆地光缆带宽达到 6270G。参与建设 5 条海底光缆，带宽达到 4300G。在北京、上海、广州、深圳、福州建成 5 个国际通信业务出入口局，在"一带一路"沿线国家和地区建成 29 个"信息驿站"（POP 点，网络服务提供点）。同样，中国联通在全球拥有丰富的国际海陆缆通道和局站点资源，全球业务接入点超过 70 个。

二、运营商在 5G 发展中面临的主要挑战

电信运营商在推进 5G 过程中面临诸多挑战。在网络建设方面，运营商面临组网的战略选择问题、5G 建设成本问题、网络设施共建共享问题以及逼迁和基站损毁问题；在 5G 商用方面，商用前景的不清晰也在一定程度上削弱了运营商推进 5G 建设的动力。

（一）独立组网计划放缓

独立组网（SA）方案是 5G 空口（NR）直接接入 5G 核心网（5GC），控制信令完全不依赖 4G 网络，通过核心网互操作实现 5G 网络与 4G 网络的协同。采用 SA 方案，5G 网络可支持网络切片、边缘计算（MEC）等 5G 网络的新特性。非独立组网（NSA）是将 5G 的控制信令锚定在 4G 基站上，通过 4G 基站接入 4G 核心网（EPC）或 5GC，NSA 方案要求 4G/5G 基站同厂家，终端支持双连接。基于 EPC 的 NSA 标准已经在 2017 年 12 月冻结，采用这种方案将不支持网络切片、MEC 新特性，EPC 需升级支持 5G 接入相关的功能。独立组网与非独立组网组网方式比较如图 2 - 13 所示。

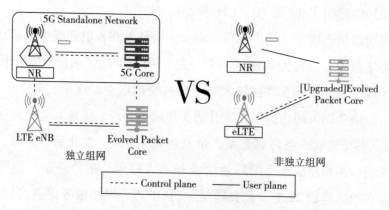

图 2 - 13　独立组网与非独立组网组网方式比较

资料来源：根据 IHS Markit 白皮书绘制（IHS Markit：5G Best Choice Architecture White Paper，2019 - 01）。

目前，由于5G核心网技术还未完全达到商用水平①，开展5G商用的主要国家如韩国、美国，均采取了NSA的组网方式。2018年，5G独立组网标准出台后，我国三大运营商（除中国广电）中，中国移动联合合作伙伴发布"5G SA启航行动"，中国电信在上海世界移动大会上发布《中国电信5G技术白皮书》明确表示其5G网络将优先选择SA方案组网。2019年2月，中国移动明确于2019年启动5G NSA规模部署，同步推进NSA和SA发展，且在2019年底逐渐开展SA的真正商用，包括招标、采购、测试工作，为2020年大规模建成SA网络奠定基础。中国电信表示2020年正式启动5G独立组网。中国联通目前的5G部署均是以NSA模式推进，运营商独立组网的计划明显放缓。若采用SA组网，5G网络可实现全部三大场景，而NSA组网只能满足增强型移动宽带（eMBB）的需求。尽快采用SA组网方式，提供超可靠、低时延的服务，能够为5G商业应用提供网络试验环境，加快5G与其他行业的协同发展。表2-10比较了独立组网与非独立组网的具体指标。

表2-10　独立组网与非独立组网具体指标比较

具体指标	独立组网	非独立组网①
建网组成	5G核心网+5G基站	4G核心网+5G基站（基于EPC）
成本	短期成本高 长期成本无	短期成本较低 长期成本较高
提供服务类型	满足大连接、超高可靠和低时延，可支持网络切片、MEC等新特性	只能满足增强型移动宽带的需求
商用进程	建设速度较慢，不能快速推动5G商用	适合快速部署，支持初期的5G商用服务
标准和产业链成熟度	2019年6月标准成熟，产业链相对弱，相关终端产品少	2018年3月标准成熟②，测试工作大部分完成，终端产品线更加成熟
未来计划	不需要再投入资金建设	向SA演进所需长期成本较高

资料来源：《中国电信5G技术白皮书》。
注：①非独立组网有两种形式：基于4G核心网（EPC）和5G核心网，目前运营商推进的是基于EPC的非独立组网。②3GPP blog.

---

① 华为的5G核心网性能测试取得关键性进展，整个系统性能指标满足预商用要求，距离商用建网目标更近一步，具备面向现网商用的规模部署能力

（二）网络建设存在技术难点

1．多种网络制式兼容难度加大

多模多频终端是解决业务连续性与国际漫游等需求的必然选择，在相当长时期内，运营商都将面临 2G、3G、4G、5G 多种网络制式并存的问题。多种网络制式对于终端成本控制、体积与性能都将产生影响，不同模式的互相兼容难度加大。根据 GSMA 的预测，到 2025 年 4G 仍然占据所有移动连接的 59%，5G 时代将由 4G 和 5G 共同主导。当前在从 NSA 向 SA 过渡的阶段，"5G + 4G"是解决当前网络经营和网络性能的关键，并且由于 5G 渗透率的原因，建筑物内使用 5G 还需要在建筑物里安装毫微微蜂窝基站做接收设备。5G 时代几乎难以离开 4G 的存在，现有的 5G 发展计划中还包括对 4G 的改进。

2019 年世界移动大会期间，中国移动联合华为、中兴、大唐、爱立信、诺基亚五家合作伙伴发布了《5G + 4G 无线技术白皮书》，向产业界发布 5G 和 4G 协同发展需求、场景和关键技术方面的倡议与指导意见。该白皮书通过能力协同、资源协同、演进协同三个方面分析了 5G 和 4G 协同的关键场景与技术，探讨了 5G 和 4G 网络在规划、建设、维护和业务发展上的高效协同，以实现中国移动"5G + 4G"网络一体化，满足 eMBB 业务需求和用户体验。

2．高频段技术尚未完全掌握

目前，世界各国 5G 的频谱分配主要围绕 6GHz 以下的电磁频谱（Sub 6G）开展，我国 5G 频谱的规划也主要集中在中、低频段。而美国的 Sub 6G 中频段主要用于军用，因其掌握了大量毫米波频段的核心技术以及关键零部件，其 5G 发展战略也主要集中在毫米波频段。毫米波资源丰富，有待进一步开发利用。5G 包括未来的 6G 向高频毫米波部署是必然趋势，但毫米波段需要的关键零部件和核心技术，如中高频芯片等核心器件，我国相关技术和产业发展水平远落后于国外。如毫米波终端，美国高通已有商用模组，而我国还处在研发阶段。毫米波基站在我国基本是空白，一些关键芯片和器件尚无法找到除美国以外的其他供应商，化合物半导体材料等领域技术落后、产能不足，关键核心技术面临国外严密的专利布局和技术封锁（见表2-11）。

表2-11　我国毫米波部分中高频器件发展情况

中高频器件	国产化率	具体表现
基带处理器	20%	目前已有华为和紫光在基站和终端有相关的产品应用
通用数字芯片	<5%	严重依赖进口，已有技术落后一代以上
射频器件	<5%	国内除基站侧滤波器、天线等初步具备竞争力外，其余大量器件均依赖进口

资料来源：工信部。

3. 网络部署面临能耗挑战

通信行业的高能耗一直是困扰运营商网络建设和通信技术发展的重要问题。随着5G基站部署数量的增多，处理数据海量提升，5G基站的功耗将大大增加，5G设备电费支出预计占据运营商运营开支的15%~30%。同时，功耗的增加对机房供电和承载的要求也相应提高，建网成本和运营成本加大。据调研机构EJL Wireless Research的研究，5G基站能耗上升，一方面因为Massive MIMO技术的引入，4G基站主要采用4T4R MIMO技术，而5G基站将采用64T 64R MIMO；另一方面，5G布网需要更加密集的5G小微基站，会导致网络的总能耗上升。2010年，国资委根据能耗贡献量将三大运营商由节能减排"一般企业"调整为"观察企业"。国资委、国家发展改革委和工信部从2008年起，每年组织开展绿色通信大会，为通信企业提供节能经验和成果的交流平台。2017年，工信部发布"十三五"信息通信节能减排意见，对高能耗老旧通信设备淘汰、基站共建共享、电信业务总能耗等问题均提出了相关目标和要求。

表 2 – 12　4G 和 5G 功耗对比

对比项	5G（A）	5G（B）	4G 典型值	对比
BBU 功耗（标称值）	470W（半宽板）	600W	200 ~ 250W	2.4 ~ 3X
AAU/RRU 功耗	1300W	1250W	350W	4X
AAU/RRU 发射功率	200W	200W	2 ×40W 4 ×40W	1.25 ~ 2.5X
AAU/RRU 重量	40KG	40KG	14KG	2.8X
天线配置	64T 64R	64T 64R	2T 4R	16X

资料来源：某运营商试验数据。

目前，5G 通过扁平化 IP 网络架构、分层基站部署和先进的链路技术等①，能够实现一定程度的节能减排。此外，随着设备技术升级、数据中心式的散热或冷却技术引入基站，智能化能耗调节、动态休眠、载频/时隙关断等技术的引入能够进一步降低能耗。设备商华为公司利用智能升压，免除线缆传输过程中的二级损耗，使全链路能效提升 3%；利用智能技术，使温控与主设备智能协同、精准温控、按需供冷，助力站点能效提升 5%。但以目前业界研发的技术水平，尚未将 5G 设备能耗大幅度下调，运营商攻克网络设备节能技术处境依旧艰难。

专栏 2 – 4　中国铁塔将基站梯次电池节能技术产业化

2019 年，中国铁塔公司成立铁塔能源有限公司，计划结合中国铁塔运维监控系统集中化管控全部基站的能力，根据电价水平和电网负荷情况实现快速响应：在电价高昂时段和用电高峰等发电厂高负荷运转时段，由梯次电池为基站供电。梯次电池是指没有报废，只是容量下降无法被电动汽车继续使用的电池组。一般而言，

① 游思晴,齐兆群.5G 网络绿色通信技术现状研究及展望[J].移动通信,2016(20):31 – 35.

电动汽车上的动力电池容量低于 80% 时，就需要退役更换，但这些电池仍可组装再利用。随着新能源汽车产业的兴起，退役动力电池的数量在不断增长，这成为中国铁塔切入新能源行业的契机。目前，中国铁塔至少与 11 家主流新能源汽车企业签署了战略合作协议推进梯次电池，解决运营商 5G 建设的能耗问题。

（三）网络建设成本较高

1. 基站建设成本高

目前来看，在 5G 部署的初期成本问题比技术问题更为突出。根据中国联通的调查数据，5G 设备价格约为 4G 的 3 倍，基站建设数量为 4G 的 1.6 ~ 1.8 倍，预计总投资为 4G 的 3 ~ 4 倍。根据中信建投研报统计，未来中国运营商 5G 主体投资规模将达 1.23 万亿元，较 4G 投资规模增长 68%。巨大的基础建设投入使运营商面临沉重的资金成本压力。我国三大运营商自 2013 年起，资本开支每年均有至少 3000 亿元，仅中国移动一家在 5 年内的投资就已接近万亿元（见图 2 - 14）。5G 商用牌照发放是新一轮投资开始的标志，据 Wind 数据库统计，中国三大运营商在 2013 年 12 月 4G 牌照发放后，在后续 4 年的总投资达到 1 万亿元，并预计运营商在 2021 年和 2022 年将达到 5G 建设投资的高峰（见图 2 - 15）。

同时，运营商的通信收入增长乏力。工信部 2019 年统计公报显示，2019 年电信业务收入累计完成 1.31 万亿元，比上年增长 0.8%。固定通信业务收入为 4161 亿元，同比增长 9.5%，在电信业务收入中占比 31.8%，比上年提高了 2.6 个百分点；实现移动通信业务收入 8942 亿元，同比减少 2.9%，占电信业务收入比重降至 68.2%（见图 2 - 16）。运营商在电信业务收入方面的增长速度正在下滑，2019 年前三季度，三大运营商的营收与上年同期相比均有不同程度的下降，中国移动利润同比下滑 14.6%，中国电信同比下降 2.9%（见表 2－13）。

图 2－14　三大运营商 2013—2018 年资本开支情况
资料来源：根据三大运营商财报、光大证券研究所数据绘制。

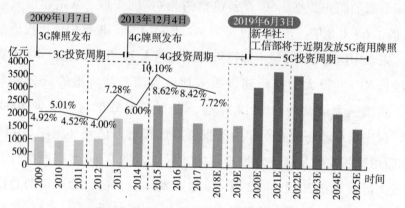

图 2－15　预计 5G 建设未来的投资情况
资料来源：Wind，第一财经。

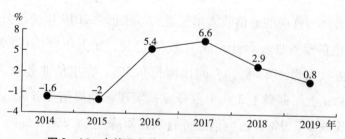

图 2－16　电信业务收入累计同比增长变化趋势
资料来源：工信部 2019 年电信统计公报。

表 2 – 13　2019 年第三季度三大运营商营收与利润情况

营收与利润	中国移动	中国电信	中国联通
营业收入/亿元	5667（－0.20%）	2828.26（－0.80%）	2171.21（－1.18%）
营业利润/亿元	818（－13.90%）	185.82（－2.90%）	43.16（＋24.38%）
利润率/%	14.4	6.5	1.9

资料来源：三大运营商 2019 年第三季度财报。

2. 5G 设备能耗成本大幅增加

5G 设备电费支出占运营商运营开支的 15% ~ 30%。中国联通调研数据显示，一个 5G 基站一年电费约 2 万元，如果 5G 实现 4G 的覆盖程度，则基站数量为 4G 网络的 1.6 ~ 1.8 倍，电费为 4G 的 3 ~ 4 倍。中国电信同样认为 5G 电费约为 4G 的 3 倍，几乎等于全年利润。在移动通信网络中，80% 的电费支出来源于基站。若按现有能源设备效率，加之现阶段全球主要依靠火力发电，以中国网络耗电年总量超过 500 亿度电为基础，5G 网络时代到来后，预计中国网络耗电将超过 1000 亿度，并造成年 272 亿千克碳排放。[①]

整体功耗增大是通信行业的发展趋势。虽然 5G 整体能耗上升，但 5G 部署将提高行业的能源效率。据统计，5G 每比特能源消耗仅为 4G 的 1/10。未来随着业务负载量的不断增长，通信行业单位比特的能耗下降是必然趋势，但整体能耗增大。通信行业进入大数据流量时代以来，能耗和电费一直是运营商面临的巨大成本问题。公开数据显示，2012 年中国联通员工全年雇员薪酬及福利开支达 287.8 亿元人民币，而该年的电费支出超过了员工薪酬及福利的 1/3。此外，2019 年工业用电 4.94 万亿千瓦时，5G 时代通信行业耗电量占工业总用电量约 1/49。与其他高耗能产业相比，通信产业的能耗还不算高。其他高耗能产业如冶金产业，其年能耗总量约为 1 万亿千瓦时，用电占其成本的 90%，用电量达到工业用电的 1/4。

---

① 华为 5G Power 使能 5G 时代绿色全联接世界［EB/OL］. 搜狐网，2019 – 04 – 17. https://www.sohu.com/a/308514375_374240.

3. 频段干扰清理成本高

中国联通和中国电信分得的 3.4 ~ 3.6GHz 频段与已有卫星频段存在干扰，涉及卫星公司、军方、政府、广电、银行、气象等多个部门。据调查，同频干扰 42 千米内不能再建基站，运营商根据规定不仅要在频段使用过程中实时避让，还要为相关部门进行频谱改造，其频谱使用成本大大增加。目前，具体的企业和部门情况仍没有从政府层面牵头梳理清楚，运营商私下沟通成本较高。加设滤波器、清频等相关改造的费用很大，且无法议价，因此运营商的改造成本大大增加。

4. 投融资模式有待优化

5G 时代通信基础设施更加智能化、平台化和多元化，网络基础设施不再是运营商独自承担的基本设施部署和管道运营维护，同时还包含云平台提供商对网络云平台的建设，以及相关行业对能力平台的建设。运营商网络初期建设投入需要探索多元投资的机制，引入 5G 时代重要利益相关者的共同参与，推动 5G 快速发展。

民资参与 5G 建设意愿不强。2012 年，工信部出台《关于鼓励和引导民间资本进入电信业的实施意见》，明确提出鼓励民间资本参与通信基础设施建设，开展移动通信转售业务试点等。但由于基础设施资产重，回报周期较长，通信行业自身存在的专业性强、规模经济等特点，所以民资进入难度高。此外，1980 年中国"电信法"开始论证研究，如今仍未正式立法。其中，对民营资本进入的相关规定如申请条件、程序等具体事项，目前仍未在法律层面上予以规定。这也是制约民营资本行业进入的障碍之一。

中国联通混改初显成效，5G 建设需要多元投资。2017 年，中国联通进行混改，定向增发新股和转让老股，并向核心员工出售限制性股票，定向增发新股增加了中国联通的资本金规模。通过混改，中国联通募集了 780 亿元，这些资金主要用于公司 4G 和 5G 相关业务和新业务。中国联通混改不仅解决了一部分建设投资资金问题，还引入了战略投资者，优化了央企股权结构，使经营更加灵活。中国联通与腾讯、阿里合作推出的"腾讯大王卡"和"阿里宝卡"，在市场上广受好评。新型商业合作模式在降低了用户移动资费的同时，增强了互联网企业的用户黏性，与战略伙伴实现了互惠共赢。中国移动和中国电信目前在用户数量和盈利能力方面在电信行业综合实力靠前，但仍需针对5G建设初期庞大资金缺口引入战略投资者。

5. 物业进场费用高

运营商在进入地铁、高铁、学校等物业场景进行网络部署时，进场租金费用普遍高。据某运营商反映，广州地铁长度400千米，租金是4000万元左右，深圳地铁长度是280千米，租金是2500万元左右。部分地区存在漫天要价的情况，即便基站共享也收三家运营商的费用。其他物业场景，如小区、办公楼宇等同样存在通信基础设施入场需缴纳入场费的情况，并且还部分出现缴纳费用的先后和高低、运营商与物业私自签署排他协议等情况。不规范的高入场费一方面打消了运营商入场建网的积极性，另一方面加大了运营商建网成本。

物业进场费用不规范是通信运营商建网一直面临的问题。早在2007年，信息产业部和建设部就联合发布了《关于进一步规范住宅小区及商住楼通信管线及通信设施建设的通知》，明确规定通信基础设施为住宅小区和商住楼的验收标准之一。各地方省市根据实际情况均颁布了对通信设施进驻物业的规范，但是从目前情况来看，已有规范和条例执行的力度还不够，实施效果甚微。

（四）网络建设需进一步共建共享

5G基站数量庞大、部署密集，基站资源若不进行合理安排共享，有限的城市空间将很难容纳5G密集的基站。网络设施的共建共享按照共享程度可分为无源设备共享和有源设备共享①，铁塔、机房、空调和

---

① 移动基站设备分为无源设施和有源设施两类，无源设施包括铁塔、机房、空调、发电机、蓄电池、供电系统、管道、杆路、光缆等，有源设施包括微波无线电设备、开关、天线等。

室内分布系统等无源设备的共享为无源共享，基站、核心网等有源设备的共建共享为有源共享，更深层的共享还包括频谱共享。

2019 年 6 月，工信部联合国资委发布《关于 2019 年推进电信基础设施共建共享的实施意见》（以下简称《实施意见》），明确了铁塔公司和运营商在网络共建共享方面的职责，也明确了我国网络共建共享以无源设备共享模式为主（见表 2 – 14）。同年 9 月，中国联通和中国电信宣布在全国范围内合作共建一张 5G 接入网络，将采用接入网共享、核心网各自建设、5G 频率资源共享的共建方式。双方划定区域分区建设，各自负责在划定区域内的 5G 网络建设相关工作，谁建设、谁投资、谁维护，谁承担网络运营成本。5G 网络共建共享在实际建设过程中取得了一定进展。

表 2 – 14　《实施意见》对主要建网主体的职责要求（部分）

企业和部门	职责要求
中国铁塔	1. 加强对铁塔、机房等基站配套设施与重点场所的传统无源室分系统建设需求统筹。统筹结果报三大运营商和相应共建共享协调机构。 2. 发挥重点场所进场谈判牵头作用，建立重点场所清单管理制度以及对接协调机制，统一协调、谈判重点场所中室分及其他通信配套设施。 3. 每季度前 10 个工作日将需求承接、交付使用、新建共享等情况报送相应共建共享协调机构。 4. 已发承担通信建设工程质量和安全生产责任，严格履行"勘察—设计—施工"的基本建设程序
基础电信企业、中国广电	1. 与铁塔公司利用社会杆塔资源，市场化开展微（小）基站建设。 2. 加强与市政、电力、铁路、高速公路等相关企业和部门沟通合作，提升跨行业基础设施建设共建共享。 3. 不得与商务楼宇、物业服务企业管理人签订排他性条款，阻碍其他电信运营商依法提供电信服务。 4. 进行杆路、管道等传输资源建设时，必须严格履行共建共享程序，具备共建条件的必须共建，共建各方未达成一致意见的，任一参建方不得自行与相关建设或惯例单位签署进入协议

资料来源：工信部、国资委《关于 2019 年推进电信基础设施共建共享的实施意见》。

1．通信设施共建共享面临挑战

第一，推进共建共享时，政府层面既要实现使网络整体建设成本下降，又要保障多家厂商之间的竞争关系。第二，共建共享在某种程度上削弱了运营商为争取广覆盖而进行的积极投资和基础建设竞争。第三，没有参与共享共建的运营商很难加入其他运营商共建的设施。虚拟运营商也有可能受到虚拟协议的影响。第四，有源共享在人口密集地区基本不可能实现，因为在人口密集地区，运营商的服务是基于充分和成比例的基础设施部署的竞争。偏远地区的共享更为容易实现。第五，越深度的共享就意味着越长的联合决策过程，这样网络建设和部署就会被拖延。

2．中国铁塔5G设施建设滞后

中国铁塔塔杆资源储备丰富，但共享率不及全球平均水平。中国铁塔官网显示，截至2019年10月底，中国铁塔总站址数为197.9万个，总租户数超过300万个。中国铁塔在5G基站与电网、铁路、邮政、地产公司、互联网企业合作，储备形成了千万级的社会资源站址库，包括875万根路灯杆、监控杆，超350万根电力杆塔，以及33万座物业楼宇。[①] 但中国铁塔的共建共享率还存在一定提升空间。如表2-15所示，2017年铁塔行业共享率全球平均水平为1.62，中国铁塔的共享率为1.49%；美国铁塔公司的共享率接近2%，单塔的收益超过4万美元，远高于中国铁塔的5775美元；印度铁塔公司共享率达到2.35%，单塔收入虽然因受限于国内居民消费水平而小于美国，为23210美元，但仍高于中国铁塔将近4倍。中国铁塔发布的2019年前三季度运营数据显示，塔类站均租户数从2018年底的1.55户提升到1.60户，共享率大幅提升，但中国铁塔的站址共享率仍有较大的增长空间。[②]

---

① 中国铁塔:推进大共享,支撑5G网络快速低成本商用部署[EB/OL]. 网易-科技,2019-06-06. http://tech.163.com/19/0606/10/EGVV5LUQ000999KU.html.

② 参见国泰君安发布的研究报告《铁塔行业:5G时代共享模式助力行业腾飞》。

表 2 – 15　中国铁塔与世界其他铁塔公司情况对比

基本情况	中国铁塔	美国铁塔	美国冠城国际	印度铁塔
站址数/千个	1872	150	90	162
总收入/百万美元	10810	6664	4356	3760
通信运营商租户数/千户	2669	285	198	381
共享率/%	1.49	1.9	2.2	2.35
站均收入/美元	5775	44427	48400	23210
EBITDA 利润率/%	58.8	61.4	57.0	43.3

资料来源：中国铁塔公司公告，国泰君安证券。

中国铁塔公司处于行业垄断地位，5G 网络建设推动乏力。在我国的铁塔行业，中国铁塔拥有 190 万个塔杆，其余 200 余家民营铁塔企业一共拥有 2 万多个塔杆，中国铁塔占据行业绝对优势。但中国铁塔成立时间短，基站建设经验不足，建设力量薄弱，5G 网络建设交付率低，5G 建设推动的驱动力不强，运营商物业租费和时间成本变相增加。在5G 建设过程中，当中国铁塔面临如物业问题、邻避问题时，自身也无法完全解决，直接影响了运营商布网的速度。

3. 5G 天面空间不足

运营商在 2G、3G、4G 建设中占用了很多天面资源，且随着天线数量的增多，其他网络设备占据了大量的空间，导致再建设备可选择的空间非常有限。因此，目前 5G 部署时存在运营商见缝插针，对物业资源的利用非常不当的问题。根据运营商的调研结果，目前来看，28% 的站点有天面整合的需求。[①]

4. 公共杆塔资源需进一步统筹协调

大量的 5G 基站和机房设备进场对现有的公共物业资源提出了挑战，现有城市塔杆资源的整合利用迫在眉睫。重庆、浙江、江苏等多个

_____

① 参见中国通信学会通信建设工程技术委员会发布的《5G 通信建设工程技术前沿报告（2018年）》。

省市出台了相关杆塔资源整合的实施意见。[1][2] 美国联邦通信委员会（FCC）已经制定了新的基站共享规则，规定将 5G 的网络设备配置在公用电线杆、交通信号灯等公共物业资源上，以降低成本并加快 5G 部署的进程。同时，我国工信部也发布了《关于 2019 年推进电信基础设施共建共享的实施意见》，明确提出了以提升资源共建共享水平、有力支撑行业高质量发展为目标，强化统筹集约建设和存量资源共享的要求。虽然工信部和多个省市先后出台了开放公共资源的相关规定，但实际情况仍需要加大对相关法律法规的执行力度，加强对公共物业资源的统筹协调。

5. 偏远地区共建共享水平有待提升

偏远地区的网络建设公共服务属性强，用户密度低，运营商维护成本大、盈利少。边远地区的基站网络设施共建共享，能够节省很大成本。边远地区的共享既包含用户少、盈利差的 2G、3G 制式，也包含即将建设的 5G。2019 年，工信部推出《异网漫游方案征求意见稿》，推动以市场为主导的运营商协商机制形成，这使得不同资本实力的运营商在边远地区的共享很难达成一致。但偏远地区仍存在更大深度共建共享的可能。边远地区 5G 部署用高频段建设成本太大，而且目前广电掌握700MHz 5G 建网的黄金资源，其网络建设人员队伍薄弱，经验也欠缺。同时，目前 700MHz 频段使用效率并不高，据调查，广电数字化广播带宽可以压缩至 4M，其余 96M 均可用于频段共享。

6. 基站资源共建共享的国际经验

已实现 5G 商用的韩国非常重视 5G 网络设施的共建共享。韩国科学和信息通信技术部在强化 5G 设施共建共享时明确规定，对于已建成

---

① 参见重庆市政府办公厅发布的《重庆市人民政府办公厅关于推进 5G 通信网建设发展的实施意见》。

② 参见江苏省政府办公厅发布的《省政府办公厅关于加快推进第五代移动通信网络建设发展若干政策措施的通知》。

3 年以上的基础设施，政府对共享方提供奖励措施，但对于 3 年以内建成的基础设施，强制要求运营商开放共享。

许多欧洲国家运营商通过合资或者联合经营的形式，也形成了有源设施的共建共享。这些共建共享合作有的仅限于在某个模式下，如 3G 或者 4G，并且大多数共建共享仅限于在人口稀少的地区，而人口稠密的地区基本不可能实现。根据欧洲电子通信监管局（Body of European Regulators for Electronic Communications，BEREC）统计，无源共建共享可以节省 16% ~ 35% 的资本支出、16% ~ 35% 的运营支出；有源共建共享（不包括频谱共享）可以节省 16% ~ 35% 的资本支出、25% ~ 33% 的运营支出；有源共享（包含频谱共享）可以节省 33% ~ 45% 的资本支出和 30% ~ 33% 的运营支出。部分欧洲国家共建共享的情况如表 2 – 16 所示。

表 2 – 16　部分欧洲国家网络有源设施共建共享情况

国家	参与的运营商	是否共享频谱	地理范围	时间跨度
塞浦路斯	MTN 和 Primetel	否	国家	—
捷克	T – mobile 和 CETIN	否	除两个最大城市外，全国被分为两部分	2013—2033 年
丹麦	Telenor 和 Tella	是	国家	2012—
芬兰	DNA 和 Tella	是	15% 人口所在的 50% 国土区域	2015—
法国	SFR 和 Bouygues	是	除人口大于 20 万密集地区	无
波兰	Orange 和 T – mobile	是	国家	2011 年
瑞典	Tele2 和 Telenor	是	国家	2009 年
瑞典	Telenor 和 Hi3G	是	农村	2001—
瑞典	Telia 和 Tele2	是	国家	2001—

资料来源：Berec：Report on Infrastructure Sharing.

（五）网络建设邻避效应更加突出

运营商进入小区部署 5G 网络时，常面临小区业主反对 5G 基站建设的情况。5G 作为一项新的通信技术，信号频率高、基站部署密集，多数小区业主对 5G 技术没有形成正确的认识，常以辐射为由要求拆除基站，甚至私自破坏基站，给运营商造成巨大经济损失，延缓了 5G 网络部署。以广东省为例，中国电信在推进 5G 建设时，全省 1000 个 5G 基站被业主逼迫迁走，损失约为 1 个亿。

然而，5G 电磁辐射并不高。通信基站的电磁波主要向水平方向发射，在垂直方向上衰弱明显，所以在基站的正下方功率密度往往是最小的。通信基站天线的辐射覆盖面积较广，辐射功率分散在方圆几平方千米的面积上，与人体的距离往往超过 10 米，其对人体的影响相对于笔记本电脑、手机更小。同时，4G 和 5G 的网络速度更快，不是靠增强通信基站的信号发射功率，而是靠扩容传输带宽，也不存在 5G 通信的基站辐射更强的说法，并且通信基站覆盖越密，手机信号接收才越好，用户收到的电磁辐射反而会更小。此外，为防止电磁辐射污染，保障公众健康，我国有关部门先后制定出台了《环境电磁波卫生标准》等多部法规和国家标准，我国的移动通信基站辐射标准是全球最严格的，比国际标准要求高 11.25 ~ 26.25 倍，比欧洲大部分国家高 5 倍。

（六）5G 商用面临多重障碍

运营商在 5G 时代的盈利主要来自消费者端对流量的消费和企业用户对网络服务的消费。但目前在消费者端，还存在用户流量使用尚待开发、终端内容供给不足等问题。在企业用户端，运营商还面临行业标准不清晰，工业企业利润率低，5G 尚未显现出绝对优势等问题。此外，"数字社会" "智能工厂" 等概念早在 5G 出现前就已经存在，多个商用场景已成为多方竞争激烈的交锋地，运营商目前尚未挖掘出其在相关行业应用中的核心竞争力。运营商对 5G 未来的商用模式还处于摸索阶段。

1. 5G 运营商现有的资费模式难以适应多样化的需求

网络传输的数据存在多种特征。从时间角度看，可以分为实时流量和非实时流量，如在体育赛事直播中其流量具有实时性。在实时流量中，流量的价值应该参照内容时间的价值定价，而不应该按照使用量定价。此类行业还包括视频监控、交通监控、仓储监控等行业视频领域。从可靠性角度看，可以分为可靠流量和非可靠流量。比如在工业制造领域的控制，如果 5G 嵌入生产工艺流程中，那么对流量的可靠性要求将占据第一位。在此场景下流量的价值应该按照现有数据传输采集系统的建设和运维价值进行评估和定价。又如，海量又对可靠性要求高的场景——自动驾驶。车辆的行驶、车与车之间、车与路之间，既需要可靠性流量支持信号控制，也需要大数据量进行信息交换。在这种场景下，流量的价值应该按照所提供的安全可靠等级能力评估。因此，未来 5G 流量的计费可能不能单单从流量的使用量上考虑，更应该从不同场景的特点出发，考虑可能的计价模式。

2. 消费端商业模式面临较大挑战

运营商在消费者端的商业模式是 2G、3G、4G 时代的主要盈利方式。在向消费者收费的模式下，运营商通过做大用户规模提升业务量，进而依靠传导提高收入。流量模式收入已成为 4G 以来运营商移动业务的主要盈利来源。工信部 2019 年统计数据显示，移动电话通话量持续下降，短信业务和流量业务保持同步增长，在户月均流量消费额（DOU）方面，整体趋势趋于稳定，用户流量需求趋于稳定（见图 2 - 17）。流量需求的大幅增长还需要新的商业模式带动突破，随着 5G 套餐的推出，流量也将大幅增长。而 5G 带来的将是数十倍于 4G 用户 DOU 的流量体验，流量消费也将成为 5G 时代消费端商业模式最主要的收入来源。

据运营商预测，5G 时代的初期收入来源主要在消费市场。5G 通信具有大带宽、低时延和广连接的特性，运营商为用户提供的 5G 服务可根据用户体验不同、应用产生的对于移动网络的不同需求进行区别定价（见图 2 - 18）。用户在一定流量套餐基础上，根据多种需求向运营商支

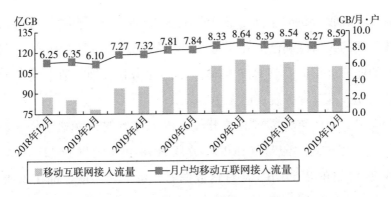

图 2 – 17　2019 年移动互联网接入月流量及户均流量（DOU）比较
资料来源：工信部。

付相关服务费。在这种模式下，用户对流量使用需求越大，不同流量特性需求越多，运营商越能够提供差异化服务，并且在 5G 时代单位比特价格更低的情况下，保证更大的盈利。

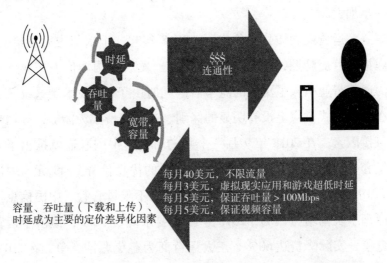

图 2 – 18　运营商以速度、时延和带宽作为区分手段的定价模式
资料来源：Ovum.

　　第一，用户趋向饱和，传统业务发展步入慢车道。当前的国内通信用户市场规模已处于过饱和状态，尤其是在移动通信市场。截至 2019 年全国移动电话用户总数达到 16 亿户。据工信部统计，2019 年移动通信业务实现收入8942亿元，比上年减少2.9%。十几年来支撑通信行业高速发展的人口红利已消失。同时，运营商传统的提供可靠语言和短信服务的业务也正在受到 OTT 类似应用的冲击和侵蚀，通信运营商靠常规营销模式推动业务发展已无法奏效。

第二，用户流量需求有待开发，内容监管难度随之加大。2018—2019 年，用户月均流量（DOU）数从 2018 年 12 月的 6.25GB 增长到 2019 年 12 月的 8.59GB。从月均数据看，每个月的增长都在 300MB 左右，在消费互联网时代，这样的流量增长速度还不够快。5G 即将到来的大流量消费有待进一步开发。网络内容供应商提供的大量高清视频、虚拟现实（VR）、增强现实（AR）、游戏等内容和体验有待大规模应用，但多数 AR、VR 相关企业 5G 内容还在研发阶段。用户的流量需求开发还需随着产业的发展进一步挖掘，但是随之而来的网络监管难度也将进一步加大。

第三，运营商同质化竞争加剧。2018 年起，工信部先后发给 15 家企业虚拟运营商牌照，给英国电信（BT）发放中国增值电信业务许可证，为通信行业引入了更多的竞争者。同时由于 5G 技术制式统一，运营商在流量模式供应上没有明显的区别，流量资费成为能够引导用户流动的直接因素。在 2018 年 9 月一个月的时间，中国联通就推出了三款不限量套餐。中国电信将全国不限量套餐的优惠价降到 49 元。中国移动在 2019 年 6 月推出了一款 20 元超低价的不限量套餐。中国信息经济学会原理事长杨培芳认为，2018 年国家要求降费 30%，但由于运营商过度竞争，实际降费达 60%。三大运营商为避免恶性竞争，在 2019 年 11 月 1 日公布的 5G 资费套餐中实行了统一的价格标准。在网络覆盖、套餐价格等各方面趋同时，如何在相关行业应用实现服务差异化成为运营商急需解决的难题。主要国家 2017 年移动宽带 1GB 资费情况比较如表 2 - 17 所示。

表 2 -17　主要国家 2017 年移动宽带 1GB 资费情况比较

资费情况	中国	美国	韩国	日本	法国	印度	世界
1GB/美元	7.4	32.64	9.73	47.18	11.26	6.13	14.2
1GB/美元（ppp）	13	32.64	10.96	49.39	11.51	19.97	22.5
1GB/GNI p. c. ×100%	1.02	0.67	0.41	1.47	0.31	2.98	4.6

资料来源：ITU.

3. 企业用户端商业模式面临诸多挑战

（1）企业用户端商业模式探索。

收入分成模式。互联网公司靠扩大用户规模做大自身平台，提升了在通信时代的话语权。互联网行业依赖通信行业，但是通信行业并不能从互联网行业获得直接收益。运营商要摆脱直接向用户收费的前付费模式，积极向用户免费的后付费模式转变。运营商提供网络，互联网商提供内容，收入分成模式越来越成为 5G 时代逐步清晰的商业模式之一（见图 2 - 19）。

图 2 -19　增强型移动带宽与低时延带宽需求的合作模式
资料来源：Ovum.

切片服务模式。[①] 网络切片使运营商可以根据企业用户的特点选择每个切片所需的特性，例如更少的时延、更高的吞吐量、连接密度、频谱效率、流量容量和网络效率。这些有助于提高创建产品和服务方面的

---

① 切片是指将 5G 网络划分为多个虚拟网络，每一个虚拟网络根据不同的服务需求，如时延、带宽、安全性和可靠性等划分，以灵活应对不同的网络应用场景。

效率，并改善客户体验。例如，运营商可以基于 5G 应用的地点收费，如体育场馆、智能工厂等；运营商还可以基于时间收费，如可以在演唱会、体育赛事的 2～3 个小时内提供基于时间切片的 VR 直播业务，比赛结束后这个切片就消失了。所以在 5G 时代，运营商可以通过叠加不同业务，提高运营商的收费空间。切片服务将改变运营商在传统模式中管道经营的角色，定制化服务使运营商在 5G 时代的定价能力提升。市场研究公司 ABI Research 表示，受行业相关产业领域日益增长的数字需求的推动，网络切片将创造约 660 亿美元的价值。

（2）为企业提供数据服务的商业模式。

运营商在 B2B 或者 B2B2X，或者更为复杂的合作模式下，一方面为客户提供网络服务，另一方面通过对客户数据信息的收集和分析向其客户提供结果分析服务。运营商向客户收取网络服务费用，同时也向企业客户收取数据服务的费用。尤其是在物联网、工业互联网等应用场景，运营商通过对用户数据的分析，实现对工厂设备性能的分析管理、人员效率管理、工程过程管理、设备预测性维护等，为企业客户优化作业流程，提高管理效率。

第一，我国工业企业利润低，5G 商用接受程度不高。以统计局 2019 年全年数据为例，我国规模以上工业企业利润率平均约为 5.86%（其中未扣除所得税，且 2019 年 CPI 同比上涨 2.9%）。我国工业企业利润水平低，既受限于工业企业普遍缺乏技术优势和市场充分竞争的现实，还受限于近些年人力成本的上升和资源价格的上涨。工业企业利润率低的现状短时间内难以改变，加之 5G 对于行业的作用还未完全显现，因此行业对 5G 商用接受程度有待提升。

第二，行业标准碎片化。标准的形成是行业开展大规模商业应用的前提，5G 在相关行业有着非常可观的应用前景，但是其所应用的行业间存在壁垒，各行各业需求差异大。如在物联网、工业互联网等领域的 5G 应用存在场景碎片化、服务个性化的问题。不同物联网产品协议不同、接口不同，缺乏统一的标准。同类产品研发企业也因涉及知识产权和核心竞争力等因素而不愿意展开合作。行业标准口径未能达成一致，5G商用规模化开展受到制约。

第三，商业应用发展不成熟。相较网络与终端，5G应用孵化发展相对滞后，杀手级应用尚未出现，核心商业模式仍不清晰。以个人市场的AR、VR为例，一方面亟须若干款爆款应用（特别是游戏）牵引终端升级换代需求，另一方面也需要建立持续的高质量内容与应用供给生态，推动终端普及并成为刚需。但目前来看，还存在内容、应用制作难度大、成本高，以及终端、应用的内容发展"先有鸡还是先有蛋"等问题，这些问题制约了5G终端的规模发展。

第四，计费模式面临多种场景和应用的考验。5G时代的运营商同时管理多个合作伙伴和网络资源，对于不同特性的合作伙伴需要提供不同的服务，采用不同的管理和定价模式。5G时代带来的是海量的连接和多种商业场景的应用，运营商面临比3G、4G时代更为复杂的商业环境，运营难度也较以往有所提升。2019年规模以上工业企业利润率和每百元营业收入成本走势如图2-20所示。

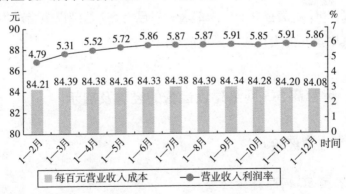

图2-20 2019年规模以上工业企业利润率和每百元营业收入成本
资料来源：国家统计局。

（七）部分国家提前谋划 6G

6G 作为新一代通信技术储备，各个国家的学术界和产业界已积极开展研究。2019 年 3 月，芬兰的奥卢大学举办了全球首个 6G 峰会，来自不同国家的企业和大学都纷纷提出了 6G 设想和方案，并于 9 月发布了全球首份 6G 白皮书。白皮书对 6G 的基础性能进行了相关描述，但实现 6G 仍存在诸多技术与制度难题。日本正在研究更高频段通信技术，并在太赫兹等多项电子通信材料领域已形成绝对优势。韩国三星于 2018 年启动 6G 概念研究，成立了 6G 移动通信研究组。韩国 SK 公司也宣布将与爱立信和诺基亚共同研发 6G。2019 年 2 月，美国联邦通信委员会（FCC）已开放面向未来 6G 网络服务的"太赫兹"频谱（95GHz ~ 3THz 频段），用于创新者开展 6G 技术试验。我国相关大学也开展了 6G 的研究，科技部、工信部也陆续于 2018 年开始了 6G 专题的重点研发计划。[①] 2019 年 11 月，科技部会同 5 部门在北京召开 6G 技术开发工作启动会，正式开启 6G 研究工作。但目前全球 6G 技术研究仍处于探索起步阶段，技术路线尚不明确，关键指标和应用场景还未有统一的定义。6G 通信技术的未来部署，对已有 5G 基础设施会产生融合或替代，其中消耗的大量成本要提前加以研究。

三、运营商 5G 网络建设运营的经验及启示

（一）主要经验

1. 韩国 5G 网络建设经验

韩国想借助首个 5G 商用国家的名头来确保自己的领先地位，再以迭代的模式优化服务。这与韩国的国家战略有关，据韩国 KT 经济经营

---

① 重点研发计划集中在 B5G/6G 基础前沿类、关键共性类技术等方面。

研究所预测，若 5G 能够在韩国成功运行，截至 2030 年将为韩国创造 47.8 万亿韩元的经济效益，并大大推进韩国在第四次工业革命中的发展速度。自 2019 年 4 月 5 日韩国三大运营商正式开启 5G 商用以来，用户数增长迅猛，2 个月后 5G 用户即突破 100 万人，4 个月后突破 200 万人，快于业界预期。韩国 5G 基站建设迅速，截至 2019 年 4 月 5 日商用 5G 基站共建有 8.33 万个，达 4G 基站的 10%；网络体验较 4G 大幅提升，产品资费与运营商补贴同时上升，每兆比特资费下降；普及速度超 4G 初期，DOU 及 ARPU 大幅提升；政府多方面推广扶持力度加大，预计韩国 5G 在 2019 年、2020 年将继续飞速发展。① 中韩通信市场发展相似度高，4G 时期我国政府及运营商就以发展最快的韩国为重要参考，因此我们认为韩国 5G 发展状况对中国具有重大的参考价值。

（1）5G 基站建设迅速，网络体验大幅提升。

基站建设：截至 2019 年 4 月 5 日，韩国共建有 5G 基站 8.33 万个，多在 2 月、3 月建成，SKT 更是在 2 周内狂建 2.4 万个基站，预计韩国截至 2019 年末将建成基站 23 万个。网络体验：网速相比 4G 大幅提升，未来仍有很大提升空间。资费与补贴：5G 初期产品资费高于 4G 约 20%，运营商补贴大，每兆比特资费降低。

（2）5G 初期普及速度超 4G，ARPU 平均值大幅提高。

普及速度：65 天内 5G 用户超 100 万人，超越 4G 初期，2019 年末用户达 400 万~500 万人。用户群体：首批用户主要为对资费价格相对不敏感的中高端人群。cDOU 和 ARPU 速度：商用以来，DOU 是 4G 时期的 5 倍以上，ARPU 提高 75%，随着 5G 终端应用场景丰富，ARPU 将进一步提高。

（3）三大运营商建网策略有一定差异。

LG U$^+$ 的策略是集中火力于密集都市建网，而 KT 和 SKT 两家运营

---

① 中信证券研究：中国 5G 的参照物韩国 5G 发展得怎样了［EB/OL］. 新浪 - 财经，2019 - 07 - 08. https://finance.sina.cn/2019 - 07 - 08/detail - ihyteerm2049259. d. html.

商的 5G 基站分布更分散。SKT 和 KT 的具体组网方式不一样，SKT 与三星在 4G 和 5G 网络上完成了互操作测试，宣称通过 GalaxyS10 手机双连接 LTE 和 NR 可实现超过 2Gbps 的峰值速率。SKT 的峰值速率是通过 4G 和 5G 聚合实现的，这种方式会导致更高的网络时延，而 KT 的 1Gbps 峰值速率是单 5GNR 速率，这种方式网络时延更低。SKT 更关注网络速率，而 KT 更重视网络时延。

（4）政府积极推广，多种形式支持 5G 发展。

政府要求基础设施共建共享，分摊降低成本。扶持力度增大，监管要求降低，政府拨款 260 亿美元发展 5G 网络，给予运营商大量补贴发展以 5G 网络为基础的自动驾驶、数字医疗等，取消 4G 时代对运营商话费补贴和终端补贴的限制。放低 5G 最低档资费门槛，吸引低端用户。

2. 中国移动以战略性落后为代价，获得 5G 竞争优势

我国移动通信产业从零起步到 4G 技术 TD－LET 占全世界 40% 的市场，再到 5G 中国企业的标准专利在世界上居于极具竞争力地位，前后历经 30 多年。从国家层面来看，在我国产业政策的主导下，三大运营商在从 2G 到 3G、3G 到 4G 迭代的过程中实现了协调发展，为我国移动通信产业的发展做出了显著贡献并积累了丰富的经验。以中国移动在从 2G 到 3G、3G 到 4G 迭代的发展历程为例，中国移动成立于我国 1G 时代（1987 年），同年建立中国第一个模拟蜂窝移动电话系统，1995 年开通 2G GSM 数字电话网，拥有绝对的先发优势，积累了相当大的用户规模。也因为用户优势、资金充足且是国际品牌，中国移动成为我国建设 3G TD－SCDMA 的最佳选择。中国移动担任建设 TD－SCDMA 虽然是国家意志，但中国移动也将发展 TD－SCDMA 作为自身义不容辞的责任。这条道路曲折，从 2009 年到 2013 年，中国移动遭到中国联通和中国电信猛烈压制，用户不断流失，市场份额下降。直到 2013 年，工信部发放了 4G 牌照。4G 在国际上有两个标准，TD－LTE（欧洲的爱立

信和我国一起开发，美国英特尔没有与我国合作，错失良机）和FD –
LTE（欧洲在原有技术上发展了基于FDD的这个标准）。由于4G较3G
有着明显的优势，4G应用后原来使用WCDMA 3G标准的中国联通就显
出被动。当中国移动拿到4G TD – LTE牌照之后快速建设LTE网络，推
动2G、3G用户转化为4G用户。仅一年时间，2014年中国移动的TD –
LTE基站数量就已经达到70万个，远远超过过去5年TD – SCDMA基
站建设数量的总和。中国移动一方面因为有TD – SCDMA，之前做了这
方面的技术储备和设备改造准备，另一方面想通过4G的建设机会力挽
3G的颓势，所以TD – LTE的建网速度才会这么快。

中国移动通过3G的暂时"失败"，获得技术储备以及动力，成为
4G时代的"胜利者"，成功延续到5G时代，使中国移动在5G专利数
中位列全球运营商第一。2018年，中国移动以年盈利1178亿元人民币
的成绩成为世界第三大通信运营商。由于我国的制度优势，四家运营商
均为国企，可降低5G发展的众多不确定性带来的风险，在科学合理的
基础上，通过共同协作，完全可以用"鸡蛋不要放在一个篮子"的方
式进行部署。如中国移动3G战略性"失败"的成功做法可以推广。

3. 全球移动运营商5G初期的主要做法

通信领域著名的分析咨询公司Moor Insights & Strategy认为5G领导
力有两个关键因素①，首先是确定的5G相关服务能否提供均衡的消费
者和企业产品组合；其次是基础设施设备提供商的能力，并对当下全球
移动运营商的进展进行了分析评判。

在北美地区，T – Mobile和Sprint两家公司合并，其频谱的结合利
用以及母公司Deutsche Telekom和Soft Bank的潜力，5G部署以及宣布
的5G服务和物联网产品引人注目，使其处于领先地位。Sprint宣布与

---

① Who is really leading in mobile 5G, part 5: global carriers [EB/OL]. MOOR ZNSZGHTS &
STRATEGY, [2019 – 04 – 17]. http://www. moorinsightsstrategy. com/who – is – really – leading – in –
mobile – 5g – part – 5 – global – carriers/.

Hatch 合作，提供 100 多种移动 5G 云游戏以及电子竞技流行的现场游戏和锦标赛流媒体。T－Mobile 收购了现在重新命名的 TVision Home，通过家庭中的 Over The Top（OTT）① 流媒体服务将未来的 5G 服务货币化。从基础设施的角度来看，合并后的公司已经将爱立信、诺基亚和三星与几家 5G 试点项目联系起来，重点关注大规模 MIMO。Verizon 则对 5G 应用进行了前瞻性思考，在纽约切尔西建立概念验证孵化器——Alley 公司，构建医疗保健、公共安全和移动游戏等领域实现货币化的具体 5G 用例。Verizon 还创建了 Verizon Ventures 的投资基金，投资虚拟现实、物联网和人工智能等领域，以进一步加速移动 5G 的可能用例。

在欧洲，德国和欧洲最大的运营商 Deutsche Telekom 从 5G 服务的角度与 19 家初创企业合作，将华为列为其基础设施提供商之一。Deutsche Telekom 凭借市场地位、当前的 5G 部署计划，通过其 Capital Partners 基金投资生态系统和 5G 用例，为消费者和企业提供服务产品组合，成为 5G 领导者。

在亚洲，SK Telecom 大规模部署了 5G 基础设施，并积极与合作伙伴合作为消费者和企业开发 5G 移动服务，从而成为领导者。SK Telecom 提供一系列横跨语音、内容和个人银行业务的消费者移动服务。从企业服务的角度来看，专注于汽车、教育、零售和医疗保健等八大领域，这些领域与移动 5G 在 LTE 上提高速度和降低时延的优势非常吻合。

（二）主要启示

1. 前期建网速度与后端应用创新二者缺一不可

通过 3G 时代的应用创新创造辉煌，并在 4G 时代被美国的应用创新赶超的日本，在 5G 时代仍然将赶超放在应用期。日本希望在基础设

---

① OTT,是 Over The Top 的缩写,来源于篮球等体育运动,是"过顶传球"之意,指的是篮球运动员在他们头上来回传送而到达目的地,现在指通过互联网向用户提供各种应用服务。这种服务由运营商之外的第三方提供,不少服务商直接面向用户提供服务和计费,使运营商沦为单纯的"传输管道"。

施全部覆盖后再推出稳定高效的商业服务，在应用期实现赶超。2019年 4 月，日本政府监管机构才正式向多家电信公司分配 5G 频谱。相应地，日本的三大传统电信运营商 NTT DoCoMo、KDDI 和软银（Soft-Bank）都计划在 2019 年推出 5G 预商用服务，到 2020 年推出完整的 5G 服务。因此，日本将 2020 年确定为 5G 元年。对此，负责通信事业的日本总务省副大臣佐藤由佳里指出，日本的 5G 技术已经相当成熟，之所以没有很快在全社会推广实施，最大的原因是日本全国能够接纳 5G 信号的设施和条件还不完善。根据佐藤由佳里的介绍，这是从日本对于 5G 商用前景的考虑出发，日本运营 5G 技术的核心，不只是为了建设无人驾驶汽车时代，更重要的是解决日本的社会问题。以老龄化为例，日本政府希望能利用 5G 技术进行远程医疗服务，而需要这些服务的区域往往是偏远的山区与海岛，但这些地方的通信设施和条件相对落后。

日本政府认为，如果能够实现 5G 设施全覆盖的话，那么 5G 技术的运用以及相关产业的启动会很迅速。不过在此之前，为了配合 2020 年东京奥运会和残奥会的举办，日本的 5G 商业服务还是要先在东京都中心等部分地区部署。日本第一大运营商 NTT Docomo 的社长吉泽和弘表示，3 年以内将拓展至日本全国主要地区。也就是说，日本最早要于 2023 年才能达到全国提供 5G 服务的预期。

比较日、韩两国不同的 5G 发展战略路径，其中重要的一点在于韩国有世界领先的电信设备制造企业三星，而日本没有相关领域世界级的电信设备制造企业。因此，韩国更加希望在前期进入市场，赢得一定的竞争优势，而日本则没有这方面的激励。对我国来说，拥有华为、中兴这样世界级的电信设备商，像韩国一样提前进入市场是比较有力的做法。但同时一定要注意后端应用创新的重要性，只有同时把握两者才能真正获得 5G 领先地位，并获得由领先地位带来的收益。

2. 创新是 5G 时代运营商成功的关键

目前，全球 5G 行业正处于起步期，在"移动通信基础设施—移动通信运营商服务—终端及应用前景"产业链中，上游势必要先迎来爆发，才能保证之后的应用环节顺利进行。在华为面临美国政府制裁的国际背景下，我国加快了5G商用牌照的发放，起到支持华为等一系列上游设备生产厂商的作用，同时也表明我国坚定的政治立场。

从国家层面来看，运营商这一环节真正的风险在于：若不能获得较高的投资回报，5G建设的速度就可能受到影响。5G建设的资金来源主要是电信公司的利润。从2G发展到4G，尤其是近十年来，电信公司传统语音、短信等"现金牛"业务不断受到OTT公司业务的竞争，收入、现金流、投资回报显著下降；而OTT公司则在运营商建设的基础设施上建立业务并迅速发展（见图2－21）。

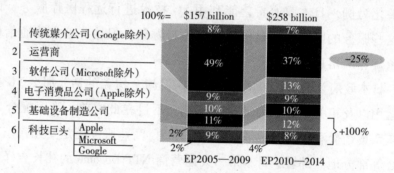

图 2－21　运营商的利润被高科技巨头和 OTT 参与者攫取

资料来源：麦肯锡分析来自59个产业的2414家公司的盈利数据"Hello, mobile operators? This is your age of disruption calling".

5G对诸多行业具有更大的推动作用。根据爱立信的预测①，2026年5G总收入将达13070亿美元，5G价值链三个环节的收入分别为连接和基础设施2300亿美元、服务使能6460亿美元、应用和服务交付4320亿美元，运营商在三个环节中可获得的收入占比分别为89%、52%、18%，收入分别达2040亿美元、3370亿美元、790亿美元（见图2－22）。如果运营商仅仅承担网络提供者的角色，就只能获得2040

---

① The 5G business potential, second edition, 2017－10.

亿美元；但若能承担服务使能者的角色，就能获得前两个价值链环节的收益，共计 5410 亿美元；而若能承担服务创造者的角色，则能获得三个价值链环节的收益，共计 6190 亿美元，占 5G 总收入的近 47%。可见，运营商仅提供网络服务只能获得基础收益，而要想获得最大收益，则要尽可能地成为服务创造者。

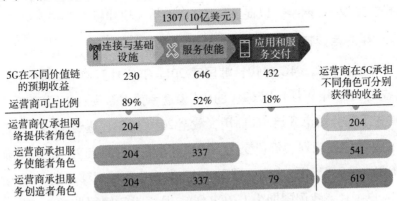

图 2－22　5G 三个环节收益总体情况（2026 年）

资料来源：爱立信。

利润的获得并不容易。运营商的创新动力和能力都明显不足是运营商的一大劣势。十几年前中国移动就有飞信，当时飞信的用户达到 5 亿人，不过中国移动认为飞信不收费不能产生利润，于是一方面让飞信每天只能发 10 条免费信息，另一方面再也不推广飞信。而中国电信和中国联通甚至根本不考虑开发这种应用程序。最后，被晚了接近十年的微信"一剑封喉"。

电信公司拥有一项独特优势——在大多数市场都难以复制的资产，以此为基础进行创新能够获得竞争优势。电信公司通过两方面的努力有可能走到前沿位置。第一，将技术全面部署到基础设施，同时在现有技术的基础上开发新的创新产品和颠覆它的主流产品和业务模式。5G 的前景包括技术将使电信运营商更具竞争优势，以应对来自 OTT 公司日益激烈的挑战。需要从业务和技术角度采取重要措施，充分利用网络切片和移动边缘计算技术，提供定制连接以支持在更敏捷、灵活的虚拟网络上运行差异化服务。第二，电信公司需要修复与顾客之前的信任关系，提高响应速度等。① 我国电信公司与 OTT 公司相比，离市场远、离客户远，这就阻碍了创新能力的激发。在国家层面，一方面可以通过激励的方式促进电信运营商的创新能力，以增加其创造的价值和利润；另一方面秉承"谁受益、谁出资"的原则，通过向 OTT 企业征税等方式参与投资建设 5G 网络，以促进初期 5G 网络加快建设。

3. 韩国运营商推动 5G 发展的做法值得借鉴

发展进程相似。4G 时代，韩国于 2011 年 7 月开启 5G 商用，一年后（截至 2012 年 9 月）以 62% 的 4G 渗透率独占鳌头；中国于 2014 年 6 月首先于部分城市开启 4G 商用，截至 2016 年 8 月达到 50.4% 的渗透率，在基站建设规划、资费变化、用户普及率等方面与韩国高度相似。

DOU、ARPU 相似度高。截至 2017 年 9 月，韩国移动用户 DOU 为 5.1GB/户·月，我国同期为 1.7GB/户·月，为我国同期的 3 倍，平均 ARPU 为我国同期的 3 ~ 4 倍，结合中、韩两国消费水平差异，两国的 DOU 和 ARPU 相似度较高。

参考作用明显。韩国移动宽带需求旺盛，推进移动通信最为激进，与我国情况类似。4G 时代我国政府与运营商多次以韩国发展状况为参照进行部署，因此韩国 5G 发展状况对我国具有重大参考价值。

四、推动运营商发展 5G 的建议

加快运营商 5G 网络建设是拉动上游设备和零部件实现创新突破、带动下游相关行业成熟发展的关键环节。随着 5G 网络建设正式进入快车道，网络建设方面存在的诸多障碍，在一定程度上阻碍了建设的进展、影响了网络部署的质量，急需采取行之有效的政策措施，以保障 5G 网络建设的可持续推进。

---

① The Uberization of telcos TechCrunch,2018 – 06 – 10.

（一）支持大城市独立组网、中小城市非独立组网

我国5G网络建设有三大优势：一是频谱成本低、市场巨大以及Sub-6GHz中频频段资源丰富。因此，我国运营商频谱使用的成本低于国外运营商，初期建设资本实力更强，且我国有条件在个别区域内实行5G独立组网试点。此外，我国丰富的中频频段资源能够保障5G SA实现良好覆盖，而主推5G毫米波频段国家只能在热点地区覆盖5G SA，广覆盖还需依靠4GLTE接入网，很难快速实现5G SA。因此，我国可以选择部分地区作为5G独立组网的试点，其他地区按照运营商既定规划进行NSA组网，热点地区覆盖SA。SA与NSA组网同步推进。这样一是在部分地区开展5G独立组网，避免了运营商全面建设5G SA带来的短期成本问题，也为未来向SA过渡做准备。二是SA建设能够进一步推进5G商用的步伐，为5G其他两个典型应用场景提供充分试验的空间，试点地区可以作为5G典型商用场景试验区。三是5G独立组网能够促使我国加速实现全面5G时代，在商用标准、技术等方面先人一步，赢得5G竞争优势。

（二）建立5G网络关键共性技术联合攻关机制

对于通信行业关键核心技术，可借鉴采用TD-SCDMA联盟的运作方式，聚集产业链上的主要企业进行联合攻关。对于毫米波技术要尽快进行布局，提升我国通信产业链的国际竞争力。对于节能技术，可采取多种解决方案。从短期来看，继续推动转供电改直供电，为运营商5G建设减少一定的成本。中国铁塔2019年6月成立铁塔能源公司，着力构建由5G基站和光伏发电共同构成的分布式电网，未来能够有效解决5G基站耗电问题。从长期来看，从技术上突破大幅降低能耗难度大，靠产业链上的企业单打独斗往往很难攻克，政府应提升对该技术作为关键共性技术的认识，集中产业链优势资源，成立共性技术联合攻关小组。积极与国外相关企业、科研单位进行交流合作，如成立国际绿色通

信技术联盟,推动绿色节能技术标准化发展(见表2-18)。

表2-18 减少运营商5G能耗成本的解决方案

	方案	投入	效果	可行性
短期	工业电费下调①	已形成投入	减少约10%	中
	运营商电费补贴	100亿~500亿元	减少相应成本	低
	转供电改直供电	较少	减少约10%	高
长期	共性技术攻关	不确定	无法估计	高
	引入电网战略合作	较少	减少相应成本	高

资料来源:根据公开资料整理。

(三)协调多方力量进一步为运营商减税降负

我国运营商在5G投资建设方面的成本较大,政府可以从多个方面对运营商减税降负。在5G建设期间,适当调低电信行业增值税;探索建立5G产业建设基金,引入多方投资,缓解运营商5G建设成本压力;各地方加快推进5G建设转供电改直供电工作;敦促地方政府协调高铁、地铁及机场等公共场所降低运营商一次性入场费或物业租金,统一小区等物业场景入场费,减免政府部门、事业单位和高校院所等物业场景的入场费用。同时,积极推动互联网企业如阿里巴巴、腾讯、百度等与运营商进行5G基础设施共建,探索5G时代互联网企业与运营商的合作模式。推动5G产业链上优质企业上市融资。随着科创板的开通,通过不断完善健全证券市场的法律监管制度,吸引具有成长性的5G产业链上的技术、内容经营等企业在国内上市,拉动5G产业链价值上涨,这不仅有利于推动5G及相关产业发展,也有利于推动国内资本共享5G发展红利。

(四)推动基站和频谱资源共享,探索深度共享模式

从严要求运营商共建共享。政府要协调运营商对现有的非共享设备

---

① 2019年政府报告明确提出,要求各地下调工业用电价格10%。

和架构进行整合或共享，必要时需让位于共享设备的部署，同时考虑强制部分已有设备共享整合。

加强公共资源的开放力度。进一步开放政府及事业单位的物业楼宇、市政设施、公共场所作为5G站址资源；有效统筹路灯杆、监控杆、电力杆等挂高资源；定期公布政府开放物业清单，免费开放物业，指定政府相关主管部门协助运营商获取难点站址。

提升中国铁塔的建设能力。中国铁塔在铁塔行业处于垄断地位，缺乏竞争，网络建设动力弱。政府需对中国铁塔提出5G建设进度的要求，建立运营商评价中国铁塔的考核机制，激励中国铁塔建设5G的动力。

协调边远地区共享700MHz用于5G建设。边远地区5G部署用700MHz频段建设相对高频更加经济，成本能够节省几倍，若共享700MHz频段则运营商成本节省更多。由于偏远地区的通信服务公共服务属性更强，市场竞争属性弱，政府可以牵头运营商在偏远地区进行分片建设，不同片区以异网漫游的方式实现共享。对于不同片区的产权管理、运行维护、网络优化等问题予以一定的协调和指导。

（五）加强5G科普宣传，建立事前居民广泛参与机制

发挥地方经信委和科协等部门在科普方面的积极作用，继续加强对居民的5G科普宣传力度，培养居民对5G的科学认知。5G通信设施作为城市重要的基础设施，政府应发挥统筹规划作用，明确管理机制和建设流程，依法依规开展工作。政府和运营商在项目选址决策过程中，应尊重居民的知情权和权利主张，建立居民广泛参与并充分表达意见的机制，破除居民对基站辐射的误解。同时，政府还要调动居民参与的积极性、主动性，将项目带来的好处以及潜在风险等充分告知民众，通过激励和补偿机制使居民成为项目建设的利益相关者。

（六）培养5G"杀手级"应用，加速5G行业应用步伐

支持鼓励5G消费者端典型应用的研发和推广，加速AR/VR产品

的快速上市和应用。加快对相关产品的上市审查和审批速度，对能够快速拉动5G需求的相关应用给予协助推广。从5G商用端进行补贴和采购拉动商用进展。5G的上下游生态尚未形成，政府需要进行总体规划推动实施。建议政府强化专项资金导向作用，针对关键应用研发创新、应用场景产业化和应用示范点等专项进行资金支持。建议成立类似欧盟5G PPP的相关产业发展扶持平台，择优资助5G与相关行业的应用研发、应用示范和应用场景产业化项目；补助行业龙头企业率先应用5G，为行业起到积极的示范效应，帮助企业突破"不敢用、不愿用"的惯性，跨越5G商用的第一道门槛；通过政府采购，购买具有公共服务属性如"5G+智慧医疗""5G+智慧交通""5G+智慧教育"等相关行业的相关产品或服务，加速5G在相关行业应用；推动5G市场化发展，在实践中加速5G在相关行业应用的标准体系建设。

（七）加强对运营商的行业协调引导，构建良性竞争环境

5G运营商面临的很多问题都需要从国家层面予以统一协调引导，不仅要加强行业间协调，还要加强行业内协调，维护行业秩序。政府需牵头梳理对中国电信和中国联通 3.4～3.6GHz 频谱产生干扰的相关部门和企业，摸清需要改造频谱的基本情况，减少运营商跨行业沟通成本。协调关键大型物业场景如机场、地铁、高铁、学校等，就通信运营商建网进入条件进行统一明确，物业进场费等进行统一规定。对楼宇、小区不合理的针对运营商入场建网的行为进行统一规范，加强相关法律法规的执行力度。在网络建设方面，政府需牵头协调运营商在提供公益性、非营利性通信服务的范畴和区域内进行深度共建共享，如在偏远地区实现基站共享、频谱共享。统筹协调运营商的市场行为，合理安排5G部署速度；建立价格协调机制，避免运营商在终端消费领域产生恶性竞争，引导运营商在5G相关行业形成优势互补、合理竞争的局面。

专栏2-5 主要国家5G套餐情况

根据目前各国运营商给出的5G网络套餐费,例如美国两大运营商AT&T和Verizon已推出所谓的"5G E"和"5G Home",这些5G新用户每月套餐费用达到70美元(约合人民币470元)。在亚洲方面,韩国三大电信运营商SK Telecom、KT和LG U⁺,在2019年已推出5G热点,并推出了面向个人用户的5G产品,但每月至少要花费4.95万韩元(约合人民币300元)才能获得10GB流量,享受5G服务。全球5G套餐里芬兰最划算,芬兰当地运营商Elisa第一年每月只需要39.9欧元(约合人民币305元)就可以无限量使用5G流量。德国最近出台5G套餐,5G不限量套餐每月收取84.95欧元,折合人民币658元。

11月1日,我国三大运营商共同出台了5G资费套餐,其中最便宜的129元人民币套餐包含每个月30GB的流量,相对其他国家的资费标准更低。

(资料来源:C114)

(八)推动运营商联合开拓5G国际市场,积极参与"一带一路"建设

与高铁、港口建设相结合。5G"走出去"可以考虑与我国优势产品出口相结合,如高速铁路运输,5G能够让铁路运输变得更加信息化和智能化。通过数据处理速度的相应提升,5G可以使铁路运输成为一场时间、空间和消费完美结合的应用场景。港口同样是我国"一带一路"建设的重要优势领域之一,5G时代港口智能化趋势进一步凸显,5G技术的引进能够对传统港口进行升级改造。5G通信基础设施建设与交通基础设施建设等优势产能一同"走出去",一方面能带动我国关键零部件、软件供应商在5G场景下的应用,另一方面能在多个场景下引

入我国通信运营和内容服务供应商，为产业链企业开拓更广阔的市场。探索与交通基础设施等其他基础设施的紧密融合，寻求共建和相互支持的解决方案。

强化与沿线国家的政策沟通，推动信息通信技术领域务实合作。加强与沿线国家的沟通磋商，积极推进与"一带一路"沿线国家签署促进信息互联互通的相关规划文件，推动信息化发展规划、技术标准体系对接，优化国际通信网络布局。鼓励国内城市与"一带一路"沿线国家重要节点城市开展点对点合作，建立网上丝绸之路经济合作试验区，推动双方在信息基础设施、智慧城市、电子商务、远程医疗、"互联网＋"等领域开展深度合作，充分利用亚投行、丝路基金等投融资机构，积极促进国际通信基础设施互通有无，促进跨境互联网经济繁荣发展，共建"数字丝绸之路"。

（九）加快出台"电信法"，规范电信市场行为准则

"电信法"从 1980 年开始进行研究论证，2019 年 1 月列入十三届全国人大常委会立法规划，但至今仍未出台。其中，已出台的《中华人民共和国电信条例》作为过渡对电信行业进行规范指导，但从法律层面上仍未对相关行为和具体事项做明确规定。出台"电信法"可明确通信基础设施的公共基础设施属性，规范公共设施相关场景对电信运营商的进入条件和进场费用等，规定其他公共基础设施对通信设施的兼容；明确具体事项相关规定，如民资进入电信行业的具体要求、破坏电信基础设施属于违法行为等。在法律层面上对运营商推进 5G 建设部署过程中的问题进行明确规范，增加行业门槛透明度，减少运营商 5G 建设推进的障碍，为 5G 推进提供政策保障。

（十）加强通信技术基础研究，布局产业链上游关键材料和设备

未来的通信技术需要理论的突破，现阶段既要加强对前沿技术、关键共性技术的专项支持，也要加大对未来通信基础研究的投入，鼓励相

关大学、科研院所进行通信理论探索和突破。面向部分大学、科研院所和企业开放太赫兹频段，为创新者提供未来通信技术试验条件。布局未来通信技术研究开发，加大对产业链上游关键技术和材料设备的研发投入。鼓励相关企业积极布局产业链上游的关键材料和设备，鼓励科研院所对基础材料和基础设备进行研制开发。

（执笔人：韩燕妮、马晓玲）

专题报告三
5G赋能工业互联网研究

　　5G技术的"高带宽、低时延、广连接"的特性很好地解决了工业互联网发展中长期存在的痛点，5G赋能工业互联网的探索取得较大进展，显示出广阔的应用前景和巨大的经济价值。2019年，中央经济工作会议把推动制造业高质量发展列为七项重大工作任务之首，明确提出要加大制造业的技术改造和设备更新，加快5G的商用步伐，加快人工智能、工业互联网、物联网等新型基础设施的建设。2020年以来，我国5G规模部署不断推进，5G的创新应用也逐步向多领域拓展。5G赋能工业互联网既是加快5G商用部署的重要突破口，也有助于加速工业互联网落地实施。但同时也面临跨界融合难度大、企业转型包袱重、专业人才缺乏、核心技术受制于人等问题和挑战。应多措并举，进一步推进5G赋能工业互联网，促进制造业转型升级，实现高质量发展。

一、5G赋能工业互联网的探索与前景

　　5G赋能工业互联网是新一代信息通信技术与工业领域深度融合形成的新型应用模式，将形成全新工业生态体系，促进制造业全要素、全价值链、全产业链转型升级，显著增强工业互联网产业供给能力，为工业互联网跨越发展提供坚实的技术保障，支撑工业互联网新业务、新模

式创新发展。

(一) 工业互联网前景广阔

工业互联网潜力巨大。据埃森哲预测，2020 年全球工业互联网领域投资规模将超过 5000 亿美元，2030 年将带来超过 15 万亿美元的增长。据 Marketsand Markets 的调查报告，2018 年全球工业互联网的市场规模约 640 亿美元，预计 2023 年将超 900 亿美元，2018—2023 年的 5 年间复合年成长率 (CAGR) 为 7.39%。其中，亚太地区增速最高，中国和印度等新兴经济体的基础设施和工业发展持续促进亚太区的市场成长。全球工业互联网设备联网数量在 2016—2025 年，将从 24 亿台增加到 138 亿台，增幅达 5 倍左右，工业互联网设备联网数量也将在 2023 年超过消费互联网设备联网数量。

工业互联网应用广泛。工业互联网将在能源、交通运输 (铁路和车站、机场、港口)、制造 (采矿、石油和天然气、供应链、生产) 等应用领域发挥重要作用。我国工业互联网的发展也由过去的政府主导逐渐向应用需求转变。预计在政策推动以及应用需求的带动下，到 2020 年规模将突破 4500 亿元。近年来我国陆续发布政策，探索工业物联网产业链生态构建 (见表 3 - 1)。

表 3 - 1 我国工业互联网领域的政策

发布时间	发布部门	政策名称	主要内容
2016 年 5 月	国务院	《深化制造业与互联网融合发展的指导意见》	深化制造业与互联网融合发展，协同推进"中国制造 2025"和"互联网 +"行动
2017 年 1 月	工信部	《物联网"十三五"规划》	明确物联网产业未来的发展目标
2017 年 11 月	国务院	《深化"互联网 + 先进制造业"发展工业互联网的指导意见》	深入推进"互联网 + 先进制造业"，规范和指导我国工业互联网发展

发布时间	发布部门	政策名称	主要内容
2018 年 5 月	工信部	《工业互联网 App 培育工程实施方案（2018—2020年）》	提出了夯实工业技术软件化基础、推动工业 App 向平台汇聚、加快工业 App 应用创新、提升工业 App 发展质量四大主要任务，并细分为 10 项具体任务
2018 年 7 月	工信部	《工业互联网平台建设及推广指南》	聚焦工业互联网平台发展，以平台标准为引领，坚持建平台和用平台双轮驱动，打造平台生态体系，优化平台监管环境，加快培育平台新技术、新产品、新模式、新业态，有力支撑制造强国和网络强国建设
2019 年 1 月	工信部	《工业互联网网络建设及推广指南》	细化了工业企业建网络用网络、建标识用标识的总体目标、实施路径和工作重点，有针对性地解决企业建网用网、建标识用标识的突出问题
2019 年 3 月	工信部、国家标准委	《工业互联网综合标准化体系建设指南》	指导当前和未来一段时间内工业互联网标准化工作，解决标准缺失、滞后、交叉重复等问题

资料来源：课题组整理。

工业互联网的发展阶段。工业互联网是通过工业资源的网络互联、数据互通和系统互操作，实现制造原料的灵活配置、制造过程的按需执行、制造工艺的合理优化和制造环境的快速适应，达到资源的高效利用，从而构建服务驱动型的新工业生态体系。工业互联网拥有智能感知、泛在连通、精准控制、数字建模、实时分析和迭代优化等六大特征，按照实施阶段划分，可分为四个阶段（见表 3 – 2）。

表 3 – 2 工业互联网的四个实施阶段

实施阶段	特征
智能感知	全流程进行工业数据的采集
互联互通	将采集到的数据利用通信网络实时、准确地传递
数据应用	利用云计算、边缘计算及大数据等技术，实现对数据的充分挖掘和利用
服务模式	利用信息管理、智能终端和平台集成等技术，实现传统工业的智能化改造

资料来源：中商产业研究院。

我国工业互联网发展如火如荼。2019年8月30日,工信部软件司巡视员李颖在2019世界人工智能大会上表示,截至2019年7月底,中国重点工业互联网平台平均工业设备连接数达65万台、工业App数近2000个、工业机理模型数突破830个,注册用户数突破50万人。这组数据背后凸显的是中国工业互联网行进得如火如荼。工业互联网平台是工业互联网落地的核心。

(二)5G解决工业互联网长期痛点

5G技术为工业互联网各要素实施高效互联互通提供了支持。一是5G TSN(时间敏感网络技术)帮助实现工业互联网端到端的低时延。二是5G网络切片技术支持多业务场景、多服务和质量、多用户及多行业的隔离和保护。三是5G高频和多天线技术支持工厂内的精准定位和高带宽通信,大幅提高远程操控领域的操作精度。四是5G边缘计算技术加速工业IT及OT网络融合,促进制造工厂智能化。因此,5G赋能工业互联网是制造业转型升级的必由之路。工业互联网持续推进新一代信息通信技术与工业经济深度融合,是第四次工业革命的重要基石。5G赋能工业互联网,既可以满足工业智能化发展需求,形成具有低时延、高可靠、广覆盖特点的关键网络基础设施,也是新一代信息通信技术与工业领域深度融合所形成的新型应用模式,将形成全新工业生态体系,促进制造业全要素、全价值链、全产业链转型升级。基于5G技术催生的工业互联网新产品、新模式和新业态,将显著降低企业运营成本,提高生产效率、优化制造资源配置,提升产品高端化、装备高端化和生产智能化水平,推动制造业实现质量效益提高、产业结构优化、发展方式转变、增长动力转换,为建设现代化经济体系提供有力保障。

(三)5G赋能工业互联网的积极探索

发达国家积极探索5G赋能工业互联网。在全球经济增长放缓的背景下,发达国家纷纷实行再工业化,美国、欧盟、韩国等国家的运营商和设备商纷纷加快 5G 在工业互联网领域的应用布局，积极抢占产业制高点。三星和美国电话电报公司（AT&T）合作，在得克萨斯州奥斯汀创建了美国首个以制造业为主的 5G "创新区"。爱立信与艾波比（ABB）合作推动 5G 网络切片在汽车、电子等相关行业的合作标准制定和应用服务。SK 电讯等韩国三大运营商同时推出面向汽车制造、机械制造企业的 5G 服务，旨在通过启动智能工厂服务加速布局工业互联网应用。

我国 5G 赋能工业互联网的发展已有初步成果。近年来，我国 5G 赋能工业互联网的实践越来越丰富，涉及的行业越来越多，呈现"星星之火，可以燎原"的态势。浙江移动与中控集团创新性地将浙江新安化工园的多个数据采集终端接入 5G 网络，系统端到端时延平均在 20 毫秒，达到工业控制要求，有效降低了企业成本，大幅提升了生产效率，保障了安全生产。杭汽轮集团把 5G 应用在检测上，其 5G 三维扫描建模检测系统将汽轮机叶片首次检测时间从 2～3 天/只降低到了 3～5 分钟/只。海尔公司利用"5G + VR（虚拟现实）/AR（增强现实）"实现家电产品的异地研发协作，有效提升了沟通效率，节省了出差成本。三一重工的 5G 智能网联 AGV（无人搬运车）具备实时采集视频数据、激光雷达及其他传感器数据并通过边缘计算提供智能决策的能力，打破了传统 AGV 需根据不同生产环境定制不同配置的限制，大幅节省了 AGV 生产成本。

（四）我国 5G 赋能工业互联网发展态势展望

2020—2025 年是行业探索期，各行业完成对 5G 赋能工业互联网的初步探索，在各行业内形成一些典型的应用场景，各行业领先企业针对 5G 赋能工业互联网积累了一定的网络体系、平台体系与安全体系建设的经验。2026—2035 年是快速发展期，其间各行业之间的壁垒逐渐被打破，形成一些集成创新，而且各行业的中小企业纷纷借鉴领先企业的实践经验，全国将呈现"工业一张网"的态势。

二、5G 赋能工业互联网面临的主要问题

(一) 跨界融合难度大

跨界融合专业性要求高。工业互联网跨界融合的知识难度、细分市场的专业性要求都更高，运营商、设备商、工业企业、工业互联网平台间的行业壁垒较高。企业间融合融通，相互促进、共生共赢的产业生态尚未形成。

各部门之间的鸿沟难以跨越。不同工业行业领域都有各自独特的知识领域和机理形成的行业门槛，每个工业场景在不同行业、不同企业中的需求都会存在较大差异，没有一个普适性的解决方案可以在各个行业、场景、企业通用。运营商和设备商对工业行业特性和专业壁垒的把握存在跨界鸿沟，对工业企业的主要业务流程及工艺流程缺少掌握，缺乏将先进技术与知识、工艺、流程等融会贯通的服务经验，提供的技术、产品和解决方案难以准确、有效地满足工业企业的实际运营功能需求。

工业协议壁垒突破难度大。在具体业务实施层面，现场工业协议千差万别，这让工业数据的获取相比消费互联网要困难得多。不同自动化设备厂商一般都有自己的工业协议，主流的工业协议可能就有十几种，现场的情况更是千差万别。如何获取现场数据，对一个个协议和一个个设备实现突破是信息通信企业进入工业领域的第一大壁垒。

(二) 工业应用场景细碎

不同行业的生产过程不尽相同，面对复杂的工业互联需求，5G 需要适应不同的工业场景，并提供不同场景的无线连接方案，网络部署复杂，标准化建设的难度也较大，给建设与运营都会带来较大挑战。细碎的场景既制约了工业互联网快速铺开的速度，也影响了 5G 赋能工业互联网的发展。

以普通生产为例，存在研发设计、生产及运维服务三个环节，每个

环节都有不同的应用场景需求。在研发设计环节，5G 与 VR/AR 技术相结合，可实现多方远程虚拟协同设计，有效解决异地研发人员沟通困难、成本高昂等问题。在生产环节，5G 与超高清视频、传感器、控制系统等结合可以使工业企业实现对设备的远程操作、生产过程实时监测、设备的预测性维护等，有效提升生产效率、改善员工的工作条件。在运维服务环节，一方面 5G 与超高清的结合可以使设备巡检情况实时传到云端识别，提升设备巡检质量和效率；另一方面 5G 与专家系统的结合带来专家远程实时在场指导的业务体验，能将设备维修时间由数天缩短至数小时。

（三）商业模式不清晰

5G 在工业互联网领域的应用模式与传统 2C 市场模式有较大差别，企业运营模式呈现多样性，双方合作的商业模式仍需进一步探索。

从成本端来讲，5G 网络建设及运营的成本十分高昂，移动流量业务"增量不增收"的问题未有效解决，不同的服务、不同的场景对于网络的带宽、网络资源消耗以及运营商运维体系的复杂程度要求不同，这将给具体的计费模式以及商业模式带来改变。

从收益端来讲，制造业企业对工业互联网和 5G 抱有期待、热情和尝试的意愿，但是更多的企业对于使用新技术的目的尚不明确。从商业模式角度来讲，工业互联网的商业价值有三点：一是帮助企业自身节省成本，二是帮助自己的客户做大做强，三是帮助合作伙伴走向双赢。这就造成了一个事实，短期内 5G 在工业互联网领域应用不仅需要运营商、设备商、厂商三家的合作，可能还需要厂商的上下游合作，而跨多部门合作探索的难度制约了商业模式的进一步发展。

（四）企业转型发展包袱重

5G 赋能工业互联网发展的实施主体是企业，并且主要是制造业企业，但 2019 年前三季度全国规模以上工业企业利润总额同比下降

2.1%，工业企业目前普遍存在的数字化程度低、利润增长乏力等问题在一定程度上制约了企业对5G及工业互联网应用的部署应用。

此外，工业信息安全问题突出。工业核心数据、企业用户数据等数字化资产已成为企业核心资产。企业使用公网，必须要求数据采集精准，参数传输可靠，保证工业数据加密传输，适应工业现场多种基础物理场景。同时，还需要保证设备在高频干扰的情况下运行，最大化保证网络系统安全。目前，我国数据安全法规体系和监督机制尚不健全，信息安全领域违法成本低、调查取证难，在一定程度上加剧了企业对其核心技术、商业秘密泄露的担忧，抑制了企业智能化升级步伐，导致企业对部署5G及工业互联网心存疑虑。

（五）高端专业人才缺乏

5G赋能工业互联网发展是新一代信息与通信技术、工业技术的高度融合，对技术人才技能素质提出了更高的要求，不仅要深入了解工业领域设计、生产、加工等流程，还需要掌握云计算、大数据、边缘计算、安全防护等新一代信息与通信技术，具备全方位、立体化的综合技能体系。我国适应5G赋能工业互联网发展的高端专业人才供需矛盾突出，复合型、创新型、高端化人才储备明显不足。

（六）关键核心技术亟待突破

一方面，发展工业互联网所需要的高端工业传感器、工业控制系统、网络架构等仍较为严重地依赖国外。据统计，我国95%以上的可编程控制器和工业网络协议被国外厂商垄断，一半以上的工业互联网平台采用国外开源架构。另一方面，我国5G产业虽然发展势头良好，但是也存在关键核心技术受制于人、部分关键零部件被国外"卡脖子"等问题。EDA工具、各类芯片IP、7纳米的高端芯片制造以及模数转化器、滤波器、功率放大器等5G核心零部件几乎没有国产能力，完全来源于国外。

三、推动 5G 赋能工业互联网的政策建议

（一）加强合作，有效突破行业壁垒

鼓励行业龙头企业、科研机构、通信企业联合开展 5G 与工业互联网应用及产品的研发工作，可以通过建立跨界应用创新中心、产品研发中心等方式进行，中小企业借助创新中心资源开展 5G 应用解决方案研发和集成服务，形成一大批云服务或集成服务商。

围绕 5G 与工业互联网的创新应用及解决方案研发，进一步加强运营商与工业互联网企业的沟通融合与跨界合作，积极开展 5G 工业互联网终端关键技术、性能、形态、互操作及兼容性的测试验证，推动产业具备成熟设备能力。以应用为导向、以系统集成和综合服务能力提升为重点，推动运营商、设备商与工业互联网企业积极开展合作，建立供需对接渠道，探索 5G 与工业互联网应用新模式。

（二）重点示范，不断挖掘行业潜在需求

面向工业互联网发展需求，建议通信厂商积极探索 5G 应用场景，并联合电信运营商开展重点行业、重点企业试点示范和协同创新中心建设，探索 5G 与工业互联网融合的更多可能性，构建可复制、可推广的融合应用推进机制。

在汽车制造、绿色石化、电子信息等重点领域率先开展"5G＋工业互联网"商用业务试验和应用示范，在重点企业打造人、机、物全面互联的工业互联网网络体系。

（三）两手推进，积极探索新型商业模式

在成本端，鼓励工业互联网企业、设备厂商与运营商共同探索多元商业模式，面向不同的时延、不同的安全等级、不同的场景和不同客户的质量，建立多量纲、多维度、多模式的计费模型，实现更快的业务定

制、自助服务和可扩展性，提高运营商业务收入及 ARPU。同时加大5G 网络共建共享力度，尽量避免网络基础设施的重复建设，节约网络整体投资，缓解 5G 网络建设将面临的巨额资金压力。国家应在政策引导、资金扶持、税收优惠等方面对运营商予以支持，以降低运营商的资金压力。

　　在收益端，工业企业应该以自身的产业发展及空间为基础积极谋划新型商业模式。第一，本业乏力型企业（以机床行业为代表的）应该通过 5G 与工业互联网的结合加强企业内、外价值系统的连接，并以市场、客户为中心，以资源共享、集成优化为手段，延展产品的价值链，打造"产品服务一体化"。第二，本业饱和型企业（如工程机械巨头凯特彼勒）一般是隐形冠军，已经触碰到了行业发展的天花板，需要通过更通用化、更广泛化的技术服务，对整个行业的数字化进程赋能，达到重塑商业模式的目标。第三，本业稳健型企业（在钢铁、水泥、化工等专业生产领域较多）生产经验的壁垒较高，龙头企业内部的 IT 和自动化团队能力较强，已经将信息技术与生产技术融合为企业竞争力，普遍具有一定的垄断特征或者规模经济性，或者形成了基于专有知识产权或商业秘密的独特优势。因此，在每家企业的工业互联网方案中，其实都蕴藏了大量企业长期积累下来的行业 know - how 以及专家经验。这类企业则需要 5G 与工业互联网结合，彻底打通企业业务流程的信息化。从聚焦客户变为聚焦市场，从卖产品看短期变为卖服务看长期，从立足本业到创造外延或者深化本业才是真正的新商业模式。

（四）综合施策，完善有利的体制机制

　　研究制定产业支持政策，从税收、投融资、人才等方面对率先部署5G 及工业互联网给予政策优惠和支持。积极落实《加强工业互联网安全工作的指导意见》，加快完善信息及数据安全保护法律法规，加大对违法违规行为的惩处力度，大幅度增加违法成本和代价。进一步完善知识产权保护机制，打造有利于创新的综合生态体系。不断增强工业互联

网数据主动监测预警、防护和处置能力，提升 5G 公网的安全水平，构建协同联动的安全防护体系。

（五）重视人才，打造可持续发展人才队伍

加强人才培育和储备，加快相关学科建设，构建产学合作协同育人项目三级实施体系，积极培育 5G 与工业互联网复合型人才。拓宽人才培养渠道，健全人才培养机制，重点推进以企业为核心的"产学研"联合，选拔、培养一批核心技术骨干和带头人，引导和支持企业开展 5G 赋能工业互联网领域技能培训。建立健全工业互联网安全人才教育体系，支持企事业单位联合高校建设国家工业互联网培训中心，共同培养实战能力强的多层次安全人才，为工业互联网安全提供有力的人才保障。

（六）聚力突破，解决关键核心技术瓶颈

以强大的国内市场为后盾，充分利用国家科技重大专项、核心技术攻关工程等专项，聚焦"卡脖子"问题，引导骨干企业加快突破高端核心器件、工业软件、平台架构等核心技术，提升自主研发水平。同时借鉴美国 SEMATECH 模式，由相关部门以及主要的运营商、设备商、各行业领军企业参与，搭建我国 5G 赋能工业互联网共性技术研发平台，打通"产学研用"创新链，实现研发成果高水平共享。

（执笔人：李志鸿）

专题报告四
5G 赋能车联网产业研究

车联网产业是汽车、电子、信息通信、道路交通运输等行业深度融合的新型产业形态。[①] 在 5G 网络投入商用、汽车电子增长迅速、电动汽车快速发展的三大基础之上，车联网市场爆发成为确定性机遇，车联网有望成为 5G 最早的应用之一。工信部部长苗圩曾表示，移动状态的物联网最大的一个市场可能就是车联网，以无人驾驶汽车为代表的 5G 技术的应用，可能是最早的一个应用。苗圩强调，发展车联网需要发挥车路协同的优势，传输信息信号必须要使用 5G 的技术。未来车联网的发展与 5G 关系将愈加紧密，5G 成为车联网发展的关键使能器，通过全面赋能自动驾驶技术，让实现高级别的自动驾驶场景成为可能，成为交通强国建设的重要支撑。

一、5G 赋能车联网发展现状

车联网（Internet of Vehicles）是以车内网、车际网和车载移动互联网为基础，按照约定的通信协议和数据交互标准，在车－X（X：车、路、行人及互联网等）之间，进行无线通信和信息交换的大系统网络，

[①] 参见工信部发布的《车联网（智能网联汽车）产业发展行动计划》。

是能够实现智能化交通管理、智能动态信息服务和车辆智能化控制的一体化网络，是物联网技术在交通系统领域的典型应用。[①] 车联网是自动驾驶的底层技术支撑，没有车联网将无法实现自动驾驶。由于自动驾驶汽车作为车联网的终端载体其核心是汽车，所以自身发展存在单车感知系统无法获取盲区信息等缺陷，而车联网能为自动驾驶决策提供更全面的环境输入，二者融合可以提高自动驾驶的安全性、舒适性与行车效率，并降低成本（见图4-1）。

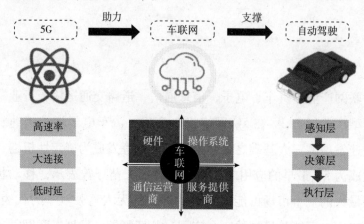

图4-1 5G 助力车联网实现更高级别的自动驾驶
资料来源：课题组制图。

5G 助力车联网成为产业发展的必然趋势。车联网虽早在3G、4G 时代就已经有所应用，但当时只能实现部分简单的信息娱乐功能，并不是完整意义上的车联网，而拥有高速率、超高可靠性和低时延的5G 技术有望带来车联网领域发展的新高度。

（一）5G 是车联网发展的关键驱动力

在5G 时代的战略新机遇下，车联网产业将进入快速发展新阶段。在5G 发展初期，5G 融合车联网技术可实现安全预警、提升车联管理效率以及部分自动驾驶的功能。当5G 大规模覆盖后，将推动车路协同控

[①] 依据车联网产业技术创新战略联盟定义。

制、车车协同驾驶、高级/完全自动驾驶（L4/L5）等功能的实现。

5G 突破车联网技术瓶颈。著名研究机构 Navigant Research 发布的自动驾驶竞争力排行榜显示，目前处于行业领先地位的公司大多采取单车智能的方式。尽管这一技术路线在短时间内可以取得较快进展，但仅依靠单车智能还存在较大局限性，在交通设施缺损严重或车流量大且车速较快的高速公路等复杂场景下，单车智能很难完成实时感知和决策。随着 5G 网络的成熟，将为自动驾驶的传统技术路线开拓车路协同的新方向。业界普遍认为，5G 与车联网技术的结合将形成"智能的车 + 智慧的路"的全新技术路线。5G 网络可提供可靠的车用无线通信技术（V2X）功能，与替代方案（如专用短程通信技术 DSRC）相比具有更广泛的应用，并带来相关成本效益，实现通信能力和高普及水平的双重收益。根据百度的预测，用车联网替代单车智能路线的研发成本可以降低30%，接管数会下降62%，预计可让自动驾驶提前 2～3 年在中国落地。

5G 增强车联网技术能力。利用 5G 技术低时延（≤10 毫秒）、高可靠（>99.99%）、高速率（峰值可达 20Gb/s）和大容量（每平方千米可连接 100 万个终端）的特性，从感知/认知、决策和执行三个层面加强车联网技术应用能力。在感知层，自动驾驶需要亚米级定位精度，而传统的卫星定位（GNSS）无法满足，基于 5G 网络的差分定位技术将大幅提升定位精度。利用 5G 大带宽的优势，车辆可以实时获取最新的高精地图。在决策层，单车智能采用的传感器包括摄像机、雷达甚至激光雷达等对气候环境异常敏感，若遭遇雾霾天气就会失效。而通过基于 5G 的 V2V（车车通信技术）则可以弥补这一缺陷，通过结合 V2I（车与路边基础设施通信）形成完整的道路环境感知。在执行层，利用 5G 广连接的特性，通过无线连接使车辆间进行协作式决策，合理规划行动方案。

5G 激活车联网千亿市场。据美国波士顿咨询集团预测，智能汽车从 2018 年开始将迎来持续二十年的高速发展，到 2035 年将占全球 25% 左右的新车市场，产业规模预计可超过 770 亿美元。麦肯锡的研究表明，到 2030 年，全球销售的新车中将有近一半可达到 L3 水平或更高水平，中国将很可能成为全球最大的自动驾驶市场，届时将拥有 800 万辆自动驾驶乘用车。

5G 提升车联网社会效益。5G 赋能车联网将引发交通系统的深刻变革，实现"驾驶去人化""出行共享化""产业生态化"的巨大社会效益。第一，提升交通安全，据中国智能网联汽车产业创新联盟的研究，车联网将使交通事故率降低到目前的 1%。第二，提高交通效率，通过车联网技术，道路通行效率将提高 10%。第三，节能减排，协同式交通系统可提高车辆燃油经济性 20% ~ 30%，高速公路编队行驶可降低油耗 10% ~ 15%。第四，产业带动，拉动机械、电子、通信、互联网等相关产业快速发展。第五，交通出行模式升级，减轻驾驶负担，实现娱乐、车辆共享，便捷出行。

（二）5G 赋能车联网的主要应用类型

5G 将基于三大场景，极大丰富车联网的信息服务、安全出行和交通效率等各类业务应用。基于增强移动宽带（eMBB）场景，可以提供车载 AR/VR 视频通话等应用。基于大规模物联网（mMTC）场景，可以提供汽车分时租赁等应用。基于低时延高可靠通信（uRLLC）场景，可以提供 AR 导航等。具体来看，5G 融合车联网业务按技术成熟度发展阶段主要分为三大类应用（见图 4 – 2）。

第一，信息服务类应用。目前，车联网的主要应用形态都处于信息服务类应用阶段，主要包括提升驾乘体验的基础性车载信息类应用和提高交通效率的涉车服务等。

第二，智能汽车类应用。汽车智能类应用以车辆驾驶为核心，主要利用车载传感器，随时感知车辆周围环境并通过收集数据、动静态辨识、侦测与追踪进行运算与分析，主要包括避免交通事故的安全类应用和提高车辆通行效率的效率类应用。

第三，智慧交通类应用。智慧交通类应用主要是在自动驾驶的基础上，基于无线通信、传感探测等技术，实现车、路、环境之间的大协同，以缓解交通环境拥堵、提高道路环境安全、优化系统资源，其应用场景将由限定区域向公共交通体系拓展。

图 4-2　"5G + 车联网"三大类应用场景

资料来源：中国信息通信研究院，课题组制图。

（三）5G赋能车联网的国外发展情况

5G融合车联网已经成为全球范围未来汽车产业发展的共识，各个国家和地区已将车联网产业作为重要战略方向，积极推进车联网发展进程，但产业政策各有侧重（见表4-1）。

表 4-1　国外车联网相关政策及战略规划

国家/地区	要点	时间	政策及规划
美国	早期就将发展智能网联汽车作为一项重点工作内容，通过制定国家战略和法规对各州的碎片化法规做统一管理，引导产业发展，并逐年针对安全监管、路测法规等重点目标进行逐步完善	2015 年	美国交通运输部发布《美国智能交通系统（ITS）战略计划（2015—2019 年）》，明确将美国 ITS 战略升级为网联化与智能化的双重发展战略
		2016 年	美国交通运输部发布《联邦自动驾驶汽车政策指南》，将自动驾驶安全监管首次纳入联邦法律框架
		2017 年	美国交通运输部发布《自动驾驶系统 2.0：安全展望》，鼓励各州重新评估现有交通法律法规，为自动驾驶技术的测试和部署扫除法律障碍
		2018 年	美国交通运输部发布《自动驾驶汽车 3.0：准备迎接未来交通》，推动自动驾驶技术与地面交通系统多种运输模式的安全融合

国家/地区	要点	时间	政策及规划
欧盟	欧盟委员会公布自动驾驶时间进度表，力争到2020年实现高速公路的自动驾驶和在城市的低速自动驾驶，在2030年步入完全自动驾驶社会，并为此投入4.5亿欧元用于支持数字化和自动化	2010 年	欧盟委员会制定《ITS 发展行动计划》，该行动计划是欧盟范围内第一个协调部署 ITS 的法律基础性文件
		2014 年	欧盟委员会启动《Horizon 2020》项目，推进智能网联汽车研发
		2015 年	欧盟委员会发布《GEAR 2030 战略》，重点关注高度自动化和网联化驾驶领域的推进及合作
		2016 年	欧盟委员会通过"合作式智能交通系统战略"推进2019 年在欧盟成员国范围内部署协同式智能交通系统服务，实现 V2V、V2I 等信息服务
		2018 年	欧盟委员会发布《通往自动化出行之路：欧盟未来出行战略》，明确到2020年在高速公路上实现自动驾驶，2030 年进入完全自动驾驶社会
日本	政府直接参与规划，积极发挥跨部门协同作用，"自动驾驶系统研发计划"由内阁牵头，警察厅、总务省、经济产业省、国土交通省等多部委联合推进，在安全道路、V2X 和自动驾驶等方面融合发展，推动智能网联汽车项目实施	2013 年	日本内阁发布日本《世界领先 IT 国家创造宣言》，其中智能网联汽车为核心之一。基于该宣言，日本内阁府制定国家级科技创新项目《SIP 战略性创新创造项目计划》，将自动驾驶系统的研发上升为国家战略。发布《ITS2014—2030 技术发展路线图》，计划 2020 年建成世界最安全道路，2030 年建成世界最安全和最畅通道路
		2014 年	日本内阁制定《SIP（战略性创新创造项目）自动驾驶系统研究开发计划》，制定四个方向共计 32 个研究课题，推进基础技术及协同式系统相关领域的开发与应用
		2017 年	日本内阁发布《2017 官民 ITS 构想及路线图》，计划2020 年左右在高速公路上实现自动驾驶 3 级、2 级以上卡车编队自动走行，以及特定区域内用于配送服务的自动驾驶 4 级
		2018 年	日本政府发布《自动驾驶相关制度整备大纲》，明确自动驾驶汽车发生事故时的责任划分；日本国土交通省发布《自动驾驶汽车安全技术指南》，明确规定 L3、L4 自动驾驶汽车须满足的十大安全条件

国家/地区	要点	时间	政策及规划
韩国	制定《基于CoRE的智能交通系统（2040）》长期车联网发展规划，并提出到2030年实现L4级完全自动驾驶汽车商业化的远大目标		制定《基于CoRE的智能交通系统（2040）》长期车联网发展规划。短期计划到2020年重点解决交通事故多发地段，部署智能道路交通试点，交通事故100%现场处理，交通事故伤亡降低50%；中期计划到2030年重点在高速公路和市区实现智能道路交通，实现100%动态环境检测，实现零交通事故伤亡；长期计划到2040年在高速公路网实现智能道路交通，市区实现100%智能交通，实现零交通事故

资料来源：课题组整理。

美国是全球最先规划发展车联网产业的国家之一，早在2009年美国交通运输部就发布了《美国ITS战略计划（2010—2014）》，开启车联网产业的发展序幕，但目前整体发展进度低于预期，尚未形成大规模应用。主要原因来自美国政府技术政策摇摆，后期落实乏力。奥巴马政府曾提案要求车厂自2021年起必须逐步采用专用短程通信技术（DSRC），而特朗普政府则拒绝了此计划，政策的不连续性极大地影响了产业的发展。

欧盟车联网产业的发展主要受制于关键技术与基础设施。建设完善的基础设施是欧洲实现自动驾驶的一道屏障。《自动驾驶》的作者安德烈亚斯·赫尔曼认为，在美国有足够的空间为自动驾驶汽车设置专用车道，但是欧洲却很难找到空间。

日本的车联网发展得益于政府直接参与规划，积极发挥跨部门协同作用，发展计划由内阁牵头，警察厅、总务省、经济产业省、国土交通省等多方参与。但由于日本快速进入老龄化社会，消费者对车联网接受度较低，车联网服务在日系车中占比较低。

韩国政府重视自动驾驶汽车和车联网发展，现代汽车集团计划未来五年投资350亿美元，用于发展自动驾驶技术和探索替代出行方式，优先其他国家提出驾驶车队商业化倡议。但一份关于未来汽车技术的报告显示，韩国在人工智能、传感器和逻辑芯片等领域处于落后境地。缺乏软件实力，技术依赖购买是韩国发展车联网的掣肘。

国外车联网政策经验优劣势分析见表4-2。

表4-2　国外车联网政策经验优势及劣势

国家/地区	优势	劣势
美国	·政策有先发优势 ·信息技术优势明显 ·初创企业数量众多	·缺乏政策持续强力推进 ·技术标准路线摇摆 ·试点示范规模不足 ·产业链协同发展不利 ·应用场景和商业模式探索深度不够
欧盟	·建立平台，加强各国路线图之间的联系 ·加大研发投入 ·拥有世界领先车企	·关键技术发展不成熟，打击公众信心 ·基础设施缺乏部署空间
日本	·政府跨部门协同优势显著 ·道路交通基础设施优良	·车联网服务在日系车中占比较低
韩国	·优先其他国家提出自动驾驶车队商业化倡议	·缺乏软件实力，在人工智能、传感器和逻辑芯片等领域处于落后境地

资料来源：课题组整理。

（四）5G 赋能车联网的国内发展情况

国内车联网产业发展已具备良好的环境基础，逐渐形成"政策引导，实践先行"的稳步推进格局。第一，政策支持力度大，我国已将车联网产业上升到国家战略高度，产业政策持续利好（见表4-3）；第二，技术标准逐步完善，车联网技术标准体系已经从国家层面完成顶层设计，LTE-V2X 技术标准已经完成，可指导产业开发；第三，产业链初步形成规模，我国已经形成较为完整的车联网产业链，在测试验证、应用示范方面已形成一定规模；第四，示范区建设已形成一定规模，路测牌照发放稳步推进，积极助力车联网产业发展。

表4-3 我国车联网产业政策及规划（部分）

时间	政策及要点
2017年2月	国务院关于发布《"十三五"现代综合交通运输体系发展规划》，提出构建新一代交通信息基础网络，明确提出加快车联网建设和部署
2017年4月	工信部、国家发展改革委、科技部联合发布《汽车产业中长期发展规划》，提出以智能网联汽车为突破口之一，引领整个产业转型升级
2017年7月	国务院发布《新一代人工智能国家发展规划》，确立智能网联汽车自动驾驶应用的重要地位
2018年1月	国家发展改革委发布《智能汽车创新发展战略（征求意见稿）》，将智能汽车发展提升至国家战略层面
2018年5月	工信部、公安部、交通运输部联合发布《智能网联汽车道路测试管理规范》，对测试主体、测试驾驶人和测试车辆等都提出了严格要求，以促进我国智能网联汽车发展
2018年12月	工信部发布《车联网（智能网联汽车）产业发展行动计划》，提出五点主要发展任务：①突破关键技术，推动产业化发展；②完善标准体系，推动测试验证与示范应用；③合作共建，推动完善车联网产业基础设施；④发展综合应用，推动提升市场渗透率；⑤技管结合，推动完善安全保障体系
2019年7月	交通运输部印发《数字交通发展规划纲要》，提出推动自动驾驶与车路协同技术研发，开展专用测试场地建设。鼓励物流园区、港口、铁路和机场货运站广泛应用物联网、自动驾驶等技术
2019年9月	国务院印发《交通强国建设纲要》，提出2020年我国将迎来车联网和智能网联车行业的重要节点：①车联网用户渗透率达到30%以上；②新车驾驶辅助系统（L2）搭载率达到30%以上；③联网车载信息服务终端的新车装配率达到60%以上

资料来源：课题组整理。

在标准化进展方面，2018年6月，工业和信息化部联合国家标准化管理委员会组织完成制定并印发《国家车联网产业标准体系建设指南》系列文件，明确了国家构建车联网生态环境的顶层设计思路，表明了积极引导和直接推动跨领域、跨行业、跨部门合作的战略意图（见图4-3）。

图 4 - 3　车联网产业标准体系建设结构图

资料来源:《国家车联网产业标准体系建设指南（总体要求)》。

在产业发展方面，我国车联网产业化进程逐步加快。产业链上下游企业已经形成包括通信芯片、通信模组、终端设备、整车制造、运营服务、测试认证、高精度定位及地图服务等为主导的完整产业链生态（见表 4 - 4）。

表 4 - 4　我国车联网产业地图

车联网产业链	主要代表企业
通信芯片	大唐、华为、高通、英特尔、三星
通信模组	华为、大唐、中兴通讯、移远通信
终端与设备	大唐、华为、东软、星云互联、千方科技、车网互联、万集科技
整车制造	中国一汽、上汽、江淮汽车、众泰汽车、长城汽车
运营服务	中国移动、中国联通、中国电信
测试验证	中国信通院、罗德与施瓦茨公司、中国汽研、中汽研汽车检验中心（天津）有限公司
高精度定位和地图服务	和芯星通、华大北斗、千寻位置、高德、百度、四维图新

资料来源：课题组整理。

在示范区建设方面，工信部、公安部、交通运输部积极支持智能网联汽车示范区建设，形成了一批车联网测试及示范基地，开展以 V2X 与自动驾驶安全先行、舒适性、敏捷性和智能性等全方面测试。示范区建设主要可分为两类：一是由国家相关部委联合地方政府批复，相关企业或研究机构承担建设的封闭测试场地。目前主要以工信部、交通部牵头批复建设为主，场地面向社会开放并承担测试及示范任务；二是在地方政府的支持下，由高校、车企、研究机构自主建设的测试道路或示范区。

二、5G 赋能车联网面临的主要问题

（一）网络安全防护问题复杂

伴随车联网智能化和网联化进程的不断推进，网络安全防护问题成为决定产业能否快速发展的重要因素。根据麦肯锡的一项调查，37%的消费者甚至不会考虑购买联网汽车，这些阻力在很大程度上是由于对安全和数据隐私的担忧。2018 年 3 月，优步公司无人驾驶汽车在美国亚利桑那州撞死一名路人，成为全球首起由自动驾驶汽车造成的行人死亡事件，公众对自动驾驶技术的信心因此受到打击。随着车联网的发展，信息安全事件已发生多起，360 公司发布的《2018 智能网联汽车信息安全年度报告》显示，仅 2018 年一年，就有 14 起智能网联汽车信息安全事件发生，包括 5 起数据泄露事件和 9 起汽车破解事件。由于车联网涉及的网络安全问题往往是有预谋的，一旦受到攻击，不仅会造成隐私泄露和财产损失，更会因为影响到汽车动力系统，给乘员、行人等造成人身伤害。黑客还可能通过云平台等途径大规模地对汽车同时发动攻击，造成交通拥堵、车辆受控，威胁社会稳定和国家安全，因此车联网网络安全十分重要。

车联网网络安全防护问题复杂。由于车联网产业链相对较长，包括前装设备、后装设备及附属设备，涵盖元器件供应商、设备生产商、整车厂商、软硬件技术提供商、通信服务商、信息服务提供商等。安全防护环节众多，产业链某一环节若出现漏洞，就会导致整个安全防护系统存在薄弱环节。从网络安全环节分析，安全威胁主要包括五大重点（见图 4-4）。一是汽车终端安全，随着车载终端类型和数量的增多，汽车内部的节点层、车内传输层、终端架构层面临的安全类型也在不断

增多。二是智能终端安全，伴随汽车智能化的发展，将会有越来越多的移动 App 和充电桩等外部生态组件频繁接入汽车，每个接入点都意味着新风险点的引入。三是组建服务平台安全，重视数据安全防护问题的重要性日益凸显，需防止车主存储到云端的数据（特别是隐私数据）意外丢失，或被窃取访问、非法利用。四是通信安全，包括通信协议破解、中间人攻击等风险。五是隐私安全，车联网的互联网应用平台作为互联网上的服务，不可避免地面临由互联网服务应用漏洞带来的安全漏洞。在未来车联网产业发展过程中，网络安全威胁问题不容忽视，需要尽快寻找适合的网络安全防护解决方案。

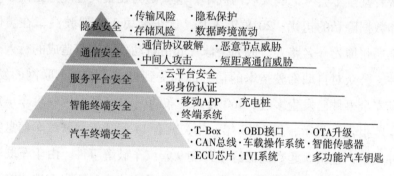

图 4-4　车联网网络安全威胁五大关键环节

资料来源：课题组制图。

（二）道路基础设施建设滞后

车联网发展必须依赖"聪明的路"，需要智能交通信号系统、路测信息采集单元、路测收费单元等综合配套设施的统筹规划和建设。车联网产业进展缓慢的原因之一在于车等待道路侧的尽快成熟，导致整个行业缺乏触发动能，行业协同需求强烈。

国内智能交通建设起步较晚，基础设施建设落后。中国公路学会自动驾驶工作委员会发布的《智能网联道路系统分级定义与解读报告》，对国内的交通基础设施进行了定性分级，目前国内绝大部分的道路都属于 I0 级（无信息化/无智能化/无自动化），而实现车联网需要交通基础设施达到 I2 级（部分网联化/部分智能化/部分自动化），这在一定程度上制约了车联网产品的应用推广。

基础设施建设滞后源自行业协同效应较弱。由于车联网发展关系到道路及公共安全，需要各政府部门、产业链各企业的协同合作，存在跨部门协调工作难度大的问题。在道路基础设施建设过程中，车联网 V2X 基站需由运营商负责建设维护，V2X 路侧设备建设需要与交通、市政部门共同协作，而对于道路的改造需要与不同管理部门、道路运营企业以及行业企业进行协调合作。除政府部门外，运营商、行业企业等都将成为车联网相关环节的投资、建设、运营及运维主体。如何形成各环节协同并平衡利益关系，成为车联网建设的一个工程难题。

（三）核心基础技术环节薄弱

车联网技术的基础是汽车电子技术，目前国内相关技术积累和产品能力尚显劣势。全球汽车电子产业集中度较高，且产业布局差异较大。根据 IHS 的统计数据，2015 年行业 CR8 达 58.4%，属于低集中寡占性市场。国外巨头企业德国博世、德国大陆、美国德尔福、日本电装等占据汽车电子一级供应商的核心市场地位（见表 4-5），NXP、英飞凌、瑞萨、意法半导体、德州仪器、安森美、微芯、东芝等企业几乎垄断了车载芯片市场。国外巨头企业产品涉及范围广，涵盖 ADAS、信息娱乐系统、底盘与安全、车身与便捷、动力总成等各个系统，占据产业链价值高地的中高端产品市场。而我国汽车电子企业相对落后，主要集中在中低端汽车电子产品市场。在高性能传感器、汽车电控系统、线控执行器等关键基础零部件领域，我国核心技术落后于世界先进水平，尚未形成较完善的产业链体系，产品长期依赖进口。

表 4-5　2019 年全球营收前十大汽车零部件供应商　　单位：亿美元

排名	公司	国家	2018 年营收	较 2018 年排名变化
1	罗伯特·博世	德国	495	0
2	电装	日本	428	0

排名	公司	国家	2018 年营收	较 2018 年排名变化
3	麦格纳国际	加拿大	408	0
4	大陆	德国	378	0
5	采埃孚	德国	369	0
6	爱信精机	日本	350	0
7	现代摩比斯	韩国	256	0
8	李尔	美国	211	0
9	佛吉亚	法国	207	1
10	法雷奥	法国	197	−1

资料来源:《美国汽车新闻》(Automotive News),课题组整理。

在当前车联网迅速发展的阶段,国内企业若无法迅速追赶,未来车联网产业的高附加值将流失到国外。随着汽车智能化水平的不断提高,丧失车联网产业主导权的中国汽车企业很可能沦为发达国家的代工厂,错失发展机遇。

(四) 车联网跨行业融合不畅

车联网产业链主体丰富,互联网企业与整车企业跨界合作成为趋势。例如,2018 年 7 月,百度与戴姆勒宣布在自动驾驶和车联网等领域深化战略合作,未来百度车联网技术将搭载在梅赛德斯 – 奔驰 MBUX 智能人机交互系统中。

在产业发展过程中,成熟的跨行业融合模式尚待探索。目前,传统汽车厂商与互联网企业展开合作主要通过专利许可授权、合作研发、组建知识产权联盟等三种方式。一是专利许可授权,如基于丰田和微软强大的合作伙伴关系,双方以基于微软 Azure 云技术平台的丰田大数据中心为代表达成专利授权交易。二是合作研发,例如宝马和华为公司就汽车主动安全信息交互技术进行联合专利申请。三是组建知识产权联盟,例如国际物联网专利联盟 Avanci 专利授权平台将通信行业的专利池跨界带入 IoT 行业,使物联网设备制造商们可以使用基本无线技术,加速物联网的发展。目前，国内外汽车厂商与互联网企业合作模式汇总如表4-6所示。

表4-6 国内外汽车厂商与互联网企业合作模式

主要内容	自研		合作	
	基于QNX/Linux系统	基于Android系统	与第三方操作系统合作	与应用系统解决方案提供商合作
代表企业	Tesla及外资车厂	吉利、比亚迪	上汽（斑马）	长安（腾讯梧桐车联）
操作系统	QNX/Linx	Android	如AliOS	安卓或Linux内核
生态资源 技术	自研，核心科技	供应商/自研	操作系统内嵌	生态合作伙伴
生态资源 场景	本身作为生态基础构建者，吸引第三方开发者共同构建，速度较慢		作为生态的共同构建者，利用互联网生态伙伴资源快速构建	
生态资源 数据	完全掌控	完全掌控	车辆数据由整车厂掌控；车内用户交互数据和斑马智行系统的交互数据可以分享给整车厂	车辆数据由整车厂掌控
优劣势分析	·投入资金和资源极大 ·作为基础构建者，生态掌控力强 ·生态构建速度受制于装机量增长，对外部开发者的吸引力稍弱		·如果给予足够支持，可以快速进入 ·对外部供应商依赖度更高，自身能力积累较慢 ·数据打通程度更高，可快速构建生态场景和体系	·对底层数据及操作系统有一定掌控 ·利用互联网合作伙伴生态资源，可快速构建生态场景和体系

资料来源：德勤研究。

信息行业与汽车行业的融合受到"短期矛盾"和"长期竞争"双重制约。从短期来看，信息与汽车行业产品开发周期需要协调，通常信息产品开发周期较短而汽车产品开发周期较长，两者存在固有矛盾。从长期来看，信息与汽车行业双方存在行业主导权竞争。未来车联网的发展将使汽车成为出行平台，这将大大弱化不同车企间的差距，而未来车企的竞争力将体现为出行服务差异，并随之带来全新的商业模式。弱势车企将会沦为产业链下游的代工厂，车内软件与服务等核心盈利业务将

277

被出行服务商掌握。传统车企通过与信息行业合作，利用互联网技术提升产品竞争力，为向出行服务商转型做铺垫。对互联网企业来说，进入造车领域后，由于缺乏制造业经验，包括渠道、供应链等方面的建设，面临巨大的技术壁垒和鸿沟。互联网企业虽有强大的产业基础，但与汽车产业的结合尚停留在信息服务、后市场等领域，未能深入汽车智能化和网联化的决策与控制的层面。通过与车企合作，互联网企业也在为创造用车场景和车载生态的流量入口，提前进行战略布局。

三、5G 赋能车联网的相关建议

（一）构建多元化的安全防护体系

车联网的发展催生出新的安全防护需求，也为相关责任主体带来显著变化。识别车联网基本构成主体，构建多元化安全责任体系，着力提升车联网安全防护管理能力。

第一，调整人、车、路规则。人、车、路是车联网的三个基本构成单元，应从三个单元调整更新相关交通规则。人——改变驾驶许可制度。根据《国家车联网产业标准体系建设指南（智能网联汽车）（2017年)》（征求意见稿），L1 和 L2 级智能网联汽车由人监控驾驶环境，L3级以上的智能网联汽车由自动驾驶系统监控驾驶环境，因此应根据不同技术阶段对驾驶资质要求进行相应调整。车——明确智能等级。明确不同智能等级汽车的适用场景、路权范围、决策控制程度等划分，提升道路和公共安全。路——地图规则调整。目前《中华人民共和国测绘法》和《地图管理条例》等法律对测绘资质、行为以及地图范围、精度等有严格限制，应考虑调整部分规则以推动高精度地图发展。

第二，构建多元化责任体系。波士顿咨询的研究指出，自动驾驶汽车的设计或警示缺陷会导致责任发生转变，产生三大方面的影响：决策方将由驾驶员转向制造商，整车厂掌握车辆的运行情况，信任导致消费者的轻率驾驶。传统交通事故中责任划分较为清晰，但对于自动驾驶汽车的事故则需要完善责任划分规则，区分是否有人为干预，是否存在设计缺陷，算法的合理性以及对车辆的可责性等种种问题。目前对于车联网事故的责任划分尚不清晰，主要依赖于部分企业的道德责任约束。2017 年 10 月，沃尔沃汽车公司宣布对其全自动驾驶系统造成的人员、财产损伤承担责任，奥迪官方也于 2018 年表示如果奥迪车在自动驾驶模式下发生事故，公司将承担全部责任。建议应将汽车厂商、驾驶员、运营商等均纳入责任体系中，形成多元化主体。

第三，加快建设数据保护制度。借鉴欧盟通用数据保护条例（General Data Protection Regulation，GDPR）经验，重点关注车联网数据安全，通过对数据进行分级，确定相应数据保护级别，规范数据有序开放共享。车联网企业应具备告知义务，并在收集、使用、转移用户数据时向用户提供部分自由选择权。企业还应提升软件安全性，并将收集数据匿名化，以确保数据安全。

目前，主要国家互联网安全监管策略要点整理见表 4-7。

表 4-7　主要国家车联网安全监管策略要点整理

国家	安全监管政策	策略要点
美国	·在法规方面，2017 年 9 月美国众议院通过《确保车辆演化的未来部署和研究安全法案》（《自动驾驶方案》），要求车企必须制订详细的网络安全计划，遵循美国国家公路交通安全管理局（NHTSA）的网络安全指导，否则法案将阻止其制造、销售或进口高度自动化车辆、全自动化车辆或自动驾驶系统 ·在标准方面，美国率先推出了 SAE J3061/IEEE 1609.2《汽车系统网络安全指南》等系列标准，内容涉及汽车信息安全完整性等级、测试方法和工具等，以保证汽车在全生命周期中都可获得有效的信息安全保护 ·美国 SAE 与 ISO/TC22 道路车辆技术委员会以联合工作组的形式成立了汽车信息安全工作组，正式启动了 ISO 层面的国际标准法规制定工作 ·2016 年，美国 NHTSA 发布了《现代汽车信息安全最佳实践》，针对快速发展的智能网联汽车信息安全及隐私保护等问题，推出了最佳实践框架结构	·将车联网信息安全上升到国家安全层面，先于产业发展提前部署法规，走在世界前列 ·细分安全监管范围及政策工具 ·要求汽车厂商承担应对网络安全问题责任

国家	安全监管政策	策略要点
英国	·2017 年 8 月，英国政府发布《智能网联汽车网络安全关键原则》，提出包括顶层设计、风险管理与评估、产品售后服务与应急响应机制、整体安全性要求、系统设计、软件安全管理、数据安全、弹性设计在内的八大方面关键原则。将网络安全责任拓展到供应链上的每个主体，并强调在汽车全生命周期内考虑网络安全问题	·建立安全防护关键原则 ·细分网络安全责任到供应链主体
德国	·2017 年 6 月，德国通过颁布《道路交通法第八修正案》与《自动驾驶道德准则》成为自动驾驶领域立法的先行者。《道路交通法第八修正案》旨在通过上位法的形式对自动驾驶的定义范围、驾驶人的责任与义务、驾驶数据的记录等进行原则性规定，为自动驾驶各方利益主体规定权利义务边界，提出政府监管方向，在自动驾驶产业的立法进程中具有里程碑式意义。《自动驾驶道德准则》作为全球第一个自动驾驶行业的道德准则，通过在道路安全与出行便利、个人保护与功利主义、人身权益或财产权益等方面确立优先原则，为自动驾驶所产生的道德和价值问题立下规矩	·建立自动驾驶道德准则 ·通过立法确立自动驾驶的责任规范
日本	·日本信息处理推进机构 IPA 推出的《汽车信息安全指南》，从汽车可靠性角度出发，通过对车辆功能群分类，定义了汽车信息安全模型 IPA Car，将信息安全产生威胁的原因分成用户偶然引发的失误和攻击者恶意造成的威胁，提出了信息加密、判定用户程序的合法性，对使用者操作权限和通信范围实施访问控制管理等应对之策 ·同时，IPA 按照汽车设计、开发、使用、废弃的全生命周期，整理出安全管理方针。在设计阶段结合各项功能安全性的重要程度进行预算分配，在开发阶段采用防漏洞的安全编码和编码标准，在使用阶段构筑信息安全迅速应对联络机制，在废弃阶段提供信息删除功能等	·建立汽车全生命周期信息安全保护机制

资料来源：课题组整理。

（二）构建支持车联网发展的支撑体系

第一，加快车联网基础设施建设。随着 5G 和车联网的发展，交通基础设施建设重点已从传统修路升级到以车联网基础设施为代表的科技新基建。2018 年中央经济工作会议首度提出"科技新基建"，并将"新型基础设施建设"列为 2019 年重点工作任务之一。2019 年以来，我国发挥举国体制优势，以 ETC 为基础的车联网基础设施网初现雏形，下一步应加快 RSU（路边单元）等基础设施建设，重点城市地区先行普及形成示范带头作用，尽快形成车路协同的智慧公路布局。

第二，加强跨部门协调机制。车联网发展应以网络发展带动发展，目前工信部负责车联网产业发展工作，容易出现重视汽车制造产业，忽略网络服务产业的情况。建议在不改变当前国家科研和产业化体制机制的前提下，建立车联网研发产业化重大项目跨部门的联动协调协同机制。各部门共同组建车联网产业创新发展平台，统筹制定车联网产业发展的总体战略与具体应用规划，明确发展路线。以平台为主体，统一行业整体标准，共享关键交通信息、重点扶持应用示范项目。

第三，加快推动车联网创新发展。借鉴国际经验，美国已建立包括汽车厂商、供应链、智能交通技术供应商和信息服务企业在内的创新开发中心和试验基地。建议基于创新发展平台，鼓励政产学研多方共同面向车联网创新发展的重大需求，充分利用现有创新资源和载体，推动重点领域前沿技术和共性关键技术从开发到转移扩散及商业化应用的创新链条各环节的活动，打造跨界协同的创新生态系统。

（三）提出车联网中国方案

我国车联网产业技术创新既存在巨大的市场优势和体制优势，也存在车载芯片高度依赖进口等瓶颈问题，在推动产业健康发展过程中不能照搬国外经验，需结合中国基础设施标准、联网运营标准、汽车产品标准等实际，提出引领世界的中国方案，提升我国车联网产业在全球产业布局中的地位。

第一，加强关键共性技术突破。以解决智能网联汽车关键技术空心化及探索未来新兴产业领域关键技术为目的，基于国家顶层设计和协同创新的原则，识别一批包括行驶环境感知、智能网联决策控制、复杂系统重构设计、智能网联安全和多模式测试评价在内的关键共性技术。通过财政补贴、示范应用和产业化推进等方式，加强官学研协作，整合现有资源开展产业前瞻技术、共性关键技术和跨行业融合性技术的研发，通过产学研用协同合作的机制创新、原始创新、集成创新、引进消化吸收再创新等手段，实现产业在核心技术、关键技术和支撑技术上的突破发展。

第二，加强基础数据互联互通。目前，车联网并未实现"互联"，各类企业级平台以及政府监管平台数据互不联通。建议建设由国家主导建设和运营的车联网基础数据平台，包括全国性基础数据平台、公共服务平台与应用开发平台。通过数据交互与各企业级平台及行业管理平台互联互通，提供基础数据服务，实现大数据共享。

第三，加强车联网国际技术交流研讨。由于汽车工业产业生态高度国际化，且国外先进车企经验丰富，建议定期举办世界车联网大会，打造车联网领域顶尖国际交流平台。目前，全球掌握车联网核心技术最多的企业和研究机构在德国，在排名前 10 位的专利持有者中，德国企业占了 6 家，均为传统车企。我国的比较优势集中于互联网企业和通信企业的技术能力和服务经验方面，德国则掌握了整车生产的全部技术和完整供应链，同时在车联网硬件和软件算法融合集成领域优势突出，两国车联网核心技术具有较强的互补性。通过合作取长补短，可以有效提高两国车联网产业发展水平，快速产生经济效益。建议同德国建立相应的长效合作机制，提升关键技术研发能力。

第四，加强车联网领域知识产权保护。现阶段车联网技术与产业在全球范围内处于快速发展阶段，车联网覆盖技术领域较广，技术创新活跃，专利申请量巨大，并有较大市场化竞争空间。虽然辅助驾驶与自动驾驶场景技术发展前景广阔，但主流技术仍然由国外公司主导。应加强车联网知识产权保护机制，引导国内企业跨界合作参与，联合发挥技术优势，形成良性的市场竞争环境，获取差异化竞争优势。

（四）支持车联网跨行业融合发展

探索车联网产业在信息行业与汽车行业之间跨界融合发展新模式。鼓励整车、零部件企业积极开展新技术应用，鼓励通信、互联网企业积极布局汽车智能化、网联化核心技术，打造新型市场主体。

第一，提升中小企业参与度。车联网产业发展涉及汽车制造商、信息服务提供商、电信运营商，以及终端硬件提供商和内容服务提供商等大量跨行业、多领域的企业，而目前中小企业参与度并不高，参与的企业数量有限，生态系统较为脆弱。建议鼓励中小企业参与，重点解决中小企业之间信息不对称、相互不了解等问题，建立更广泛的合作关系。

第二，加快探索行业融合发展路径。我国汽车企业涉足车联网晚于互联网企业，在自主搭建平台方面能力有限，而互联网企业的技术能力却十分突出。为了节约时间和研发成本，汽车企业通常通过签订协议进行服务外包，由互联网企业进行平台建设及软件开发。此种方式虽然省时省力，但也存在弊端。多数汽车企业为保护企业核心机密，不愿将核心元器件接口开放给互联网企业，导致互联网企业缺乏核心数据，在技术、开发以及推广等方面存在困难。因此，建议积极探索在第三方搭建平台的前提下，有效克服核心数据归属问题带来的合作障碍，从而建立起车企与互联网公司间的良好合作关系。

（执笔人：何欣如）

专题报告五
5G 赋能文化创意产业研究

文化创意产业是典型的技术密集型、创新驱动型产业。技术进步驱动行业升级，给消费者带来更优体验的同时催生出新的市场空间。前四代移动通信技术分别拓展并加深了文字、图片、游戏、视频的应用，第五代移动通信（5G）技术将驱动信息采集、传输、呈现、应用能力的飞跃提升，实现高速率、低时延、广连接。在 eMBB（增强型移动宽带）场景下，传媒娱乐领域实时高清渲染和大幅降低设备对本地计算能力的需求得以落地，海量数据实时连接降低网络时延，不仅满足了超高清视频直播要求，还使 VR/AR、大型游戏等对画质和时延要求较高的应用获得长足发展。

一、5G 赋能文化创意产业潜力巨大

5G 给内容创作、媒介展示、体验方式等多方面带来了巨大改变，推动文创产业进行新一轮升级。文创产品通过超高清流媒体和虚拟现实技术，跨越时间和空间进行全民共享，实现文化价值与产业价值的相互赋能，从而赋能人类的"美好生活"。

5G 赋能文创产业，技术的发展加速移动媒体、家庭宽带和电视等内容消费，通过全新沉浸式和交互式新技术提升体验，释放新媒体、虚

拟现实、游戏产业的潜力。未来十年（2019—2028），传媒与娱乐产业将有累计 3 万亿美元的无线方面的营收，其中 5G 网络带来的业务约占 1.3 万亿美元。5G 网络显著提高了宽带能力，成为传媒和娱乐经济的重要支撑。2022 年，5G 网络为传媒娱乐业带来的业务营收接近总营收的 20%，2025 年该比例上升到 55% 以上，2028 年将达到 80%（见图 5-1）。

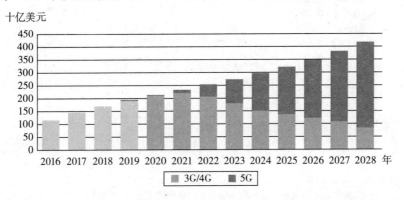

图 5-1　2016—2028 年无线网络为全球传媒娱乐产业带来的营收情况
资料来源：英特尔，Ovum，课题组整理。

（一）5G 驱动超高清视频产业创新发展

超高清媒体被认为是 5G 网络最早实现商用的核心场景之一。超高清视频的典型特征是大数据和高速率，按照产业主流标准，4K、8K 视频传输速率至少为 12~40Mbps、48~160Mbps，对现有传输网络构成较大挑战。5G 通信技术标准支持 100~1000Mbps 的传输速率，可以有效解决大数据量和高传输速率的痛点，实现超高清视频在互联网上的即时传输观看，为超高清视频产业带来革命性变革。

1. 市场规模巨大

2017 年，中国超高清视频产业总产值为 7614.8 亿元，在主导企业的积极布局以及政府部门的大力扶持下，2018 年中国超高清视频产业迎来"万亿"级风口。预计到 2022 年，我国超高清视频产品生产制造和服务直接销售收入将超过 2.5 万亿元，加上各行业的应用，总体有望形成约 4 万亿元的市场规模（见图 5－2、图 5－3）。

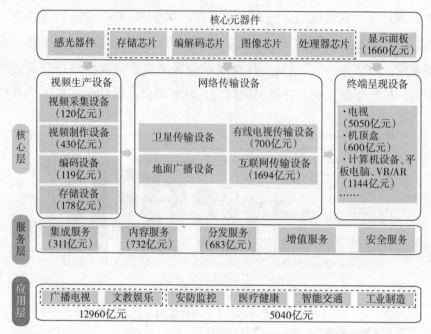

图 5－2　超高清视频产业链结构及 2022 年国内市场规模预测

资料来源：赛迪研究院，课题组整理。

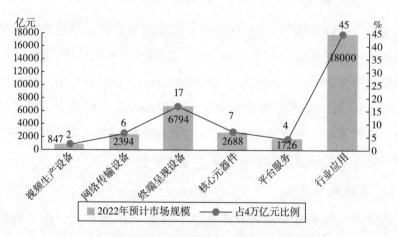

图 5－3　2022 年我国超高清细分领域产业规模及比重

资料来源：赛迪研究院。

2．政策规划持续丰富

超高清视频具有非常高的信息承载能力，与 5G 协同将驱动我国信息产业的发展，加快我国智慧社会的建设。2019 年 3 月，工信部、国家广播电视总局、中央广播电视总台印发《超高清视频产业发展行动计划（2019—2022 年）》，提出按照"4K 先行、兼顾 8K"的总体技术路线，大力推进超高清视频产业发展和相关领域的应用。预计到 2022 年，我国超高清视频产业总体规模超过 4 万亿元，4K 产业生态体系基本完善，8K 关键技术产品研发和产业化取得突破，形成一批具有国际竞争力的企业。各省市积极响应，结合 5G 网络建设和当地产业发展情况，制订各有特色的地方超高清视频产业发展行动计划。9 省市发布产业发展行动计划和相关措施（见表 5－1），其中 7 省市到 2022 年目标产业规模共计将超 2 万亿元。

表 5－1　我国 9 省市出台的超高清视频产业政策

省市	政策		主要内容
广东省	《广东省超高清视频产业发展行动计划（2019—2022 年）》	目标	全球超高清视频产业创新中心、演示展示中心，形成世界级超高清视频产业发展高地
		核心器件	芯片、摄录机、镜头、传感器
		重点产品	4K/8K 电视、制播设备、平板、VR/AR、健康监测设备、可穿戴设备
		行业创新应用	工业：工业可视化、缺陷检测、产品组装定位引导、机器人巡检、工业互联网 商贸：机器视觉、电子商务 安防：智能感知安防 交通：智能网联汽车、智能交通监管 文教：游戏、电影、平板 医疗：远程医疗、临床手术、医疗影像监测

省市	政策		主要内容
安徽省	《安徽省超高清视频产业发展行动方案（2019—2022 年)》	目标	关键技术产品在国内外市场占据重要市场份额，超高清视频与 AI、5G、AR/VR 融合创新应用带来的民生提质、经济获益成效显著
		核心器件	显示器件、芯片
		重点产品	电视、制播设备、VR 眼镜、穿戴设备
		行业创新应用	广播电视：有线电视、IPTV、互联网电视 文教娱乐：文化推广、景区直播、在线教育、影视娱乐、体育赛事、游戏动漫、影院体验 安防监控：家庭监控、可视对讲、天网工程、雪亮工程、平安城市 医疗健康：远程医疗、手术培训、内窥镜手术、医疗影像检测、医疗影像识别分析、智能会诊 智能交通：交通管控、智能网联汽车
湖南省	《湖南省超高清视频产业发展行动计划（2019—2022 年)》	目标	将马栏山视频文创产业园打造成为具有国际竞争力的"中国 V 谷"，构建"制造＋内容＋传输＋应用"的全产业链体系，推动湖南成为全国超高清产业集聚区和示范引领区
		核心器件	显示材料和器件、芯片
		重点产品	计算机、显示器、机顶盒、VR/AR 终端、可穿戴设备
		行业创新应用	广播电视：有线电视、IPTV、互联网电视、移动终端 工业制造：瑕疵检测、产品组装定位、机器人巡检、人机协作交互、勘探测绘 文教娱乐：远程教育、智慧景区、数字博物馆、艺术鉴赏、4K 影院、个性化点播院线 医疗健康：远程诊断、远程检测、远程手术指导、智慧养老院 交通安防：智能网联汽车（长沙）测试区、视频监控
四川省	《四川省超高清视频产业发展行动计划（2019—2022 年)》	目标	国家级超高清视频产业基地
		核心器件	芯片
		重点产品	摄录编设备、智能电视、智能机顶盒、智能网关、数字电影放映机、投影机
		行业创新应用	扶持传统文化（如川酒、川茶、川菜、川剧）的 4K 超高清视频创作生产 文教娱乐、视频监控、医疗康养、超高清 4K 电视频道和 4K 院线、智慧广电

省市	政策		主要内容
北京市	《北京市超高清视频产业发展行动计划（2019—2022 年）》	目标	关键核心技术取得突破、产品创新自主可控、内容制作国际领先、示范应用国际同步、产业集聚规模效应。实现 2022 年北京冬奥会、冬残奥会 4K 超高清电视全程直播，8K 超高清试验直播
		核心器件	信源编码、芯片、镜头、显示面板
		重点产品	摄录编设备、终端显示设备
		试点示范	超高清转播车集成工作、"5G＋8K"国庆庆典实况转播、5G 高山速降运动直播、冬奥系列直播
上海市	《上海市超高清视频产业发展行动计划（2019—2022 年）》	目标	建设领先的超高清视频产业内容中心、芯片研发中心、标准专利中心、创新应用中心，形成有核心竞争力、资源要素集聚的产业生态圈
		核心器件	芯片、显示屏
		重点产品	音视频播控设备（投影机、相机、摄像头等）
		行业创新应用	实施"5G＋AI＋4K/8K"应用示范工程。 智能制造：工业可视化、缺陷检测、机器人视觉、远程运维服务 城市精细化管理：安防监控、人流分析、应急预警、智能交通管理 文化旅游：智慧博物馆、文物数字化、影院 教育：虚拟现实教学、人机交互教育装备 医疗健康：医学影像处理、分析和辅助诊断
重庆市	《重庆市超高清视频产业发展行动计划（2019—2022 年）》	目标	创建全国超高清视频产业示范基地，打造产业发展高地
		核心器件	显示面板、镜头、芯片
		重点产品	终端产品
		产业发展	发展基于 5G 的 4K、8K 高清视频以及 AR/VR/MR、全息成像、裸眼 3D 等技术，建设一批超高清视频产业重点实验室和技术创新中心

省市	政策		主要内容
青岛市	《青岛市超高清视频产业发展行动计划（2019—2022 年)》	目标	全球影响力的超高清视频产业高地
		核心器件	芯片、显示面板、激光器
		重点产品	电视机、机顶盒、摄像机、VR/AR 设备、工业相机等
		产业发展	崂山区国际创新园：技术创新和信息服务集聚核心区 市南区动漫产业园：超高清视频内容制作集聚核心区 青岛西海岸新区东方影都：影视内容制作集聚核心区 即墨区青岛（芯园）半导体产业基地：超高清视频设备、终端产品和关键器件制造产业集聚核心区
		行业创新应用	家庭娱乐：体育直播、视频游戏、教育直播、视频点播 工业制造：缺陷检测、产品组装定位引导、机器人巡检 安防监控：公共安全超高清监测、智能化预警体系 智能交通：智能化交通监管 医疗健康：远程医疗、内窥镜手术、医疗影像检测
深圳市	《深圳市推动超高清视频应用和产业发展若干措施（2019—2021 年)》《深圳市 8K 超高清视频产业发展行动计划（2019—2022 年)》	目标	具有全球影响力的 8K 技术创新策源地、8K 产业发展高地、"AI＋5G＋8K"应用先导区
		核心器件	芯片、显示面板
		重点产品	摄录机、智能显示设备、激光投影机、智能机顶盒、VR/AR 设备
		行业创新应用	工业制造：工业可视化、缺陷检测、精密测量 医疗健康：医疗影像检测、远程医学诊断、智能手术室 安防监控：情绪识别、超高清检测、智能预警体系 智能交通：车载图像传感器、车联网基础设施、智能网联交通 文教娱乐：直播点播、智能人居系统 综合应用示范区：罗湖人工智能未来小镇、九龙山智能科技城

资料来源：课题组整理。

3. 国内应用不断增多

超高清视频产业的发展不仅是视频分辨率的提升，更是全新的信息消费产业的重构，与 5G 技术创新结合，丰富并提升了现有产业水平。"5G＋超高清视频"具有非常广泛、极高价值的应用可能，其创新应用正在高速增长。

国内视频行业已经进入爆发期，当前视频图像分辨率已经从标清、高清进入 4K，即将进入 8K 时代（见表 5－2）。在电视直播方面，中央广播电视总台率先推出 CCTV 4K 超高清频道，此后广东、北京、上海等 15 个省市的有线电视网开通 4K 超高清频道。在网络视频方面，腾讯、爱奇艺等视频网站推出 4K 专区，提供超高清视频内容服务。超高清视频产业整体呈现终端普及先行、网络和内容稳步推进、行业应用兴起的良好态势。

表 5－2 国内视频行业发展阶段

发展阶段	时间	通信技术特点	视频产业特征
发展期	2005—2015 年	光进铜退，3G/4G 建设	视频业务在线化、高清化、移动化
成熟期	2016—2018 年	百兆到户，固移融合	有线 4K、移动 2K 普及
爆发期	2018—2020 年	高端用户千兆到户	4K/8K 清晰度视频业务之间引入
超视频时代	2020—2025 年	千兆到户，实现 5G	4K/8K 清晰度视频业务全面成熟

资料来源：IMT－2020（5G）推进组，课题组整理。

基于 5G 网络的超清视频有各种应用场景。首先是远程超清直播，例如大型赛事直播、大型演出直播、重要事件直播等，其次是文教娱乐等网络视频的在线观看，再者还包括工业制造、远程医疗、安防监控等各个行业的融合应用（见图 5－4）。

图 5－4 国内高清视频行业应用提供商

资料来源：课题组整理。

央视春晚 "5G＋4K/5G＋VR" 超高清直播。2019 年春节，中央广播电视台联合中国联通、中国移动、中国电信和华为公司，通过 "5G＋VR" 技术将吉林长春分会场和广东深圳分会场全景画面实时传输至北京总台的新闻直播间，于《我要看春晚》直播节目中实时播出。

国庆阅兵 "5G＋4K" 电影院线超高清直播。2019 年 10 月 1 日，我国首部进入电影院线的 "直播大片"《此时此刻——共庆新中国 70 华诞》在全国 10 余个省份的 70 家影院上映，中央广播电视台现场使用 5G 技术进行回传，并通过卫星将 4K 超高清信号输入院线，使观众身临其境感受新中国成立 70 周年庆祝大会、盛大阅兵和群众游行的震撼场面。

云栖大会 "5G＋8K" 远程医疗会诊。2018 年，杭州云栖大会上，中国联通、阿里云、京东方等企业利用 "5G＋8K" 技术采集画面、实时传输，现场与邵逸夫医院的专家完成远程会诊。

北京开发区 "5G＋4K" 安防监控。2019 年 5 月，北京经济技术开发区凉水河西岸的通信基站塔上安装 5G 监控摄像头，启动 5G 安防监控试点。利用中国移动 2.6GHz 频段 5G 网络结合 4K 摄像头，监控人员通过手机端即可对区域实时监控，提升临时性、应急性监控能力。

4. 国际实践加速发展

在 5G 助力超高清视频产业发展的过程中，除 5G 网络的建设外，各国在推进产业上各有优势和经验。

日本在超高清视频前端设备制造领域处于世界前列。日本具备较为完善的设备制造产业链，其技术水平和市场份额都处于领先地位。在高质量的 4K/8K 感光器件、高端光学镜头和机内光学器件、专业编解码器等核心元器件方面，具有全球领先优势。索尼、佳能、尼康、松下、日立等企业的 4K/8K 产品占据大部分国际市场份额，品牌优势明显。在推进 5G 技术中，日本更加关注相关产业基础的发展。日本政府明确使用 5G 网络技术的核心目的是解决社会老龄化问题，包括初步实现汽车和农业机械车辆的全自动驾驶、实现远程医疗以及实现货物的无人机配送。超高清视频是智能交通、远程医疗、智慧城市实现的基础，与网络建设相比，日本更注重视频产业的稳步推进，将超高清视频推广计划纳入《日本复兴战略》，要求 2020 年 50% 的日本家庭看上 4K/8K 电视，2025 年 4K 电视覆盖率达到 100%。在全国接受 5G 信号尚未完善的情况下，日本推动 4K、8K 超高清视频播出和应用主要基于卫星网络，到 2020 年将在东京首都圈推出 5G 信号服务奥运赛事。

韩国在超高清视频频道建设方面经验丰富。韩国基于大尺寸高端面板的技术优势和品牌优势，在超高清显示终端市场占据先发优势地位。2018 年冬奥会借助 5G 超快速率推出全新的赛事转播形式。电信运营商 SK Telecom 在其视频服务 Oksusu 中增加 5GX 部分，为其用户提供超高清视频服务。电信运营商 KT 在全球率先提供基于 5G 网络的超高清视频直播服务，SBS 新闻节目《Morning Wide》成为第一个使用 5G 网络直播的节目。电信运营商 LG 联合 Netflix 推出超高清电视服务，共计 225 个频道，并提供超高清机顶盒租赁业务。

美国在超高清视频内容制作方面具有长期优势。2015 年起，好莱坞电影依据蓝光光盘协会发布的 4K 蓝光视频格式推出 4K 蓝光碟片，极大地丰富了美国超高清视频内容。在超高清视频领域，美国企业快速组建 UHD 超高清联盟①、超高清论坛②等组织，通过国际影响力抢占超高清视频内容产业发展主导权和制高点。2018 年，谷歌公司宣布将其向好莱坞工作室购买的所有电影资源升级为 4K 分辨率，并下调 4K 电影资源价格。苹果公司也承诺所有 4K 电影版本保持 19.99 美元的价格水平。在 5G 时代，丰富的内容和平民的价格将进一步助推超高清视频全面普及。

---

① 由环球影业、21 世纪福克斯、华特迪士尼等企业组建的 UHD 超高清联盟测评认证范围覆盖核心元器件、终端产品、超高清内容等。
② 由康卡斯特、杜比实验室等企业成立的超高清论坛为全球超高清视频技术发展提供实施指南。

（二）5G 加速云 VR/AR 产业发展

在 5G 网络中，云计算、云渲染等理念和技术被引入虚拟现实业务，云 VR/AR 将成为"杀手级"应用之一。

VR/AR 借助设备实现在 3D 虚拟场景的沉浸和交互体验。4G 网络可以提供手机端播放 2D 视频需要的 5Mbps 下载速度，而 VR/AR 内容的下载速率要求为 2D 视频的 10 倍以上。5G 网络低时延、高速率助力 VR/AR 加速突破行业瓶颈，解决传输卡顿问题，提供更高分辨率和更流畅的画面，减少晕眩感，增强用户沉浸式体验。

借助 5G 高速稳定的网络，将云端的显示输出和声音输出经过编码压缩后传输到用户的终端设备，实现 VR/AR 业务内容上云、渲染上云，大幅改善现有的渲染、设备性能、硬件成本、无线化等问题，驱动终端设备体验革新。

1. 市场前景广阔

2018 年，全球虚拟现实市场（图 5 – 5 中灰色部分）规模超过 700 亿元，其中 VR 市场超过 600 亿元，AR 市场超过 100 亿元。5G 网络带动虚拟现实产业快速发展，预计 2020 年产业规模将超过 2000 亿元，其中 VR 市场超过 1600 亿元，AR 市场超过 450 亿元。到 2025 年，全球 VR/AR 应用市场规模将达到 3000 亿元，我国市场占比超过 35%。

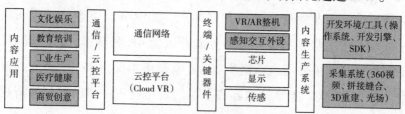

图 5 – 5　虚拟现实产业链结构

资料来源：中国信息通信研究院，课题组整理。

VR/AR 产业链涉及范围广，参与主体包括内容应用、终端器件、网络平台和内容生产等，其中终端器件的市场份额占据首位，内容应用市场快速增长，工业、医疗、教育等行业应用的市场规模预计从2018的8%上升到2020年的19%。

2. 我国政府积极出台发展政策规划

国家政策在推动产业发展的过程中起到至关重要的作用，国务院、工信部以及各地方政府，都针对虚拟（增强）现实发布相关政策文件（见表5-3），为产业发展带来利好。

总体来看，2016年起VR/AR成为国家重点发展项目，2017年产业热度不断提升，在更多细分领域得到政策支持，2018年政府扶持力度加大，工信部出台指导意见明确产业发展方向，2019年国家政策更加具体实际。

表5-3 VR/AR产业相关国家政策

年份	政策	主要内容
2016	国务院《国家创新驱动发展战略纲要》	发展新一代信息网络技术，增强经济社会发展的信息化基础。加强类人智能、自然交互与虚拟现实、微电子与光电子等技术研究
	商务部、国家发展改革委、财政部联合发布《鼓励进口服务目录》	鼓励进口"虚拟现实技术（VR）服务"
	国务院《"十三五"国家信息化规划》	强化战略性前沿技术超前布局，加强虚拟现实等新技术基础研发和前沿布局，构筑新赛场先发主导优势
	工信部《信息化和工业化融合发展规划（2016—2020）》	落实虚拟现实等新技术的技术研发和前沿布局
	工信部《信息通信行业发展规划（2016—2020年)》	加快发展智能新产品，支持重点领域智能产品、集成开发平台和解决方案的研发和产业化，支持虚拟现实、人工智能核心技术突破以及产品与应用创新，发展核心工业软硬件。突破虚拟仿真、人机交互、系统自治等关键共性技术发展瓶颈，夯实核心驱动控制软件、实时数据库、嵌入式系统等产业基础

续表

年份	政策	主要内容
2017	全国科技工作会议	将虚拟现实列入科技发展改革工作的重点项目，要求加快部署
	国务院《关于促进移动互联网健康有序发展的意见》	实现核心技术系统性突破，加快虚拟（增强）现实等新兴移动互联网关键技术布局，尽快实现部分前沿技术、颠覆性技术全球率先突破
	文化部《文化部"十三五"时期文化产业发展规划》	要求文化产业与虚拟现实相结合，运用虚拟现实、增强现实等技术，提升文化科技自主创新能力和技术研发水平
	科技部《"十三五"医疗器械科技创新专项规划》	以"精准、微创、快捷、智能"为方向，加快发展虚拟现实、增强现实等前沿技术，促进新型肿瘤治疗、精准手术、机器人治疗等发展
2017	工信部《应急产业培育与发展行动计划（2017—2019年）》	促进虚拟（增强）现实等高新技术应用于突发事件应对并形成新产品、新装备、新服务
	科技部、国家中医药管理局《"十三五"中医药科技创新专项规划》	发展符合中药制造特点的信息物理系统、物联网技术、人工智能技术、虚拟现实和增强现实技术，推动我国中药制造技术迈向高端水平
	科技部、国家发展改革委、工信部、卫计委、体育总局和食药监局《"十三五"健康产业科技创新专项规划》	重点发展虚拟现实康复系统等智能康复辅具，加快增强现实、虚拟现实等关键技术的应用突破，提高治疗水平
2018	工信部《关于加快推进虚拟现实产业发展的指导意见》	加快虚拟现实产业发展，推动虚拟现实应用创新，培育信息产业新增长点和新动能
	教育部等《教师教育振兴行动计划（2018—2022年）》	利用云计算、虚拟现实等新技术，推动以自主、合作、探究为主要特征的教学方式变革
	文化部《提升假日及高峰期旅游供给品质指导意见》	运用虚拟现实、4D、5D等技术打造立体、动态展示平台，提供线上体验和游览线路选择
	国家发展改革委《关于发展数字经济稳定并扩大就业的指导意见》	创新人才培养培训方式，积极采用移动技术、互联网、虚拟现实与增强现实、人机互动等数字化教学培训手段
2019	工信部等《进一步优化供给推动消费平稳增长促进形成强大国内市场的实施方案（2019年）》	加快推进超高清视频产品消费，有条件的地方可对超高清电视、机顶盒、虚拟现实/增强现实设备等产品推广应用予以补贴，扩大超高清视频终端消费
	国家发展改革委《产业结构调整指导目录（2019年本）》征求意见稿	将虚拟现实、增强现实，纳入2019年"鼓励类"产业

资料来源：课题组整理。

3. 国内外实践不断拓展

从全球投资来看，中美是 VR/AR 产业投资的热点地区。2016 年全球 VR/AR 初创公司的融资额约 23 亿美元，中、美两国企业分别占据 20% 和 60%。到 2018 年，获得风投的公司中，中、美两国企业分别占据 28% 和 35% 的份额，分别获得 25% 和 54% 的资金。IDC 预测，中国市场 VR/AR 技术的相关投资预计将在 2020 年达到 57.6 亿美元，占比可能超过全球市场份额的 30%，成为支出规模最大的国家，其次是美国。

从硬件设备来看，VR/AR 领域始终缺乏"杀手级"硬件。VR 产品落地较多，相对较为成熟，但是产品质量、体验感差距较大。AR 产品多数正在酝酿设计，当前成熟的商用产品种类较少，国内外较为成熟的产品设备如表 5-4 所示。

表 5-4　国内外当前较为成熟的产品设备

	产品	屏幕	分辨率	时延	视场角	价格	优势	劣势
主机式	HTC Vive	5.2 寸 OLED	2160 × 1200	22 毫秒	110 度	799 美元	多人互动、内容质量高	HDMI 有线连接使用场景受限
	Oculus Rift CV1	5.7 寸 OLED	2160 × 1200	19.3 毫秒	110 度	559 美元	沉浸感强、内容质量高	HDMI 有线连接设备笨重、适配设备要求高
	索尼 PS VR	5.7 寸 OLED	1920 × 1080	18 毫秒	100 度	2399 ~ 2799 元	多人互动、内容质量高、3D 音效	HDMI 有线连接仅兼容 PS4
	3Glasses X1	21 英寸短焦屏	2400 × 1200	6 毫秒	105 度	1799 元	设备轻盈、适配电脑手机多种终端、适配近视	游戏互动性差、眼部追踪时延高

续表

	产品	屏幕	分辨率	时延	视场角	价格	优势	劣势
手机式	三星 Gear VR	由嵌入手机决定	2560 × 1440	由嵌入手机决定	96 度	99 美元	价格亲民、方便携带、适配近视	仅兼容三星设备、嵌入手机耗电快、发热
	摩士奇 VR 8 代	由嵌入手机决定	由嵌入手机决定	由嵌入手机决定	100 度	50 ~ 328 元	价格亲民适配主流智能手机适配近视	镜片质量差、清晰度低、存在音画不同步
	唐尼 VR	由嵌入手机决定	由嵌入手机决定	由嵌入手机决定	120 度	168 ~ 238 元	价格亲民适配主流智能手机适配近视	清晰度低、设计不人性化、易晕眩和疲劳、游戏资源少
一体式	大朋 VR	5.7 寸 AMOLED	2560 × 1440	19.3 毫秒	96 度	1399 ~ 2999 元	内置影视资源丰富、支持本地资源播放 AI 智能语音操控	系统自带的免费资源清晰度较低
	VR SHINECON X1	5.5 寸 AMOLED	1920 × 1080	—	96 度	899 元	价格较低、内置影视资源丰富	—

资料来源：中信建投，课题组整理。

随着技术的成熟，云 VR/AR 技术将与其他产业深度融合，内容不断丰富（见表 5-5）。

表 5-5　VR/AR 产业应用

应用类型		市场前景
ToC	云 VR/AR 游戏	5G 连接的云端 GPU 集群将极大提高游戏渲染能力，提升多人互动游戏的沉浸体验。预计 2019 年线上 VR 游戏市场收入增速 75%
	云 VR 全景直播	依托 5G 超高带宽、CDN 和边缘云 MEC 技术，云 VR 全景视角优化观看体验

续表

应用类型		市场前景
ToB	教育	预计超过 1000 所学校将使用 VR/AR 技术
	医疗	在 5G 网络中，VR/AR 医疗应用时延降至 10 毫秒，有望实现从教学培训和辅助康复延伸到时效性更强的救治和诊疗
	员工培训	AR 技术提供更好的教学、指导和培训。预计到 2024 年，55% 的中国大中型企业将为部分员工部署 AR 硬件

资料来源：IDC，课题组整理。

　　5G 的商用激发云 VR/AR 市场活力，赋能面向用户的全新生态（见图 5-6）。在云化初期阶段，作为视频的延伸，以终端无绳化、内容和渲染计算上云为特点，应用主要是视频直播、游戏方面。以率先商用 5G 网络的韩国为例，通过云 VR/AR 在影视内容和游戏娱乐方面打造独特体验。电信运营商 SK Telecom 推出基于 5G 的全景摄影、赛事直播、虚拟 IMAX 屏等。电信运营商 LG 推出一系列内容丰富的 VR/AR 视频资源，提供沉浸式 5G 媒体体验。电信运营商 KT 则差异化打造 VR 线下生态，与迪士尼合作开展 VR 主题乐园，通过 5G 网络进行游戏体验。未来 1~3 年，即中期云化阶段，产业技术大部分成熟，云 VR/AR 将在教育、健身等更多领域应用。长期来看，云 VR/AR 会更加专业化，与各行业深入融合，提供极致体验。

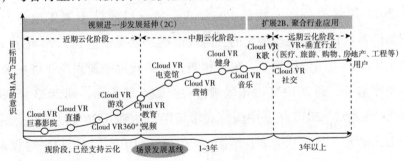

图 5-6　5G 网络加速云 VR 场景发展
资料来源：华为《Cloud VR+2B 场景白皮书》。

　　当前，VR/AR 的部分场景应用开始落地：

实景转播。2018 年，英雄联盟总决赛直播中利用 AR 增强技术实现"KDA"团体游戏角色的全真模拟，实现虚拟游戏人物和真人同台表演，并且角色与观众进行互动。

威尔文教"VR 超感教室"。2019 年北京教育装备展上，北京威尔文教科技有限责任公司展示了"VR 超感教室"。威尔文教将基于"5G + 云计算 + VR"，打造便捷高效的端到端云计算平台，构建 VR 智能教学生态系统。

（三）5G 催生云游戏产业新业态

从用户体验来看，游戏在低时延、高并发、高画质方面有较为严格的要求，游戏流媒体化在 4G 时代难以实现，5G 网络为云游戏提供了可能。在 5G 时代，云游戏以云计算为基础，所有游戏都在云端的服务器运行，渲染完成后通过 5G 高速网络传输给用户。游戏上云，用户不再受限于高端处理器和显卡，大大降低了用户获取优质游戏的门槛，游戏从电脑端向手机以及身边的各种屏幕拓展，操作方式也将出现各种创新。

1. 市场规模将大幅度增长

IHS Markit 的研究显示，2018 年云游戏市场规模达到 3.87 亿美元，其中 2014 年索尼公司上线的 PlayStation Now 目前处于领先地位，占 36% 的份额。日本是全球最大的云游戏市场，总规模达到 1.78 亿美元，其次是美国，法国位居第三。根据预测，云游戏这一新兴产业将在未来几年快速增长，到 2019 年底市场规模将突破 5 亿美元，到 2023 年底将达到 25 亿美元。2018 年，中国游戏市场用户达到 6.26 亿人游戏玩家，其中 1.5 亿人（24%）为客户端游戏①用户，ARPU（每用户平均收入）413.2 元。美国成熟游戏市场游戏玩家总人数占全国人口的 60%，以此估算国内游戏用户规模总数未来可达到 8 亿人。

---

① 网络游戏分为客户端游戏和网页游戏。

2. 国内外均处于探索期

云游戏产业链主要包括上游的游戏开发商、云计算厂商、软硬件厂商，中游的云游戏运营商或系统设备提供商，以及下游的终端集成厂商（见图5－7）。在现有的游戏产业基础上，5G网络促进云端业务快速发展，大幅降低游戏硬件门槛，实现多端接入，探索5G云游戏的新生态和新模式。

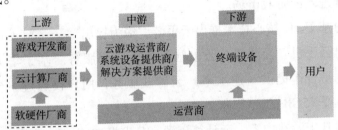

图5－7　云游戏产业链

资料来源：课题组绘制。

云游戏在前期未能快速发展，主要原因是网络带宽与时延要求得不到满足。4G时代，网速（10Mbps）和时延（10毫秒）的理论值基本达到云游戏运行要求，但在现实场景存在的复杂性和网络拥塞等问题，使云游戏运行的稳定性难以保证。5G时代，网速（100Mbps）和时延（<1毫秒）问题可得到充分解决，云游戏核心瓶颈将被破除。全球主要云游戏平台对网速均有较高要求，具体如表5－6所示。

表5－6　全球主要云游戏平台对网速的要求

云平台	公司	支持地区	网速要求
PlayStation Now	索尼	美国、西欧、日本	10Mbps
GeForce Now	英伟达	北美、西欧	10Mbps
Project Stream	谷歌	美国部分地区	25Mbps
Project xCloud	微软	全球	10Mbps
Loudplay	Loudplay. io	东欧部分国家	10Mbps
Shadow	Blades	西欧、美国部分地区	15Mbps

资料来源：课题组整理。

2019 年 8 月，韩国电信运营商 LG 与英伟达合作，基于 5G 网络进行 GeForce Now 云游戏平台商用化的首次尝试，5G 用户无须在终端下载游戏数据，可直接使用智能手机利用 5G 网络连接存储在云端的游戏数据进行娱乐，LG 用户通过订阅 5G 套餐即可免费试用该产品。

目前，由于落地国内数据中心、游戏内容发行等受限，所以国外厂商进入中国存在障碍。国内大公司依托各自在产业链环节掌握的核心要素，陆续进入云游戏市场。

华为基于 5G 核心技术推出云手游。华为提出"云 + AI + 5G"的概念，推出云手机、云游戏、云电脑等八大金牌服务。基于华为云的计算，与网易合作提供《逆水寒》云游戏服务，用户仅通过一台华为手机即可享受 75GB 的大型端游。

腾讯基于游戏内容、云计算资源、分发渠道等核心要素推出云游戏解决方案。2019 年，腾讯陆续公布"腾讯即玩"（与英特尔合作）、Cmatrix 平台和 Start 平台三个云游戏平台，发布"腾讯云·云游戏解决方案"，并联合 WeGame 提供《天涯明月刀》《中国式家长》等云游戏模式的试玩服务。

运营商基于稳定用户群体和网络优势开展云游戏业务。中国移动旗下的咪咕互娱推出近 100 款手游和超过 50 款大屏端游戏内容，提供基本用户包月模式。中国电信基于天翼云进入 TV 云游戏市场。中国联通推出"沃家云"5G 云游戏平台。

二、5G 赋能文化创意产业面临的困难与挑战

由于之前受到承载网络的限制，超高清视频、云 VR/AR、云游戏等文创产业在内容资源丰富程度和技术硬件完善程度上都尚有欠缺，与其他行业的跨界应用仍需更多的沟通与融合。

（一）高品质内容缺乏，难以满足产业升级需求

2015 年，国内 4K 市场内容需求约 3 万小时，实际可供用户欣赏的

内容不足 300 小时，国际上仅有 30 部好莱坞电影支持 4K 技术。伴随超高清视频设备的普及，以广播电视和文教娱乐行业为引领，多家企业在不同领域致力于提供超高清视频服务（见图 5 - 8）。2018 年，央视 4K 超高清频道上线，每日提供 18 小时节目内容，以纪录片为主；国内最大的 4K 内容分发平台"4K 花园"累计生产 6000 小时的 4K 内容，但这些与市场需求相去甚远。

图 5 - 8　国内高清视频平台服务提供商

资料来源：课题组整理。

1. 生产能力弱、回报周期长

据中国超高清视频产业联盟（CUVA）统计，我国超高清整体生产能力比较薄弱，超过六成的国内 PGC（专业内容生产）公司年 4K 内容生产在 30 小时以下，年生产 100 小时超高清内容的公司只占比 5.4%。4K 超高清内容生产耗时耗力，超高清视频在拍摄设备、后期制作等方面投入较高，产出回报周期较长，且面临版权保护等难题，因此无法吸引更多内容制作商加入 4K 内容生产。

2. 制作成本高

高清视频资源方面存在两大问题：第一，转换新平台的成本高昂。目前，影视制作机构从拍摄到后期制作的设备大部分为 4K 以下，制作方升级硬件、软件、人员等整个系统的成本非常高，仅一台 4K 编解码的设备价格就高达 100 多万元。第二，存量非超高清视频内容转码存在版权问题。将现有的非超高清视频资源转码为超高清视频，需要电视台或者内容平台企业与片源方二次谈判购买版权，制作成本再次增加。

在 VR/AR 内容资源方面，专业的拍摄设备价格高昂，目前较出色的诺基亚品牌设备高达 6 万美元，个人或企业用户都存在较大的经济负担。VR 内容拍摄与传统二维视频不同，其操作、视角、角色表现需要更高的技术性，制作一部外景展示的普通 VR 内容成本约 2 万元，若在虚拟场景中百米范围内进行 360 度拍摄（无任何交互）成本约 10 万元，若定制 4 分钟 VR 宣传视频成本价通常高达 50 万 ~ 60 万元。

3. 内容管制较多

视频内容在大屏端比移动端的监管更加严格。大屏是超高清视频的主要载体，主流收视方式包括有线电视、IPTV 和 OTT（互联网电视）等（见表 5 - 7）。有线电视不能连接公共互联网，OTT 则不能观看直播节目。

表 5 - 7　主要的大屏收视方式及特点

类型	核心内容	传输网络	特点
有线电视	电视直播	有线网	专用网络，覆盖区域广
IPTV	电视直播	电信网	运营商建立的数据专网，无时延
OTT 互联网电视	互联网电视点播	电信网	互联网内容点播，若网络带宽不足，可能出现时延
直播卫星	电视直播	卫星信号	覆盖地区广，覆盖成本低

资料来源：中信建投，课题组整理。

OTT 产业呈现"两头大中间小"的结构，上游聚集大量内容服务公司，下游终端集中大量智能电视、OTT 盒子等产品，中间受到严格的政策监管。广电总局要求开展 OTT 业务需要"互联网电视集成牌照"和"互联网电视内容服务牌照"，获批的互联网电视集成牌照方仅有 7 家[①]，

---

① 获批的互联网电视集成牌照方：中国网络电视台、上海广播电视台、浙江电视台和杭州市广播电视台（联合开办）、广东广播电视台、湖南广播电视台、中国国际广播电台和中央人民广播电台。

内容服务牌照方除7家集成牌照方外，还有国家新闻出版广电总局电影卫星频道节目制作中心、湖北广播电视台等8家。① 视频内容完全由集成商掌控，牌照方的议价能力大幅攀升，终端厂商以及其他没有内容牌照的互联网公司只能通过合作成为集成牌照的内容供应商。

游戏存在版号限制问题。高品质游戏的受众基础扩大与下沉是云游戏行业的发展机遇之一，目前3A游戏②作品集中于索尼、任天堂、Epic、育碧等海外厂商，国内厂商由于研发人员、技术储备、游戏市场环境等原因，高质量游戏少之又少。

国内所有网络游戏、主机游戏上线前需要申请版号，审批约4~6个月。近年来，国家对于游戏内容监管愈发严格，2018年版号停发长达8个月，重新启动后，国产游戏和进口游戏版号发放数量也明显减少。由于大陆政策法规的要求和程序严格复杂，多数海外厂商直接锁区放弃中国市场，国内游戏引进困难重重。2018年，腾讯曾在WeGame平台上架全球畅销游戏《怪物猎人：世界》③，仅一个月就因游戏内容无法完全通过政策法规审查要求而被永久下架。

（二）关键技术和硬件受制于人，制约产业应用创新

新技术不成熟导致产品存在缺陷。虚拟现实产品涉及多类技术领域，VR可以通过对现有手机技术体系的"微创新"实现产业化，AR需要从无到有的技术储备与重大突破，尤其在近眼显示与感知交互技术领域（见表5-8）。此外，现有技术方案在分辨率（清晰程度）、视场角（视野范围）、重量体积（美观舒适）等方面存在部分冲突。

---

① 获批的互联网电视内容服务牌照方：中国网络电视台、上海广播电视台、浙江电视台和杭州市广播电视台（联合开办）、广东广播电视台、湖南广播电视台、中国国际广播电台、中央人民广播电台、江苏电视台、国家新闻出版广电总局电影卫星频道节目制作中心、湖北广播电视台、城市联合网络电视台、山东电视台、北京广播电视台、云南广播电视台、重庆网络广播电台。

② 3A游戏是指顶级游戏，通常具有开发水平顶级、推广预算极高、商业成功且口碑极佳等特点。

③ 《怪物猎人：世界》由CAPCOM研发，2018年全球销量达到1190万套，该游戏在全球电脑游戏最大的发行平台Steam评分为9.5分。

表5-8　VR/AR关键技术发展情况

关键技术	技术领先国家	国内水平*
近眼显示	中国、美国、韩国、日本	并跑
渲染处理	美国	渲染技术：追赶 云渲染产业化：领先
网络传输	中国	领先
感知交互	美国	少数领先，多数追赶
内容制作	美国	少数领先，多数追赶

资料来源：中国信息通信研究院、华为、京东方，课题组整理。

注：*国内水平从高到低划分为领先、并跑、追赶。

国外厂商垄断核心器件导致产品成本高。超高清音视频技术主要涉及色度学、HDR转换函数、音频处理等基础技术，我国相关研究人员较少，自主研发的技术基础薄弱，没有形成完整成熟的音视频解决方案。从芯片类器件到录制设备、音视频产品，我国使用的先进终端产品多数由外国厂商制造，一方面易受制于人，产品引进成本较高；另一方面处于技术跟跑状态，难以生产出具有市场竞争力的产品。

整机设备未优化导致商业化效果不佳。消费者的使用感依赖于头显分辨率，设备性能影响VR产品商业化的效果。已上市的VR设备大部分仅支持2K或更低的分辨率显示，VR设备更靠近人眼，分辨率较低会引起颗粒感和眩晕感。完美的沉浸式体验需要16K、24K以上的成像效果，而晕眩感会使用户难以有30分钟以上的使用体验。预计到2022年，将有2/3的头显设备可以支持4K分辨率，能够为消费者带来较为满意的用户体验。此外，头显设备还面临功耗、尺寸和重量方面的问题，当前主流设备需要通过HDMI有线连接，限制了使用者的活动范围，并且对手机、电脑等配套产品的性能要求较高。

（三）跨界融合应用较少，影响企业做大做强

行业需求痛点结合不紧密。与行业应用的深度融合是超高清视频产业和虚拟现实产业持续发展壮大的重要动力。当前缺乏与行业需求痛点

的结合，典型应用场景不足，针对工业制造、教育、医疗、安防等个性化行业系统的解决方案较少。

商业盈利模式不明确。超高清视频产业在5G赋能下已经落地开花，影视院线可以通过票房盈利，但视频网站的盈利模式仍在探索之中。腾讯、爱奇艺、优酷三大视频网站因为没有相关牌照，只能与南方新媒体、央广银河和国广东方（CIBN）合作，推出OTT端产品云视听极光、银河奇异果以及酷喵影视，提供4K视频服务。

三大视频网站OTT端定价明显高于移动端，由于投屏、飞屏等功能的存在，会员付费率较低（见表5-9）。

表5-9 三大视频网站移动端和OTT端会员价比较

项目	腾讯视频		爱奇艺		优酷	
	腾讯视频移动端	云视听极光OTT端	爱奇艺移动端	银河奇异果OTT端	优酷移动端	酷喵影视OTT端
会员类型	腾讯视频VIP	超级影视VIP	黄金VIP	奇异果VIP钻石VIP	优酷VIP	酷喵VIP
月卡价格	20元	50元	19.8元	49.8元	20元	39元
连续包月	15元	30元	15元	30元	15元	29元

资料来源：课题组整理。

VR/AR处于起步阶段，多数虚拟现实应用于商业或广告范畴，少部分个人用户通过VR设备进行相对较短的视频观看或游戏体验，相关企业在设备买卖租赁、虚拟世界的订阅消费等方面谋求盈利模式。

云游戏领域的盈利模式种类较多。欧美游戏产业已经形成相对成熟的客户端游戏用户基础和订阅付费下载的习惯，主流公司均以订阅模式作为变现方式。国内主要是独立游戏内付费的经营方式，多家云游戏平台探索会员费、时长制、买断制、订阅制、广告费等综合收费方式（见表5-10）。

表 5 – 10　国内主要云游戏平台收费方式

产品	类型	商业模式
达龙云电脑	PC 云游戏	时长制 + 会员费
格来云电脑	PC 云游戏	订阅制 + 买断制
华为云电脑	PC 云游戏	订阅制 + 时长制
集游社	移动云游戏	时长制 + 广告费
红手指	移动云游戏	订阅制
咪咕快游	PC 云游戏 + 移动云游戏	订阅制 + 时长制

资料来源：方正证券，课题组整理。

三、促进 5G 赋能文化创意产业的相关建议

（一）推动产学研协同配合，提升产业链整体竞争力

加强技术预判和趋势研究。围绕产业关键技术，加大研发投入和政策支持，深化知识产权储备。技术研究结合市场现状，从应用场景出发，对于技术趋势进行预判，有针对性地突破技术困境，在新兴领域占领技术高地，加强技术产业化的落地价值。

突破产业链薄弱环节的核心技术。统筹推进全产业链各环节核心产品研发，突破关键技术，填补产业链的空白环节，尤其是超高清视频、虚拟现实产业所需的采集制作设备、编解码设备、图像处理芯片等。实施国家重大科技项目，推动创新技术研发。强化技能人才培养，健全技能人才激励机制。鼓励企业加大科技投入，引进先进适用科技成果。

促进产业上下游协同发展。文创产业属于技术和内容驱动型，全产业链业务协同发展能够夯实其核心竞争力。以产业集群龙头企业为重点，围绕集成服务、内容服务、分发服务等产业链体系，强化 5G 网络、云端计算等技术变革的作用，鼓励发展客户协同服务和企业协同制造能力，通过信息共享和实施交互提高产业链上下游企业的协作效率。

（二）加强政策监管精准化，引导产业规范发展

探索内容制作标准的分类和分级管理制度。传媒娱乐等文创产品对社会意识形态和经济发展具有影响，对其内容的监管至关重要。传播内容分级管理是当前世界许多国家和地区长期摸索形成的制度，可以满足不同层次观众文化生活的需求。结合中国国情，探索建立文创产业内容制作标准的分类和分级管理制度，对行业管制和扶持的方向更明确，促进国内内容制造商产品转化以及国外优质内容引进。

建立行业标准，统一规范管理。5G加速产业快速发展，而标准缺失是影响虚拟现实产业出现"杀手级"硬件设备的主要因素之一。标准不统一，容易造成硬件设备、操作系统、版本的分裂发展，加大内容的适配难度。围绕虚拟现实技术链条，建立端到端的技术标准体系，推动内容生产前端标准与终端呈现标准的协同配套，完善传输端及新型应用相关标准规范，有利于帮助企业定位以及明确发展方向，加强各环节协作，实现产业的良性健康发展。

加强数字版权保护。随着5G技术的发展，越来越多的内容处理和计算都从设备转移到云端，各类媒体娱乐平台涌现的同时，数字化产品的侵权、盗版问题也接踵而来。因此要加强数字版权在授权管理方面的规范化和同一化，建立和完善数字版权相关的法律法规，维护内容制作方的利益，保障产业的可持续发展。

（三）支持优势区域先行先试，促进重点产业集聚发展

打造区域产业基地开展园区先行先试。加大政策协调力度，引导地方政府在5G赋能文创产业方面开展支持工作，重点扶持有内容、技术资源基础的企业。在全国范围推动超高清视频、虚拟现实、游戏产业集聚发展，支持具有技术优势的龙头企业与高校、科研院所组建创新中心与实验基地。

构建公共服务平台网络体系。加强文创产业公共服务平台网络和公

共技术服务平台建设，整合政府、企业、科研院所、高校等资源，通过5G 信息技术和网络，打造产业资源的共享机制和运营管理组织，为企业、消费者、政府部门、产业投资人等多元主体提供多元、高效、便捷、开放的公共服务，助力产业发展。

在"引导消费＋应用实践"中探索商业模式。一方面在消费端，引导提高消费者对超高清的接受度，推动消费者从高清到超高清升级。通过将全球性的体育赛事（如世界杯、奥运会等）、重要的文化活动、演唱会和音乐会、大型娱乐活动等进行全程 4K/8K 超高清直播，利用多渠道向消费者展示和体验超高清视频产品，培养消费者习惯和市场。另一方面在应用端，利用 5G 与 AI 或云计算等技术相结合的行业应用场景，从行业端找到切实的行业应用进行突破。

探索超高清视频、AR/VR 与其他领域的深度融合。抓紧 5G 时代机遇窗口，以云架构为引领，降低优质资源的获取难度和硬件成本，将超高清视频技术、虚拟现实技术从娱乐化向功能化转变，扩展到旅游、医疗、教育、工业、安防等多个相关行业，发挥更大的技术价值。深化"虚拟现实＋"行业应用的融合，探索具备落地潜力的解决方案。

（执笔人：翟羽佳）

专题报告六
5G 赋能医疗健康产业研究

医疗健康是 5G 的重要应用领域。据 IHS Markit 研究，到 2035 年，5G 将为全球医疗健康行业提供超过 1 万亿美元的产品和服务。

一、5G 赋能医疗健康产业的发展现状

（一）5G 赋能医疗健康产业前景广阔

习近平总书记强调："没有全民健康，就没有全面小康。"健康事业是全民建成小康社会的重要事业。从需求侧看，随着人口老龄化加剧，《2016 中国人类发展报告》预测 2020 年 60 岁以上人口占总人口比例将达到 16.3%，2030 年达到 23.0%，慢性病负担加重。《中国卫生和计划生育统计年鉴》显示，中国慢性病患者从 2003 年至 2013 年十年间，患病率增长近 2 倍。科技进步不断改变患者对医疗的期望，越来越多的患者希望在日常生活场景中能够得到更高效、便捷、舒适的医疗服务。未来人们寿命延长，对健康生活也更加关注：远程健康监控和远程医疗将成为常态；可以通过合理饮食和适当运动降低心脏病和糖尿病的发病率；更加重视精神和行为健康。从供给侧看，中国医疗资源供给持续不足且短时间难以补足。根据《"健康中国 2030"规划纲要》，中国

到 2020 年实现每千人口医生数 2.5 人，2030 年将达到每千人口护士数 4.7 人，相比 2015 年每千人口医生数 2.21 人和每千人口护士数 2.36 人已有较大提升，但从规划指标数值看，仍低于当前经合组织国家的平均水平。我国公共卫生体系不健全、医疗资源分配不均、医疗机构重复且繁杂等一系列医改难题尚待解决。调查显示，上海复旦大学附属华山医院接诊患者中至少一半以上是外地患者。患者异地就医、跨区域流动是当前我国社会主要矛盾在医疗服务领域的体现。

5G 为医疗健康产业发展开辟新路径。诺基亚联合 Analysys Mason 发布的《诺基亚 5G 成熟度指数》报告称，运营商确定的最热门 5G 应用包括医疗健康应用相关的关键医疗监控和车联网、自动驾驶、增强和虚拟现实等触觉互联网体验、照明等智慧城市应用、智能家居服务等。IHS 依据"一项技术是否已准备好在该行业中采用所要考虑的几大因素：现有技术解决方案的成熟度，商业模式发展，相关行业的投资，相关行业的需求，生态系统、供应链的准备就绪程度，监管状况，解决方案的负担能力"，判断得出 5G 相关市场中，医疗健康应用的成熟度得分低于自动驾驶、制造业（见图 6-1）。2019 年的 5G 网络部署将主要关注 5G 在增强型移动宽带（eMBB）的应用，这是对 4G LTE 和 LTE Advanced 功能的扩展，未来将分阶段推出更广泛的 5G 功能，例如 5G 超可靠低时延通信（URLLC）将支持医疗关键任务应用。鉴于这个延

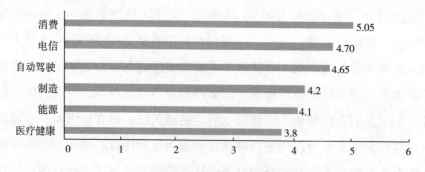

图 6-1 5G 相关市场成熟度比较

资料来源：IHS Markit.

长的时间表，5G准备度得分因行业而异。目前5G专注于eMBB应用领域，所以与电信和消费领域的需求紧密结合，但对于医疗健康和制造业，5G的"未来能力"将是最重要的。

（二）5G推动新兴技术在医疗健康领域普及应用

新兴技术对医疗健康产业转型至关重要。在数字革命的大背景下，大数据、云计算、人工智能、机器人、3D打印、虚拟/增强现实、远程控制、物联网等ICT应用正逐步应用于医疗服务中，以控制成本、提升效率和优化质量衍生出各种创新模式与服务。上述这些医疗健康颠覆性技术都将在5G采用后推向更高水平并产生无数创新。5G的主要作用很可能是促进已经存在、非常有前途，但尚未完全发展起来的其他技术转化为用户触手可及的应用。

1. 5G提供移动的"最后一公里"连接

由于物理定律的限制，长距离提供低时延的网络是一项挑战。虽然光纤可以提供低时延的网络连接，但专家表示，出于可用性原因5G更为可取。光纤用于回程网络，但5G在提供移动的"最后一公里"连接上更为灵活，这是5G比光纤具有更高优先级的原因。就像利用手机淘宝App可以随时随地下单，而不是必须局限在室内电脑前一样，通过5G网络连接将极大地改善医疗服务提供方和用户的地理限制。5G急救、5G远程超声、5G远程手术等振奋人心的应用场景才能成为现实。

2. 5G使智能数据和智能设备成为有效的医疗健康管理工具

5G与物联网（传感器）和人工智能融合提供巨量数据并得出医疗决策，将使患者拥有更多的自主管理能力。通用电气医疗集团（GE Healthcare）的埃斯波斯托（Esposito）认为，5G的出现是医疗健康新篇章的开始，"技术的融合——5G与人工智能和物联网（传感器）——将带来巨大的转变，它将改变人们对健康的理解，从如何提供治疗到如何扩大患者对护理服务和专家的获取"。布鲁金斯公司创始总监达雷尔韦·斯特（Darrell West）在一份报告中指出，"蜂窝、Wi-Fi 和蓝牙使物联网能够跨越平台使用，而 5G 则是将这些东西连接起来的纽带。物联网设备具有不同的功能和数据需求，而 5G 网络能全部支持"。5G 将为 IoT 提供主干，从而大大提高了 IoT 的数据传输速度和处理能力。美国联邦通信委员会专员杰西卡·罗森沃尔（Jessica Rosenworcel）表示，人工智能和区块链技术将使无线设备更动态、更灵活地使用无线频谱内的不同频率，从而实现数十亿个设备可立即连接 5G 网络。

预防保健需要基于海量信息，5G 的潜力体现在对海量传感器数据收集的能力上。人们可以通过智能手机产生个人医疗数据，为人工智能机器学习提供所需的大量数据，而 5G 可为处理数据提供大带宽和低时延的网络。在医疗健康领域数据就是力量，英特尔专家称，目前医疗健康数据约占世界数据的 30%，而且还在不断增长。5G 和人工智能对于从不断增长的数据中获取医疗决策十分重要，这样卫生系统才能朝更加有效的方向发展。美国哈斯商学院的一份关于 5G 医疗的报告也指出，5G 大带宽和低时延的特征能更好地支持连续监测和感官处理装置，这使患者的持续监测成为可能。物联网设备可以通过不断收集患者的特定数据，快速处理、分析和返回信息，并向患者推荐适合的治疗方案，赋予患者更多的自主管理能力。这一系列技术组合可以解决目前广泛存在的医生和护理人员短缺的问题，同时还可以标记异常的医疗行为，指出潜在的欺诈性数据。

事实上，不论对个人还是国家，预防大于治疗，这虽然是共识，但并不好执行，借助触手可及的智能健康管理工具，可以将多年来积累的健康知识真正及时有效地应用到每个人身上，产生积极有益的结果，并为新的创新打开一扇门。

3.5G 赋能影像、机器人等技术实现远程会诊、远程超声、远程手术、远程示教

5G 网络高速率的特性，能够支持 4K/8K 的远程高清会诊和医学影像数据的高速传输与共享，并让专家能随时随地开展会诊，提升诊断准确率和指导效率，促进优质医疗资源下沉。由于基层医院往往缺乏优秀的超声医生，所以需要建立能够实现高清无时延的远程超声系统，充分发挥优质医院专家优质诊断能力，实现跨区域、跨医院的业务指导、质量管控，保障下级医院进行超声工作时手法的规范性和合理性。利用医工机器人和高清音视频交互系统，远端专家可以对基层医疗机构的患者进行及时的远程手术救治。5G 网络能够简化手术室内复杂的有线和 Wi－Fi 网络环境，降低网络的接入难度和建设成本。利用 5G 网络切片技术，可快速建立上下级医院间的专属通信通道，有效保障远程手术的稳定性、实时性和安全性，让专家随时随地掌控手术进程和病人情况，实现跨地域远程精准手术操控和指导，这对降低患者就医成本、助力优质医疗资源下沉具有重要意义。不仅如此，在战区、疫区等特殊环境下，利用 5G 网络能够快速搭建远程手术所需的通信环境，提升医护人员的应急服务能力。基于 AR/VR 的虚拟教学平台以 AR/VR 眼镜等可穿戴式设备为载体，结合 3D 数字化模型进行教学培训，对比传统方式受教者的沉浸感更强，具备更多交互内容，使用成本相对更低。

4. 5G 可以解决医院全流程信息化管理系统建设难题

多年来，医疗信息化的应用多集中在诊疗服务的核心环节，在医院管理的其他环节并未受到重视，而后者是医院对外开展医疗服务的基础支持。以医院后勤管理为例，因为缺乏信息化系统的支撑和连接，大量医疗设备的使用、共享和运维非常低效，损耗十分严重。如今，"物联网＋5G"技术的发展为医院后勤管理系统的效能提升提供了新的发展契机。借助 5G 和传感器的组合，可以将医院里所有的医疗设备、器械连接起来，从而实现其最大的使用效能，并极大地节约医院的运营成

本。同时，AI 技术也为医院全流程的信息管理系统，提供了全新的技术支持手段，目前 AI 识别技术已经可突破文本、图像和动态图形，可覆盖医院产生的全部信息流。在 5G、物联网以及 AI 的共同助力下，过去因为技术局限而无法实现或需要极高成本实现的医院全流程信息化管理系统建设，如今已基本没有技术上的实施障碍。

总体来看，5G 网络为医疗健康开辟了新途径，更加个性化和智能化，将互联网医学提升到前所未有的水平。5G 和智能健康技术协同工作，使医疗系统充满患者数据，并将医疗服务带到任何需要的地方。爱立信研究认为，5G 对医疗健康的影响包括三点：一是医疗服务变得分散，从医院转向家庭；二是越来越依赖可穿戴设备和远程医疗服务使 5G 成为提供可靠和安全服务的必要条件；三是医院转变为数据中心。

（三）5G 医疗健康领域成为机构和企业积极布局的新热点

传统医疗机构及医药器械企业既是智慧医疗的需求方和使用方，也是智慧医疗数据的主要提供方，包括医院、基层卫生服务机构、健康医疗保险机构、医药医械企业等。传统医药器械企业主要利用人工智能技术作为器械产品附加值，实现产品升级换代。

5G 的兴起可以扩大以技术为导向的公司在医疗健康市场的影响力，公司围绕人工智能进行融合，人工智能作为总括技术。这需要开发人工智能技术的人员必须在医疗健康生态系统中密切协作。近年来进入的医疗健康领域包括：医疗影像 AI 辅助诊断、医疗和医保机构的信息化软件产品、药品电商及物流、医护人员的职业再教育、面向大众的医疗健康科普、大众健康险产品等。互联网巨头大多资金实力雄厚，在医疗健康领域多采取"全覆盖"式的布局，然而其布局大多出于为其产业链服务的目的，发展并不聚焦，短期内鲜有盈利可能（见表 6-1）。

表6-1　科技巨头的数字医疗布局情况

公司名称	项目名称	时间	技术	功能	备注
IBM	Watson项目	2014年	AI技术平台	肿瘤、心血管疾病、糖尿病等领域的诊断和治疗	已经进入中国市场
阿里健康	与医学影像中心合作建立医学影像智能诊断平台	2019年	阿里云平台	提供三维影像重建、远程智能诊断等服务	—
阿里健康	医药电商	2016年	—	提供天猫医药馆服务、阿里健康药房	—
阿里健康	互联网医疗	2018年	—	联合支付宝,在支付宝上设立医疗健康服务频道,打通医保诊间结算	—
腾讯	腾讯觅影	2017年	AI技术平台	辅助医生对癌症等病变进行筛查,有效提高筛查准确度,促进准确治疗	入选国家首批新一代人工智能开放创新平台,负责建立医疗影像国家新一代人工智能开放创新平台
腾讯	腾讯医典	2019年	App、小程序	通过解决医疗虚假信息的痛点,建立科学有效的医疗科普平台,吸引用户	—

资料来源:根据公开资料整理。

　　我国2751家智慧医疗企业中,北京、广东、上海、江苏、浙江五大产业集聚区已经形成,以智能硬件(智能温度计、智能血压计、智能胎心仪、智能血糖仪等)、远程医疗(跨地区、跨医院远程医疗协作协同)、移动医疗(预约挂号、问诊、患者社区、医药电商、互联网医院等)、医疗信息化(HIS、PACS、MIS、电子病历、转诊平台等)为核心的产业集群也基本形成（见图 6 - 2）。[①]

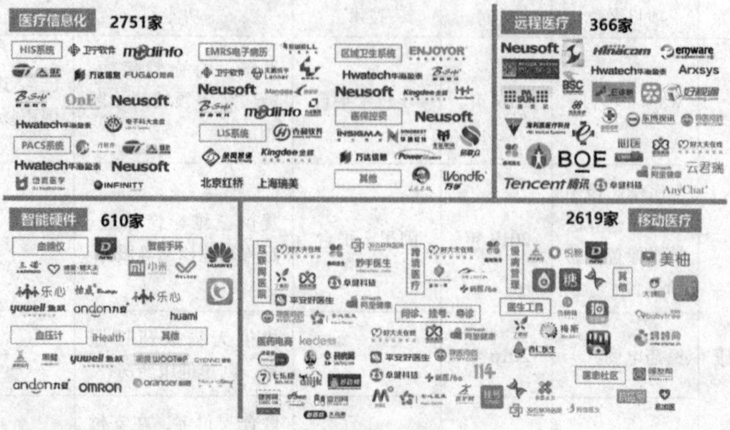

图 6 - 2　四类智慧医疗企业

资料来源：参见火石创造 2017 年 10 月发布的《中国智慧医疗产业图谱》。

（四）发达国家积极推动 5G 医疗健康应用发展

世界各国纷纷将 5G 上升到国家发展战略，并努力推动其在医疗健康领域的应用发展。

1. 韩国政府将医疗健康确定为 5G 的五大核心服务之一

韩国政府认为 5G 医院作为数字化医院的转型，是医疗行业的必经之路。在全国推出 5G 商业服务几周后，韩国无线电信运营商 SKT 和延世大学医疗系统（YUHS）于 2019 年 4 月 26 日签署了协议备忘录，两者将共同建设永仁 Severance 医院，这是韩国首家配备了 5G 网络系统的医院，计划于 2020 年 2 月开放。这家 5G 数字医院将配备 SKT 人工智能音箱 NUGU，使肢体不方便的患者可以通过语音调整病床姿态、控制照明和电视等设备以及在紧急情况下呼叫帮助。同时，为患者和访客提供基于 AR 的室内导航服务，为隔离病房的患者提供全息影像系统以虚拟地与访客进行电子会合。该医院将采用量子加密技术，使用量子密钥

---

① 参见火石创造 2017 年 10 月发布的《中国智慧医疗产业图谱》。

加密数据以对抗黑客攻击，保障医院的医疗信息安全。

2. 芬兰代表性企业诺基亚领衔启动移动急救项目

诺基亚作为手机市场的领军者，曾在 2007 年苹果推出 iPhone 时遇到瓶颈，此次希望凭借"5G + 医疗健康"回归市场。诺基亚与芬兰奥卢大学合作启动 OYS TestLab 项目，这是一个基于 5G 网络环境的医疗试验项目，主要运用在移动急救场景中，为救护车和急诊部门提供实时数据通信支持，使医院能够监控运送中的患者，并根据患者的情况提供相应的远程急救指导，同时可以做好急救相关专家和医疗设备的前期准备，实现医生与患者的精准匹配。

3. 德国拟依赖 5G 实现数字医疗缓解医疗难题

德国政府 2017 年 7 月发布了《5G 国家战略》，计划于 2020 年开始 5G 商用，2025 年实现 5G 互联的"千兆比特社会"。该战略认为，5G 技术将主要应用在智能交通、工业 4.0、智慧农业、智能电网、数字医疗和新兴媒介等领域。德国将 5G 技术作为缓解医疗难题，实现数字医疗的手段，已成为欧洲最大的智慧医疗设备生产国和出口国。

4. 英国大力推动 5G 远程医疗应用

英国伯明翰大学医院（UHB）NHS 信托基金会携手 BT 电信和 WM5G 共同开发了一款基于 5G 的机器手套。护理人员透过机器手套进行超音波检查，而在另一头的医生使用医院的控制杆透过 5G 网络发送信号。手套产生微小的振动后，将护理人员的手指向医生想要传达的位置，实时查看超音波图像，患者在前往医院途中得到远程诊断和初步治疗。另外，许多英国机构也正在研究医疗领域结合 5G 技术的可行性。英国斯旺西大学（Swansea University）正在尝试使用 5G 无线数据和纳米传感器开展 3D 打印绷带的试验，帮助医生根据伤口情况制定个性化治疗方案；物联网公司 Pangea Connected 与金斯顿大学（Kingston University）合作，测试 5G 视讯串流服务，使急诊医生能在患者到院前判断检伤分级。

5. 美国探索 5G 在医学中心、医院系统等医疗环境中的应用

总部位于芝加哥的拉什大学医学中心和 Rush System for Health 医院系统，与国际电信巨头美国电话电报公司（AT&T）启动合作项目，联合探索美国首个在医疗环境中使用基于标准的 5G 网络。AT&T 与临终关怀提供商 VITAS Healthcare 合作，试图将 5G 与虚拟现实和增强现实相结合以帮助临终关怀患者减轻慢性疼痛和焦虑。

6. 日本构建 5G 社会以实现远程医疗应用

实现远程医疗是日本构建 5G 社会的三大主要目标之一。2019 年 1 月，在和歌山县内高川町（相当于街道）开展基于 5G 的远程诊断测试，将该街道患者的病患部位的高精度影像以 5G 模式实时传送到 30 千米外的和歌山县立医科大学，通过高清电视会议系统与当地医生进行会诊。在前桥红十字医院、前桥市消防局、前桥工科大学开展基于 5G 的医疗急救实验。将事故现场的患者高清影像通过 5G 实时传递至医院及救护车，由医生远程指导现场处置，同时系统导入病人电子病例，有助于医生迅速把握病人既往病史等信息。

（五）我国 5G 医疗健康产业发展基础较好

中共中央、国务院于 2016 年 10 月印发了《"健康中国 2030" 规划纲要》，提出纲领性目标：推进健康中国建设，全面建成小康社会，是实现社会主义现代化的重要基础。当前适逢新一轮全球信息技术革命，政府高度重视智慧医疗对于整体医改的推进作用，自上而下部署政策，推动医疗机构广泛深入地应用智慧医疗技术，提升医疗服务的效率与能力。

2015 年以来，我国政府分别从"互联网 + 医疗健康"和"人工智能 + 医疗健康"两个方向，制定了一系列纲领性政策文件。2018 年以来，为落实规划出台了细化政策（见表 6 - 2）。四年间，医疗信息化、

互联网医疗、人工智能等单一零散的概念，逐步统一为智慧医疗的整体理念和实践。

表 6 – 2　国家政策助力数字医疗

时间	政策名称	颁发部门	主要内容
2014 年 8 月	《关于推进医疗机构远程医疗服务的意见》	国家卫计委	加强统筹协调，积极推动远程医疗服务发展；明确远程医疗服务内容，确保远程医疗服务质量安全；完善服务流程，保障远程医疗服务优质高效；加强监督管理，保证医患双方合法权益
2015 年 7 月	《关于积极推进"互联网 +"行动的指导意见》	国务院	"互联网 + 益民服务"。推广在线医疗卫生新模式。发展基于互联网的医疗卫生服务，支持第三方机构构建医学影像、健康档案、检验报告、电子病历等医疗信息共享服务平台，逐步建立跨医院的医疗数据共享交换标准体系
2016 年 7 月	《国家信息化发展战略纲要》	中共中央办公厅、国务院办公厅	推进智慧健康医疗服务。完善人口健康信息服务体系，推进全国电子健康档案和电子病历数据整合共享、探索建立市场化远程医疗服务模式、运营机制和管理机制，促进优质医疗资源纵向流动、运用新一代信息技术，满足多元服务需求，推动医疗救治向健康服务转变
2016 年 10 月	《"健康中国 2030"规划纲要》	国务院	全民健康是建设健康中国的根本目的。立足全人群和全生命周期两个着力点，提供公平可及、系统连续的健康服务，实现更高水平的全民健康
2017 年 3 月	《政府工作报告》	李克强	全面实施战略性新兴产业发展规划，加快新材料、人工智能、集成电路、生物制药、第五代移动通信等技术研发和转化，做大做强产业集群

续表

时间	政策名称	颁发部门	主要内容
2017 年 7 月	《新一代人工智能发展规划》	国务院	智能医疗。推广应用人工智能治疗新模式新手段，建立快速精准的智能医疗体系。探索智慧医院建设，开发人机协同的手术机器人、智能诊疗助手，研发柔性可穿戴、生物兼容的生理监测系统，研发人机协同临床智能诊疗方案，实现智能影像识别、病理分型和智能多学科会诊 智能健康和养老。加强群体智能健康管理，突破健康大数据分析、物联网等关键技术，研发健康管理可穿戴设备和家庭智能健康检测监测设备，推动健康管理实现从点状监测向连续监测、从短流程管理向长流程管理转变
2018 年 4 月	《关于促进"互联网+医疗健康"发展的意见》	国务院办公厅	加快实现医疗健康信息互通共享，健全"互联网+医疗健康"标准体系，提升医疗机构基础设施保障能力
2018 年 4 月	《全国医院信息化建设标准与规范（试行)》	国家卫健委规划发展与信息化司	针对医院信息化建设现状，对未来五至十年的全国医院信息化应用发展作出规划，标志着 IT 技术介入医疗服务已进入标准规范的发展阶段
2018 年 7 月	《互联网诊疗管理办法（试行)》	国家卫健委、国家中医药管理局	进一步规范互联网诊疗行为，发挥远程医疗服务的积极作用，提高医疗服务效率，保证医疗质量和医疗安全
2018 年 7 月	《国家健康医疗大数据标准、安全和服务管理办法》	国家卫健委	负责建立医疗大数据开放共享机制
2018 年 8 月	国家药品监督管理局将负责监管人工智能和数字健康化产品	国家药品监督管理局	未来审核符合医疗器械定义的，包括互联网和 AI 等数字医疗产品，都更明确了审批通道的方向

资料来源：根据公开资料整理。

2019 年，各大医院联合设备制造商和运营商积极进行 5G 与医疗技术融合试验，实现远程手术、应急救援、远程诊断、远程示教等场景的应用（见表 6-3）。河南省、广东省、济南市相继成立 5G 医院，积极推动 5G 在医疗健康领域的应用（见表 6-4）。5G 商用牌照发放后，为更好地推动 5G 医疗健康的发展、落地，2019 年 7 月，中国信息通信研究院成立 5G 医疗健康工作组，旨在推动产、学、研、用"四位一体"的 5G 智慧医疗应用示范，加强 5G 网络与医疗行业深度融合。2019 年 9 月，国家远程医疗与互联网医学中心联合华为、三大电信运营商和全国 30 余家医院在北京启动《基于 5G 技术的医院网络建设标准》制定工作，该标准将被纳入国家卫生健康标准体系。

表 6-3　我国 5G 医疗健康应用场景案例

单位	应用场景案例	时间
广东医院	600M 超声波文件通过 5G 连接的远程诊断平台在 1 秒内传输。相比之下，该文件通过固定线路宽带连接发送要 20 分钟，通过 4G 发送只需 3 分钟	2019 年
华为、中国移动、中国人民解放军总医院	全国首例基于 5G 网络的远程人体手术——"帕金森病脑起搏器"植入手术，这场手术跨越近 3000 千米，医生在海南为远在北京的患者实施手术	2019 年 3 月
解放军总医院海南医院、远程超声诊断系统制造商华大智造	国际首家 5G 远程超声门诊在解放军总医院海南医院正式成立并开诊，解放军总医院海南医院的医生为约 330 千米外西沙岛礁的三沙市人民医院的驻岛战士进行了远程体检［此系统尚未正式投入临床，该设备还未取得国家医疗器械注册证（NMPA），仅可用于科研试用及应用研发］	2019 年 4 月
四川省人民医院、上海、河南	地震救援中采用的 5G 医疗救护车，通过救护车上的远程诊断设备提前对患者进行诊断，前移急救场景	2019 年
上海国际医学中心	世界首例 5G 聚焦超声（FUS）远程手术。聚焦超声手术 FUS 设备是一种高度数字化的设备，与 5G 结合具有"先天优势"，其操作是在 B 超的引导下，由医生用鼠标控制治疗设备向患者体内发射超声波来开展治疗	2019 年 10 月

资料来源：根据公开资料整理，为不完全统计。

表6-4   我国各省市5G医疗应用探索情况

省市	应用探索
河南省	依托郑州大学第一附属医院加快推进5G医疗健康实验网建设，推动5G医疗行业标准建立。2019年10月18日，打造了全球首张基于弹性切片的全场景跨区覆盖5G专网，"基于弹性切片的全场景5G SA智慧医疗专网"
浙江省	在智能制造、智慧城市、智慧医疗等领域实现规模化商业应用
广东省	广东省人民医院携手中国移动通信集团广东有限公司、华为技术有限公司三方共同打造国内领先的5G应用示范医院
上海市	2019年4月，由上海市第十人民医院、同济大学医学院超声医学研究所和上海移动联合组建的5G超声系统投入临床验证。通过联通5G技术，进行两台远程手术的4K高清即时直播。手术地点设在华山西院，一台是由陈亮教授主刀的垂体瘤内镜手术，另一台是由王镛斐教授主刀的显微镜手术
杭州市	2019年8月8日，浙江大学医学院附属杭州市第一人民医院与千里之外的新疆阿克苏人民医院进行了儿科和骨科的临床病案的远程会诊直播
苏州市	实现远程手术直播
成都市	2019年3月，首次5G高清内窥镜手术直播落地十医院。2019年5月，通过5G网络，华西医院实现5G多地医疗会诊。当月，由四川省医学科学院、四川省人民医院与中国移动（成都）产业研究院共同研发的5G城市医疗应急救援系统在四川省医学科学院四川省人民医院急救中心正式上线
济南市	2019年3月，山东大学齐鲁医院与山东联通在济南举行5G联合实验室揭牌暨全省首家医院5G网络开通仪式；2019年8月，山东省立医院联合海信医疗、奥林巴斯以及中国移动实现"5G+4K+MR"腹腔镜手术
甘肃省	2019年5月，甘肃省中医院专家在手术室通过科达承建的省远程医学信息平台进行直播示教

资料来源：根据公开资料整理，为不完全统计。

二、5G赋能医疗健康面临的问题与挑战

5G作为一个基础设施，一定是先于应用，并对应用起引导作用。快速完成基础设施建设，也就取得了应用发展的先手。但当前5G医疗应用以初期试点探索为主，多为应用场景初期的先导性尝试，技术验证、方案推广可行性研究仍较少，总体缺乏政产学研用结合的创新体系

的支撑。当前5G在医疗健康领域的发展尚没有形成成熟的模式，将来的普及应用还存在一系列问题，业内普遍关注的标准、安全、法律法规的问题，例如，5G医疗在创新型医疗器械、终端设备接入方式、数据格式统一和应用数据传输等方面还存在许多规范性问题，5G医疗应用场景众多，不同应用场景对于网络的需求差别较大，尚无具体标准规范定义5G医疗的网络指标要求；我国各级医疗机构信息化程度参差不齐，存在稳定性和安全性隐患；远程手术中的远程医生、机械臂、当地医生之间的权责问题，数据隐私保护的问题。这些均为5G赋能医疗健康产业面临的现实问题与挑战。"实践是理论的源泉"，这些问题都需要在实践的过程中不断解决和完善。

医疗健康产业涉及众多错综复杂的利益相关方，并且长期以来形成了很高门槛，外来创新者进入非常困难。2018年4月，李克强总理在国务院常务会议上指出，"多年来存在的医疗系统间的信息孤岛问题，不仅浪费资源而且延误治疗，要下定决心实现共享"。同时强调，"'互联网+医疗健康'不仅能缓解老百姓民生之痛，而且也能有效带动发展，这件事我们认准了，就要加快推进"。如今5G赋能医疗健康，将推动"互联网+医疗健康"进入更高水平。这些问题的解决也迫切需要有力的抓手。

当前，国内外均处于探索时期，谁能够尽快找到落脚点，谁就能够取得发展的先机。因此，制约5G医疗健康创新发展的关键是缺乏最佳的实践"锚点"，未来医疗健康领域的"杀手级"应用很可能不是一个解决方案、一个产品，而是能够广泛容纳许多解决方案的一个容器。

三、推动5G赋能医疗健康产业的建议

支持国家医学中心及区域医疗中心推进5G医疗健康。医疗健康领域的新兴技术必须与医疗健康提供模式联系起来才可能获得成功，而医疗健康提供模式需要政策引导。医疗健康领域事关民生，具有公共服务

的属性，因此相关技术的发展应用也应搭乘国家战略，并切实服务国家战略。任何技术方案都是为目标服务。本着"先做成再做好"的原则，尽早将 5G 用到实处，在实践过程中日益完善，解决发展中遇到的标准、安全、法规等相关问题，以此缩短技术采用的周期，取得国际竞争优势。国家战略一般需要多方从不同方面层层推进，选择合适的介入窗口作为"锚点"，以达到聚集全球创新资源的目的。

为解决我国医疗资源分布不均的问题，国家层面已从全国医疗机构布局展开行动。2017 年 1 月，原国家卫生计生委印发《"十三五"国家医学中心及国家区域医疗中心设置规划》，指出要根据需要建成以国家医学中心为引领，以国家区域医疗中心为骨干的国家、省、地市、县四级医疗卫生服务体系，提升我国整体医疗服务水平。2019 年 5 月，国务院办公厅发布《深化医药卫生体制改革 2019 年重点工作任务》，指出要稳步推进国家医学中心和区域医疗中心建设，选择高水平医院支持建设区域医疗中心，促进资源优化配置，提升中西部优质医疗资源短缺地区等相关区域医疗服务水平。2019 年 11 月，国家发展改革委等部门联合印发《区域医疗中心建设试点工作方案》，指出主要以国家医学中心为依托，充分发挥国家临床医学研究中心的作用，充分利用"互联网＋医疗健康"、人工智能、大数据等先进技术，推动优质医疗资源集团化、品牌化发展，更好地满足群众医疗服务需求。

根据国家医学中心、区域医疗中心的国家战略布局，建议全力支持 5G 医疗专网优先在选定的河北、山西、辽宁、安徽、福建、河南、云南、新疆 8 个省区铺开。同时支持北京、上海、武汉、长沙、广州、成都、西安 7 个城市中选定的输出医院优先采用 5G 专网。上下层医院之间进行各种丰富的应用试验，同步研究相关标准以及安全问题。最终将碎片化的应用场景在各地各级医院之间串联起来，形成可持续的服务能力，着实将 5G 等相关 ICT 应用快速渗透医疗健康领域。

专栏6-1　关于国家医学科学中心及区域医疗中心的建设规划

2017年，原国家卫生计生委印发《"十三五"国家医学中心及国家区域医疗中心设置规划》，指出要根据需要，建成以国家医学中心为引领，以国家区域医疗中心为骨干的国家、省、地市、县四级医疗卫生服务体系，提升我国整体医疗服务水平。为促进优质医疗资源纵向和横向流动，提高我国整体和各区域医疗服务技术水平构建结构支撑。有利于缓解肿瘤、心血管和神经等重大疾病优质医疗资源分布不均，儿科、妇产和精神等专业医疗资源短缺问题。

2019年11月，国家发展改革委等部门联合印发《区域医疗中心建设试点工作方案》，指出主要以国家医学中心为依托，充分发挥国家临床医学研究中心的作用，在京、沪等医疗资源富集地区遴选若干优质医疗机构，通过建设分中心、分支机构，促进医师多点执业等多种方式，在患者流出多、医疗资源相对薄弱地区建设区域医疗中心，充分运用"互联网+医疗健康"、人工智能、大数据等先进技术，推动优质医疗资源集团化、品牌化发展，更好地满足群众医疗服务需求。我国将选择在河北、山西、辽宁、安徽、福建、河南、云南、新疆8个省区，围绕死亡率高、疾病负担重、转外就医集中、严重危害群众健康的病种，重点建设肿瘤科、神经科、心血管科、儿科、呼吸科和创伤科6个专科开展区域医疗中心试点建设。30家试点输出医院主要从北京、上海两地选取，少量从武汉、长沙、广州、成都、西安5个优质医疗资源集中地方选取。

（执笔人：马晓玲）

专题报告七
5G 赋能智慧能源产业研究

当前，以 AI、大数据和 5G 通信为代表的信息技术正在引领新一轮的科技变革，5G 网络不仅能够带来更大的带宽体验，而且其超低时延和超大规模连接特性改变着相关行业核心业务的运营方式和作业模式。作为主要的相关行业之一，智慧能源对通信网络提出了新的挑战，迫切需要实时、稳定、可靠、高效的新型通信技术及系统支撑，提升能源行业信息化和智能化水平。能源与 5G 网络的深度结合必将推动能源行业安全、清洁、协调和智能发展，真正实现能源生产和消费革命战略的落地。

一、"5G＋智慧能源"的发展现状

（一）智慧能源的内涵与发展趋势

智慧能源是指把包括若干种传统能源、新能源、互联网和通信技术完整结合在一起，最终形成智能的能源互联网络。智慧能源的目的是实现未来能源系统产能、储能、用能一体化发展，更多能源生产、转化、传输、存储、消费环节将通过信息技术进行深入融合，从而推动能源行业安全、清洁、协调和智慧发展。根据国家发展改革委和能源局于

2016年印发的《关于推进"互联网+"智慧能源发展的指导意见》(发改能〔2016〕392号)文件中的相关要求，"互联网+"智慧能源的建设将集中在能源互联网基础设施建设，能源生产消费的智能化体系建设、多能协同综合能源网络、与能源系统协同的信息通信基础设施建设、开放共享的能源互联网生态体系营造，新型能源市场交易体系和商业运营平台建立，分布式能源发展、储能和电动汽车应用，智慧用能和增值服务，绿色能源灵活交易，能源大数据服务应用等新模式和新业态发展等。本报告根据文件要求，按照能源生产、转化传输、消费和调控等不同环节对要求进行部分整理，进一步明确了新一代移动互联网技术在智慧能源不同环节和领域起到的推动和促进作用。

表7-1　新一代互联网技术赋能智慧能源（部分）

环节	作用	环节	作用
生产	可再生能源生产智能化	消费	能源消费智能化
	化石能源生产清洁高效智能化		智能终端及接入设施的普及应用
	集中式与分布式储能协调发展		发展智慧用能新模式
转化传输	综合能源网络基础设施建设	调控	信息系统与物理系统的高效集成与智能化调控
	能源接入转化与协同调控设施建设		支撑能源互联网的信息通信设施建设

资料来源：发改能源〔2016〕392号。

专栏7-1　关于智慧能源的定义

美国经济学家杰里米·里夫金在《第三次工业革命》中首先提出了能源互联网的愿景，主要包括四大特征：以可再生能源为主要一次能源、支持超大规模分布式发电系统与分布式储能系统接入、基于互联网技术实现广域能源共享、支持交通系统的电气化。国家电力投资集团范霁红认为，智慧能源主要有几个要点，一是对能源系统，包括发电、输配、用户的设备和行为进行全面感知；二是广泛互联；三是要能够进行智慧的互动；四是能够进行智慧的协调和协同。

国家发展改革委、能源局在《关于促进智能电网发展的指导意见》（发改运行〔2015〕1518 号）中指出，智能电网是在传统电力系统基础上，通过集成新能源、新材料、新设备和先进传感技术、信息技术、控制技术、储能技术等新技术，形成的新一代电力系统，具有高度信息化、自动化、互动化等特征，可以更好地实现电网安全、可靠、经济、高效运行。在 2016 年《关于推进"互联网 +"智慧能源发展的指导意见》（发改能源〔2016〕392 号）中，提出"互联网 +"智慧能源是一种互联网与能源生产、传输、存储、消费以及能源市场深度融合的能源产业发展新形态，具有设备智能、多能协同、信息对称、供需分散、系统扁平、交易开放等主要特征。

党的十九大提出，推进能源生产和消费革命，构建清洁低碳、安全高效的能源体系。智慧能源是未来能源发展的主要趋势，在能源绿色低碳、经济高效、安全可靠的发展要求下，信息技术是未来智慧能源发展的支撑。5G 以其海通量、广连接和高可靠等特性，能够实现智慧能源未来发展的新需求，助力智慧能源实现能源结构中可再生能源比例大幅提升，促进集中式与分布式能源配置方式结合，推动电网传统的单向服务模式向双向互动模式转变，助力电网的计算能力和抗干扰能力提升等，为智慧能源发展提供新的动力。

（二）"5G + 智慧能源"前景广阔

5G 满足智慧能源发展对通信技术的需求。新一代移动通信技术 5G 在时延、带宽和连接等方面的性能有着量级的跃升，将为智慧能源带来巨大的发展前景。4G 时代的网络轻载情况下的理想时延只能达到 40 毫秒左右，无法满足精准负控、遥控业务等电网控制类业务毫秒级的时延要求；4G 传输速率大概 2Mbps 左右，不能满足未来专网输变电机器巡检等业务引入 AR/VR 的需求；4G 所有业务都运行在同一个网络中，业务直接相互影响，无法满足电网关键业务隔离的要求；4G 网络对所有的业务提供相同的网络功能，也无法适应电网多样化业务需求；对于用电信息采集业务、二遥业务等，接入数量巨大对网络的连接数也提出了更高的要求。5G 的增强移动带宽（eMBB）、超高可靠低时延通信（uRLLC）以及海量机器类通信（mMTC）三大应用场景符合智慧能源的发展需求，解决了当前 4G 网络不能满足的技术难点。

5G 赋能智慧能源带来巨大经济效益。工信部电信研究院于 2017 年 6 月发布的《5G 经济社会影响白皮书》显示，到 2030 年我国能源互联网行业中 5G 相关投入（通信设备和通信服务）预计将超 100 亿元。据英国运营商 O_2 研究估计，5G 在智能电网方面的应用可以降低英国家庭能源消费的 12%，还将节省 640 万吨二氧化碳，相当于减少近 150 万辆汽车的行驶。应用于地方基础设施的 5G 传感器和无线技术可以通过采用智能 LED 街道照明为城市平均节省 130 万英镑的电费。5G 的大带宽能够实现更大范围内部署智能电网，据埃森哲研究，仅在美国，智能电网技术市场规模将从 2012 年的 330 亿美元增长到 2020 年的 730 亿美元，预计未来 20 年采用智能电网的相关经济效益将达 2000 亿美元。

1. 5G 提高智慧能源运行效率

5G 将以其大带宽、超高可靠、低时延的卓越性能，提高智慧能源硬件设施以及监控系统、交通运维系统等能源软件系统的网络连接性能，提高智慧能源网络运行效率，大幅增强网络运营支持能力，从而进一步加速智慧能源设施的智能化升级。

5G 赋能智能电厂，提高电厂运行效率。中国移动在江西光伏电站完成全国首个基于 5G 网络的、多场景的智慧电厂端到端业务验证，打造无线、无人、互联、互动的智慧场站，这是 5G 技术在智慧能源行业应用的重要突破。通过中国移动 5G 超大带宽、超低时延、超高可靠的网络，成功实现无人机巡检、机器人巡检、智能安防、单兵作业四个智慧能源应用场景。电站现场无人机、机器人巡检视频图像实时高清回传至南昌集控中心，实现数据传输从有线到无线，设备操控从现场到远程。智能安防场景中，通过全景高清摄像头，实现场站实时监控及综合环控。单兵作业场景中，通过智能穿戴设备的音视频和人员定位功能，实现南昌专家对电站现场维检人员远程作业指导。

5G 推动智能配电自动化，实现毫秒级故障处理时间。配电自动化是一个控制性要求非常高的应用场景。市场对可靠供电的要求逐步提升，如将事故处理时间缩短至毫秒级、实现区域不停电服务等。智能分布式配电自动化成为未来配电自动化发展的趋势，其特点在于将原来主站的处理逻辑分布下沉到智能配电终端，通过各终端间的对等通信，实现智能判断、运行分析、故障定位、故障区隔离以及非故障区域供电恢复等操作，从而实现故障处理过程的全自动化，最大可能地减少故障停电时间和范围，使配电网故障处理时间从分钟级大幅降低到毫秒级（<20 毫秒）。据了解，目前配电自动化国际一流要求要达到 99.999% 的可靠性，换算成年户均停电时间不超过 5 分钟。5G 超低时延和高可靠性的信息传输特性，有助于降低电力系统潜在停电影响的范围和时长，使毫秒级自动定位并隔离故障成为可能，从而保障非故障区域的不间断供电，大幅度提高应急效率。有机构预测，全球配电自动化市场 2025 年将达到约 360 亿美元的规模。

2. 5G 推进智慧能源精细化管理

作为支撑智慧能源发展的关键基础技术之一，5G 将渗透能源行业生产、消费、销售、服务等各个环节，推动智慧能源进一步朝数字化、智能化、协同化方向发展，实现智慧能源领域全生命周期的智能化、精细化管理。

5G实现毫秒级精准负荷控制，将经济社会损失降至最低。传统配电网由于缺少通信网络支持，切除负荷的手段相对简单粗暴，通常只能切除整条配电线路。从业务影响、用户体验等角度出发，应通过精准控制优先切除可中断的非重要负荷，尽可能地做到减少对重要用户的影响。采用基于稳控技术的精准负荷控制系统，控制对象精准到生产企业内部的可中断负荷，既可以满足电网紧急情况下的应急处置，又仅涉及故障用户，将经济损失和社会影响降至最低。精准是目前负荷控制系统的一大技术创新，其时延要求是50毫秒，但是50毫秒是从终端到整个主站的全部通信时延，而5G的低时延特性能够达到1毫秒，助推精准负荷控制的实现（见表7-2）。

表7-2　精准负荷控制对通信系统要求

指标	内容
QoS等级	优先级1等级
时延	最高需要达到毫秒级，通信时延小于50毫秒
可靠性	99.999%
带宽	每个管理终端50Kbps~2Mbps
链接	每平方千米X×10个
安全性	Ⅰ/Ⅱ大区业务，需要与其他Ⅲ/Ⅳ管理大区业务完全隔离

资料来源：中国移动5G联合创新中心。

5G实现大规模用户信息采集，合理牵引错峰用电。当前，电力用户用电信息采集业务主要用于计量，数据传输业务规模小、频次低，呈现出上行流量大、下行流量小的特点。5G通信网络海连接和大带宽的特性可以为电力用户用电信息采集提供海量接入和准时实时数据上报的强大技术支持，协助系统完成电力用户用电信息的采集、处理和实时监控，能够实现用电信息的自动采集、计量异常监测、电能质量监测、用电分析和管理、相关信息发布、智能用电设备的信息交互等功能。同时，用电信息采集将进一步延伸至家庭内部，获取所有用电终端的负荷信息，以实现更精细化的供需平衡，牵引合理错峰式用电。此外，5G

可将偏远地区、农电配网和城市密集的用电户都实时精准地接入用电信息采集系统，同时也减少了有线网络的建设规模，降低网络建设成本。

3. 5G 创新智慧能源发展模式

5G 技术与智慧能源行业的融合将促进智慧能源业务的应用创新、智慧能源终端产品创新，带动智慧能源相关消费，有效促进可再生能源、电动汽车、电网通信等相关领域应用的发展。

5G 促进分布式能源应用，提高可再生能源利用率。风电、太阳能发电、电动汽车充换电站、储能设备及微网等新型分布式电源是一种贴近用户端的能源供应方式[①]，既可独立运行，也可并网运行，除了节省输电网投资外，还可以提高全系统的效率、可靠性和灵活性。我国分布式电源发展迅速，预计到 2020 年，我国分布式电源装机容量可达 1.87 亿千瓦，占同期全国总装机的 9.1%。分布式能源的深度渗透使配电网由功率单向流动的无源网络变为功率双向流动的有源网络。业务节点多、海量数据的接入以及对大量分布式能源进行控制和管理，防止其并网或脱网时对电力大网造成电压波动成为分布式电源管理的难题。5G 通信技术则凭借广连接、超可靠、低时延的特点，可有效地解决分布式电源分散、点多、量大等问题，为分布式电源的海量数据接入提供保障，提升了配电网的可靠性、灵活性及运行效率（见表 7-3）。

表 7-3　分布式电源监控系统对通信系统要求

指标	内容
QoS 等级	优先级 3 等级
时延	下行控制类业务时延 <1 秒，上行采集类业务 <3 秒
可靠性	采集类要求 99.9%，控制信息要求 99.999%

---

① 2018 年，我国非化石能源消费占一次能源消费比重提高到 14.3%，随着能源结构的调整和消费习惯的改变，太阳能、风能等新型可再生能源消费占比将越来越高。我国预计 2020 年实现可再生能源占能源消费比重达 15%。再生能源发电的间歇性、随机性特点，使供电和用电模式都变得更加多元化，也给电网功率平衡、运行控制带来困难。

续表

指标	内容
带宽	2Mbps 以上
链接	海量接入，10^6 甚至 10^7 级别终端接入
安全性	同时有 I / II / III 区的业务

资料来源：中国移动5G联合创新中心。

5G能够实现园区能源消费控制，开拓节能减排新领域。5G广连接、大带宽的特性为工业园区、社区、学校等具体场景实现综合的能源消费监测和管理，进一步促进能源合理分配和高效使用，进而为节能减排开拓新的场景。科中云公司为科陆大厦提供楼宇能效管理服务，通过精准定位，物业对每层楼每个单位的用电、用水情况了如指掌，并针对空调的冷量进行计算，通过分摊空调总电费，精确计算出每个区域应该征收的空调费用。在线监控大楼各动力节点，对大楼的电力做到了远程运维。不仅减少了物业的人力、物力，同时通过管理效率提升，还降低了能源损耗，一年节省了70万元的电费支出。

4. 5G切片技术是智慧能源发展的刚需

5G切片技术是信息通信技术革命性的变化，未来将广泛应用在多种通信服务场景。华为总结出能源互联网对5G的Top技术需求包括：差异化 QoS/SLA 保障、确定性业务体验、高安全/隔离/可靠性、独立运维/运营能力，而电力切片是匹配上述需求的最佳解决方案之一，5G电力切片是能源互联网行业的刚需。2018年1月，业界首个《5G网络切片使能智能电网》技术可行性分析产业报告出台。5G网络的网络切片技术可以达到与"专网"同等级的安全性和可隔离性，能够为各个用户单元提供个性化服务，同时相比企业自建的光纤专网成本可以大幅降低。5G根据不同业务场景对技术特性的需求，可以分为多种类型切片，为智慧能源的控制类、采集类和移动类业务场景提供服务。表7-4汇总了未来5G不同特性的切片为智慧能源服务的场景情况。

表 7－4　5G 切片服务智慧能源的业务场景

业务场景分类	业务名称	5G 场景	时延	带宽	可靠性	安全隔离	连接数
控制类	智能分布式配电自动化	uRLLC	毫秒级	低	高	高	中
	用电负荷需求侧响应	uRLLC	毫秒级	中低	高	高	海量接入
	分布式能源调控	mMTC	秒级	中	高	中	海量接入
采集类	电动汽车	mMTC	秒级	低	中	低	准海量接入
	高级计量	mMTC	秒级	中低	高	低	准海量接入
	配电房视频综合监控	eMBB	毫秒级	高	中	低	准海量接入
	应急现场自组网综合应用	eMBB	毫秒级	高	高	高	准海量接入
移动类	变电站巡检机器人	eMBB	毫秒级	高	中	低	准海量接入
	输电线路无人机巡检	eMBB	毫秒级	高	中	低	准海量接入
	移动现场施工作业管控	eMBB	毫秒级	高	中	低	准海量接入

资料来源：韩治，张晋.5G 网络切片在智能电网的应用研究［J］. 电信技术，2019（8）. 根据该文献整理。

5. 5G 基站与分布式电源的结合潜力巨大

5G 建设面临的一个主要障碍即高能耗。5G 基站和分布式发电融合，如为 5G 基站装配柔性太阳能模块，试验性建立光伏分布式电源网络，既解决了 5G 基站高耗能问题，也利用自身网络优势建立了一个能源综合管理平台。未来电网公司与电信运营商还需在 5G 建设方面积极合作，探索解决通信基础设施的高耗能难题。

专栏 7－2　5G 基站与分布式能源进展

中国铁塔于 2019 年 6 月成立了铁塔能源公司，铁塔能源业务大概如下：①利用分布式光伏风电（并网或离网）给蓄电池充电，自发自用或余电上网；②把储能系统里的铅酸电池替换成梯次利用的动力电池，离网供电或并网削峰填谷；③把靠近城镇枢纽的铁塔储能余电反过来建充电桩，给电动车充电；④通过自身5G网络优势，建设一个监控运维一体化的智慧能源综合服务平台。

宇能电力公司研发出耐候、抗震、高效的轻型太阳能模块，自测可使基站能源使用综合成本降低15%以上。

（三）国外"5G+智慧能源"的发展情况

智慧能源在世界主要发达国家已有一定的发展基础，早在2000年左右，美国、日本、欧盟等就已经通过智能电表安装、清洁能源发展、智能电网部署、社区能源控制等方式发展智慧能源（见表7-5）。但在5G智慧能源方面，还很少有相关试验和进展。目前，在芬兰，ABB公司和诺基亚等多个机构共同探索了5G技术在中压电网上的应用。Fortum能源公司和爱立信启动了一个试点项目，用5G和物联网技术以其数据中心作为虚拟电厂测试需求平衡，在电力需求高峰时，Fortum会在短时间内关闭数据中心的能源供应，然后耗尽电池的电量。爱立信在欧洲建立了电网泛欧实时仿真基础架构和实时5G测试平台。欧盟5GPPP平台近期为5G赋能智慧能源在意大利的试验开发项目进行了项目支持。

表7-5　世界主要国家5G智慧能源进展

国家	计划	做法
美国	Grid 2030 智慧电网拨款项目（SGIG）	先进信息技术，高速、实时、双向通信，遍布全网的传感器能够进行快速诊断并采取行动，提高高峰时段效率的决策数据和支持，分布式发电技术（例如风电、太阳能和混合动力汽车），智能变电站，家用能源控制装置等；投入3600万美元用于高端测量系统（AMI）、配电自动化、提升网络安全、电动汽车基础设施、消费者应用和需求响应方案

国家	计划	做法
欧盟	2019 年 5GPPP 第三阶段智慧能源项目，2008 年欧盟"20－20－20"目标，2006 年 More Micro Grid 计划，2005 年 EU Smart Grid 架构	在意大利开展智慧能源项目，试验 5G 技术特性； 再生能源和分布式电源并网技术、电动汽车与电网协调运转技术，以及电网与用户的双向互动技术； 着重于分布式电源及负载控制设计、发展新的分布式电源控制策略、多区分布式电源的并联技术、商业交易制度、相关技术标准以及评估微电网对未来电力事业的冲击等
日本	日本"未来电网"试点在横滨市、丰田市、京都府和北九州市	包括在所有家庭安装智能电表，还计划加强输变电设施及蓄电装置建设； 7 领域 26 项重要技术作为发展重点，特别强调新能源相关技术、电池三兄弟（太阳能电池、燃料电池以及蓄电池）与克服新能源系统稳定性问题的微电网技术
韩国	智慧电网发展路线 2030	普及智能电表实现用户端能源利用效率最优化；提出未来高端计量基础设施的发展方向和基本运营模式，应用最新技术和最新标准，保障未来高端计量基础设施市场的联动性； 再生能源和新一代能源储存装置的开发优化能源使用；计划由政府和私人部门共同投资，韩国电力公社（KEPCO）负责执行

资料来源：张季东，李健. 国际智慧电网建设的战略要点及对我国的启示 [J]. 电力与能源，2017，2（38）：96－101. 根据该文献整理。

（四）我国"5G＋智慧能源"的发展情况

2015 年，国家发展改革委、能源局印发《关于促进智能电网发展的指导意见》，进一步明确发展智能电网的重要意义，并提出到 2020 年初步建成安全可靠、开放兼容、双向互动、高效经济、清洁环保的智能电网体系。2018 年 1 月，业界首个《5G 网络切片使能智能电网》技术可行性分析产业报告出台；6 月，中国移动、南方电网公司、华为联合发布了《5G 助力智能电网应用白皮书》，介绍了智能分布式配电自动化、用电负荷需求侧响应、分布式能源调控、高级计量、智能电网大视频应用等五大类 5G 智能电网典型应用场景的现状及未来通信需求。2019 年 4 月，开展首个基于 5G SA 标准的 5G 电力切片外场测试验证，充分利用了 5G 网络的毫秒级低时延能力，结合网络切片的 SLA 保障，增强了电网与电力用户之间的双向互动。2019 年，《5G 网络切片使能智能电网商业可行性分析》产业报告的发布，标志着运营商与电力行业在 5G 电力切片领域的合作从技术可行性验证阶段进入商业可行性探索阶段。

我国自 2019 年 6 月颁发 5G 运营牌照以来，已有多家企业和多个省市地区开展 5G 在智慧能源领域的相关应用（见表 7 – 6、表 7 – 7）。中国电信、南方电网和华为等企业，就 5G 网络切片在电力行业中的应用开展积极的探索。中国移动和中国联通等试验了 5G 在智能电厂中的应用，主要在无线、无人的互联互通方面进行探索。我国多个省市地区根据自身情况设立了 5G 与智慧能源发展的目标，并已开展多个试点工作。

表 7 – 6　我国有关企业开展 "5G + 智慧能源" 情况

企业	"5G + 智慧能源" 实践
中国铁塔	成立铁塔能源公司，分布式光伏风电自发自用或余电上网，建设智慧能源综合服务平台
中国电信	实现业界首个基于 5G 网络切片的智能电网业务，保障从端到端 SLA、业务隔离性和运营独立性
中国联通	实现首例面向 5G 商用的智能电网巡检机器人，验证了 5G 大流量数据传输能力，有效提升了电网安全巡检水平
中国移动	实现在江西光伏电站完成全国首个基于 5G 网络的、多场景的智慧电厂端到端业务验证，打造无线、无人、互联、互动的智慧场站
国家电网	推动在巡检、配电网状态监测、大数据采集、准负荷控制、配电自动化等应用方面的 5G 技术研究和落地
南方电网	完成业内首例基于 SA 架构的无线、传输、核心网的 5G 端到端切片外场功能测试。通过现场部署网络承载不同分区电网业务的三个切片，初步验证了切片之间不受影响，切片可以实现硬隔离、业务服务质量可保障的效果
华为	与南方电网、深圳移动合作的全球首个面向商用的 5G 电力切片外场测试
中国华能	智慧云平台，在智能光伏电站、智慧电厂、智慧煤矿、智慧供应链、工业互联网、云数据中心、关键基础设施网络安全等领域与华为展开全面合作

资料来源：根据公开资料整理。

表7-7 我国各省市推进"5G+智慧能源"的进展情况

地区	方向	项目
浙江	"5G+综合能源未来社区"	舟山以社区能源供给绿色高效化、社区配套电网生态智能化、社区用能终端全域清洁化三方面为抓手,打造清洁能源社区,构建"以电能为核心"的电、气、热、冷终端一体化社区综合能源供应体系,该项目将对用户用能进行分析和云计算,帮助用户合理安排用能; 温州支持电气龙头企业加强"5G+"融合应用,研发一批智能变压器、智能分布式配电器、智能毫秒级负荷控制器、智能断路器等5G应用产品
上海	"5G+AI+智慧楼宇"	上海电力将选取上海市高度达到100米以上的商业楼宇,进行(空调)虚拟电厂建设,实现常规模式下经济运行、尖峰模式下需求响应、紧急状态下保障电网运行安全的目标
福建龙岩	5G古田智慧能源小镇	输电线路无人机智能巡检;变电站机器人智能巡检;配电自动化终端;配电10千伏线路差动保护;配电房视频综合监视
广东	"5G+智能电网"	广东移动联合华为、南方电网发布了《5G助力智能电网的应用白皮书》,创新配网差动保护、应急通信、配网计量、在线监测等智慧电网业务示范
江西	"5G+智慧电厂"	江西光伏电站完成全国首个基于5G网络的、多场景的智慧电厂端到端业务验证,打造无线、无人、互联、互动的智慧场站
山东	"5G+智能电网、变电站监测"	青岛建设全国最大规模的国家级5G电力实验网,验证了基于5G的智能分布式配电自动化和配电差动保护的应用; 建设集5G 4K高清、VR、机器人巡检、无人机巡视多功能于一体的5G技术电力综合应用示范区
安徽	"5G+智能电网"	合肥国内首个基于5G技术的智能分布式配网保护建成试运行,实现配电线路故障的快速就地、精准隔离,隔离时间也从分钟级缩短至毫秒级
山西	"5G+智慧火力发电厂"	全国首个"火力发电厂5G联合创新实验室",利用5G高效实现设备管理的可视化,打造一体化的煤场监控系统等

资料来源:根据公开资料整理。

二、"5G+智慧能源"发展存在的主要问题

(一) 5G技术应用及相关标准相对薄弱

5G技术在智慧能源中的应用有多个不同场景,不同5G应用场景下的业务要求差异较大,对技术指标也有不同的要求。目前,行业尚未针对特定场景形成统一技术标准,5G电力切片的行业深入应用存在一定的障碍。在相关产品上,由于技术标准尚未形成,企业研发投入还不足,相关5G电力定制化通信终端以及标准化、通用化的5G通信模组产品还没有进行深度研发和生产,也未形成一定规模的市场供应。

(二) 商业模式还需进一步挖掘

现阶段,智能电网的信息通信支撑方式主要包括230MHz和1800MHz的无线LTE专网、无线公网和光纤传输三种方式。2019年,《5G网络切片使能智能电网商业可行性分析》指出5G切片技术安全、高速、实时,既可以独立组私密网,也可以用公网,或者两者相结合。从电网企业的经济角度来说,5G网络切片租赁模式比使用专用光纤网络、无线专网累计总投入成本和总体基础设施费用更低,与5G切片租赁相关的商业模式正在深入探索,尚未形成。此外,若建设5G专网,还需要国家统筹分配5G电网专用频谱。

(三) 网络安全性和可靠性面临巨大挑战

能源行业是关系国计民生的基础保障性行业,对相关技术的成熟度、稳定性和可靠性要求极高,尤其是无线接入业务的安全性和可靠性。电网一直以来都面临安全问题的挑战,据统计,2016财年,美国290起国内各企业工控系统网络安全事件中有66起发生在能源行业的燃料动力综合体企业。5G作为一项新兴技术,在智慧能源领域的试验还处在起步阶段,在一些测试和验证方面已获得部分数据,但5G技术

在智慧能源领域的深入结合还需要更长时间的实践和检验。

专栏 7 - 3　2015 年乌克兰智能电网受到恶性攻击

2015 年，乌克兰智能电网遭到恶性攻击，攻击方式主要为：①通过感染了网络钓鱼恶意软件的电子邮件破坏公司网络；②抢占 SCADA 控制权，然后远程关闭变电站；③禁用 IT 基础架构组件；④使用 Kill Disk 恶意软件破坏存储在服务器和工作站上的文件；⑤对呼叫中心的拒绝服务攻击，以拒绝消费者在停电时进行更新。

（资料来源：爱立信）

三、推进 "5G + 智慧能源" 发展的相关建议

（一）支持标准制定和终端研发，引领 "5G + 智慧能源" 的国际潮流

牵头相关企业和科研机构，尤其是运营商和网络设备商针对行业技术指标要求，进一步量化网络的技术指标和架构设计，对 5G 技术在智慧能源中的应用标准进行探索和完善，共同推进 5G 技术标准形成，并借助我国巨大市场规模加快形成行业标准。鼓励相关制造企业在 5G 终端产品上的研发投入，积极与电网企业、通信企业和运营商沟通合作，加大产品的合作研发，扩大对相关产品开发与生产力度。重点推动电力定制化 5G 通信终端和标准化、通用化 5G 通信模组的研发，适当促进相应电力终端的升级改造。

（二）推动产业协调发展，探索 "5G + 智慧能源" 的有效商业模式

鼓励推进电信和能源行业企业在 5G 技术上的合作，推动 "5G + 智慧能源" 商业模式的成熟，尤其是 5G 切片在电力行业应用上的商业模

式探索，确定切片服务的租赁模式或者5G无线专网建设模式，如有需要应确保相关频谱试验与分配，推动运营商与能源企业之间的业务管理模式和资费模式的成熟。同时在5G建设方面，要积极促进电网与电信运营商的合作，促使双方在5G耗能方面推出更好的解决方案。在更大范围内推进5G与智慧能源的试点验证和技术示范，积极推进网络侧和业务侧研发合作、技术升级，逐步形成5G智慧能源应用的生态圈。

（三）推进安全和隐私法规建设，构建"5G+智慧能源"的安全体系

5G技术在智慧能源应用上需要在法律层面予以一定的安全保障。一方面，加快研究网络安全包括电力切片安全和业务隔离等要求，加快形成"5G+智慧能源"的技术安全体系标准。另一方面，对5G在智慧能源应用中涉及的相关数据予以法律保障。对电力系统中关乎电网安全稳定的数据，根据其较高的安全级别，设置较高的保密级别；用户用电数据关乎用户隐私，在数据传输和交换过程中，需要对不同的对象设置不同的数据获取权限，在保护不同参与主体隐私的情况下实现数据共享。通过法律手段界定数据密级，明确数据归属，赋予数据权限，实现5G通信网与电力网结合下的安全隐私保障。

（执笔人：韩燕妮）

参考文献

中文文献

[1]安永:中国扬帆起航引领全球 5G. 半导体产业研究报告[EB/OL].199IT,2018 – 06 – 27. http://www. 199it. com/archives/741454. html.

[2]卜斌龙. 5G 时代移动通信天线行业的挑战和机遇[J]. 电信技术,2019(1).

[3]迟永生,中国联通网络技术研究院. 产业携手 共赢5G——中国联通 5G行业终端推进计划[EB/OL]. 原创力网站,2019 – 12 – 08. https://max. book118. com/html/2019/1208/5040344140002210. shtm.

[4]单祥茹. 30 年的种子发了芽: 华大九天的 EDA 突围之路[J]. 中国电子商情(基础电子), 2018,1065(8):33 – 35.

[5]邓亚威. 机遇与挑战并存,华大九天多措并举、抢占品牌技术制高点[J]. 中国集成电路, 2018, 27(6):14 – 16,73.

[6]丁春涛,曹建农,杨磊,等. 边缘计算综述:应用、现状及挑战[J].中兴通讯技术,2019(3).

[7]丁家昕, 冯大权, 钱恭斌. 全双工 D2D 通信关键技术及进展[J].电信科学, 2018, 34(5):113 – 120.

[8]2018 年通信业统计公报[EB/OL]. 工业和信息化部,2019 – 01 – 25. http://www. miit. gov. cn/n1146285/n1146352/n3054355/n3057511/n3057518/c6618525/content. html.

［9］2018 年衡量信息社会报告:第 2 卷［R］.国际电信联盟,2018 - 12 - 10.

［10］"一带一路"沿线国家信息化发展水平评估报告［R/OL］.国家信息中心,2018 - 04 - 18. http://www. sic. gov. cn/News/614/9726. htm.

［11］任驰,马瑞涛. 网络切片:构建可定制化的 5G 网络［J］.中兴通讯技术,2018(1).

［12］专题:云网一体化技术［J］.中兴通讯技术,2019(2).

［13］WIPO. 2017 年世界知识产权报告:全球价值链中的无形资本［R］. 2017.

［14］徐保民,倪旭光. 云计算发展态势与关键技术进展［J］.中国科学院院刊,2015(2):170 - 180.

［15］杨骅. 全球 5G 标准、频谱规划与产业发展素描［J］.中国工业与信息化,2018(5).

［16］杨光. 掘金"一带一路",国内电信运营商如何解锁新技能［J］.通信世界,2014(14):33 - 34.

［17］游思晴,齐兆群. 5G 网络绿色通信技术现状研究及展望［J］.移动通信,2016(20):31 - 35.

［18］张传福,赵立英,张宇,等. 5G 移动通信系统及关键技术［M］.北京:电子工业出版社,2018.

［19］张国宝. 从 1G 到 5G——中国移动通讯技术和设备的发展历程［J］.中国经济周刊,2018 (12).

［20］张杰. 信息中心网络的前世今生［N］.人民邮电报,2017 - 11 - 16.

英文文献

［1］ARKENBERG C. China inside: Chinese semiconductors will power artificial intelligence［R］. Deloitte, 2018 - 12.

［2］BEREC. Report on infrastructure sharing. 2018 - 06.

［3］CSIS. How 5G will shape innovation and security. 2018 - 12.

［4］Ericsson. The 5G business potential second edition. 2017 - 10.

［5］ETSI. Building the future work programme. 2018—2019.

［6］Grudi Associates. 5G Whiz. Accessed 2019 - 04 - 29.

[7] GSA. 5G devices ecosystem. 2019 – 08 – 13.

[8] GSMA. The mobile economy Aisa Pacific. 2019.

[9] GSMA. The mobile economy Aisa Pacific. 2018.

[10] IHS Markit. 5G best choice architecture. 2019 – 01.

[11] Who is leading the 5G patent race? —analysis on declared standard essential patents, 3GPP contributions and attendance data[R]. IPlytics, 2019 – 01.

[12] Setting the scene for 5G: opportunities & challenges[R]. ITU, 2018.

[13] KUNDOJJALA S. MWC 2019 5G baseband chip announcements raise growth hopes for the industry[J]. Strategy Analytics, 2019 – 02.

[14] LITTMANN D, WILSON P, WIGGINTON C, HAAN B, FRITZ J. 5G: The chance to lead for a Decade[R]. Deloitte, 2018.

[15] Measuring the information society report 2018[R]. ITU, 2018.

[16] MEHRA R, JIROVSKY P, SHIRER M. Worldwide quarterly ethernet switch and router trackers show strong growth in the fourth quarter and full year 2018 [R]. IDC, 2019 – 05.

[17] MISHRA V. Premium smartphone market[EB/OL]. Counterpoint, 2019 – 01.

[18] MORGAN K. The path to 5g: via fiber[EB/OL]. Fiber Broadband Association, 2017 – 06.

[19] Mckinsey quarterly. Hello, mobile operators? This is your age of disruption calling. 2017 – 10 – 06.

[20] Moor insights strategy. Who Is "Really" Leading in Mobile 5G, Part 5: Global Carriers. 2019 – 07 – 29.

[21] Next generation Wi – Fi: The future of connectivity[R]. Wi – Fi Alliance, 2018 – 12.

[22] POHLMANN T. Who is leading the 5G patent race? [R]. IPlytics Platform, 2019 – 04.

[23] PONGRATZ S. Small cells market outlook[R]. Dell'Oro Research, 2018 – 05.

[24] RF GaN industry: a significant boost led by the implementation of 5G networks[R]. Yole Développement, 2018 – 01.

[25]Small cell 5G network market by component (solutions and services), radio technology (5G NR (standalone and non – standalone)), cell type (picocells, femtocells, and microcells), deployment mode, end user, and region – global forecast to 2025[EB/OL]. MarketsandMarkets,2019 – 02.

[26]The mobile economy 2019[R]. GSMA,2019 – 02.

[27]WIGGINTON C, LITTMANN D, PATEL H, MARCHANT K. Small Cells – Big impact on seamless connectivity[R]. Deloitte, 2019.

[28] WIPO. Intangible assets and value capture in global value chains: the smart phone industry[J]. Economic Research Working Paper No. 41,2017.

[29]YANG G. Comparison and 2023 5G global market potential for leading 5G RAN Vendors – Ericsson, Huawei and Nokia[R]. Strategy Analytics,2019 – 04.